現代企業管理

郭振鶴 著

三民書局

國家圖書館出版品預行編目資料

現代企業管理／郭振鶴著.－－初版一刷.－－臺
北市: 三民, 2016
　　　面；　　公分

　　ISBN 978–957–14–6111–3　（平裝）

　　1.企業管理

494　　　　　　　　　　　　　　104026738

© 　現代企業管理

著 作 人	郭振鶴
責任編輯	陳冠豪
美術設計	林易儒

發 行 人	劉振強
著作財產權人	三民書局股份有限公司
發 行 所	三民書局股份有限公司
	地址　臺北市復興北路386號
	電話　(02)25006600
	郵撥帳號　0009998–5
門 市 部	（復北店）臺北市復興北路386號
	（重南店）臺北市重慶南路一段61號
出版日期	初版一刷　2016年1月
編 號	S 493770

行政院新聞局登記證局版臺業字第○二○○號

序　言
Preface

　　筆者多年來一方面在研究所與大學教授企業管理、行銷管理相關課程，一方面成立顛覆行銷管理顧問公司輔導臺灣本土化企業，如中國石油、臺鹽、卜蜂、郭元益、萬益等，深刻體認企業管理知識對企業在競爭大未來 (competing for the future)、經營觀念創新 (business concept innovation) 方面的重要性。但由於臺灣目前大學以上教育較著重於理論教學，管理實務方面的串聯較少，而實戰經驗對管理知識的深入又很重要，故一直有此願景想編寫一本有關在現代企業管理理論與實務個案方面可以整合的書籍，以利大學、研究所相關管理科系教師、學生、企業經營者與管理者可做系統性研究或參考之書籍。這個心願透過三民書局劉振強發行人的支持，後學終於將此願景加以完成《現代企業管理》，當然內容仍有不盡完善之處，希望各方先進不吝指教。

　　本書所介紹的內容是可以實踐的。行動的企業管理知識為內容使學習的學生淺顯易懂、化繁為簡、產生興趣；授課教師事半功倍、達到教學效果。理論與實務結合使老師教授、學生學習有真實性檢視的依據，學習上不會空洞化、不切實際。企業管理重要內容本書均包含在內，質量相當，每章附有 case study 主題，使教師與學生容易達到教學及學習效果。各章並附有重點摘要及習題。

　　關於此書的順利完成，特別感謝家人，尤其是父親郭祐彰與母親郭陳金轉，以及親朋、好友等對後學的付出、支持與體諒。任教輔仁大學管理學院院長應用統計研究所所長黃登源博士；東吳大學經濟系謝智源主任、黃瓊玲主任、林沁雄主任；銘傳大學管理學院院長黃旭男博士的協助與提攜；任教之國立成功大學管理學院高階管理碩士在職專班、高

階管理班講座主任、師長之指導教誨。任教之輔仁、東吳、銘傳大學所指導之學生熱心投入專題研究報告提供相關資料，並對於曾服務與輔導過的公司所提供之實戰工作經驗體認，特至謝意。

特別感謝三民書局與劉振強發行人，秉持優良出版文化所提供之機會與編輯部余幼華協助。當然，書中若有謬誤或遺漏之處，懇請海內外先進與讀者隨時匡正，俾使日後得以補正。

2015 年 12 月 30 日

於　東吳大學商學院經濟系

電子信箱：kmarket@ms34.hinet.net

網址：www.disruption.com.tw

現代企業管理
contents

第 8 章　人力資源管理

第 9 章　工作的獎勵與激勵

第 1 章
企業管理的基本概論

前　言

　　所謂的企業，乃是人們運用聰明才智與努力，配合各種不同的資源，來提供某些財貨或勞務，進而營運獲利的經濟個體。然而，人們如何促使企業營運獲利呢？在此過程即是運用了「管理」來達成目標。進一步說，所有對企業資源作最佳運用的各種行動，都屬於管理工作的範疇。

　　所謂管理即是因人成事 (getting things done through people)，這充分顯示管理者的工作並非一成不變。管理者的工作包括了善用那些企業所雇用的員工，所以管理者要能夠與員工溝通、激勵他們，以讓他們發揮潛力。管理者的其他工作還包括策劃、決策、組織、控制等，以使企業的財力、物力作有效的運用。在此章節裡，我們將介紹早期一些著名管理學者的研究結果與其貢獻，以讓各位讀者更瞭解管理的定義及其重要性。

　　企業管理既是科學也是技術，它需要運用各種科學方法，然而管理方法會因各種因素之改變而有所影響。隨著時代的變遷與進步，企業經營管理哲學也已經由產品導向演變至銷售導向、行銷導向，最後轉為社會行銷導向，強調成為對個人、社會、國家盡責的經濟體。本書提供了讓企業能造福社會的相關知識，希望讀者掌握本書的知識後，有機會擔任管理者時，能努力打造一個造福社會的經濟體。

一、何謂企業?

近幾世紀以來，企業成為推動經濟成長與提高人民生活水準之主要原動力，它是經濟活動之主體，以美國為例，企業提供了七到八成的就業機會與產值，其功能與貢獻甚大。然而什麼是企業? 企業經營又有何特性呢? 在此分述如下:

㈠企業的定義

企業 (business) 的定義眾說紛紜，沒有一個絕對權威或統一的定義。不過，在此我們根據企業的活動與性質，給予「企業」一詞下個定義:「企業乃是人們運用聰明才智與努力，配合各種不同的資源 (resource)，來提供某些財貨 (goods) 或勞務 (services)，進而營運獲利的經濟個體。」上述定義中，所謂的「運用聰明才智與努力」便是一般所說的管理 (management)；除此之外，尚要配合運用土地、資本、勞力等各種不同資源，來生產財貨（即有形的產品 (tangible product)，如衣服）及勞務（即無形的產品 (intangible product)，如電影院提供的娛樂），藉此來營業、銷售，進而獲利。

㈡企業經營的特性

現今自由經濟體系中的企業經營具有以下特性:

1.自由選擇

對於生產者而言，有選擇投資行業、地點、金額以及如何生產等的自由。生產者從事產業之投資，其目的乃在於追求利潤，因此有利可圖的產業當然成為選擇投資的對象。自由選擇之於消費者而言亦同樣存在，消費者可根據自身習性、所得水準等因素，自由選擇購買哪個品牌之產品、數量，或是何時購買等。

2.承認私有財產

　　自由經濟承認私有財產，允許個人擁有享用或處分其財產的權利。承認私有財產亦成為企業經營從事生產活動之原動力；倘若不承認私有財產，則生產者經營企業的收入不能為個人所享有，便不會樂意花費心血賣力經營。例如，共產國家僅允許人民擁有少量的私有財產，其他大部分生產出來的產品都歸國家所有，最後使得人民努力生產的意願低落。

3.具獎勵功能（無論獎勵對象是股東或員工）

　　企業之經營者從事企業活動所獲得之利益，成為鼓勵投資企業之主因。當經營者發現擴充廠房、增添設備、增聘員工對其有利，他會立即採取行動，因此我們說自由經濟體系會以利潤獎勵經營企業的個人。

4.可獲取正當利益的動機

　　有利可圖成為企業經營者經營企業之原動力，假設一個經營者發現哪邊有獲利的機會，他將提供產品或服務來獲取利益。獲利動機亦使得許多企業肯花費幾千萬來從事研究，希望藉此獲得更大的利潤；甚至我們可說：「成功的企業，乃是找尋顧客所需要且可獲利的產品之企業。」因此，企業經營者時常會研究如何迎合顧客需要，透過瞭解消費者心理進而滿足顧客。著名的管理顧問彼得・杜拉克 (Peter Drucker, 1909～2005) 曾說：「企業所銷售給顧客的是『滿足』，而不是產品。消費者所購買的是透過產品而獲得的滿足。」

5.競　爭

　　在自由經濟體系下，除非是由國家所管制或獨家所經營的企業，否則一般而言，凡是有利可圖的事業，一定會有很多人加入而形成競爭。競爭之情形有兩種：

⑴完全競爭

　　　完全競爭 (perfect competition) 的市場有下列幾點顯著之特性，如：提供產品的廠商很多，不易勾結；各廠商所提供之產品相似或具有替代性；廠商要加入或退出生產均很容易；廠商之間的資訊非常清楚與公開；消費者數目眾多。

⑵不完全競爭

　　　　不完全競爭 (imperfect competition) 與完全競爭最主要之區別乃在於不完全競爭下之廠商，均試圖使其產品與其他廠商的產品有差異，從設計、包裝、顏色或其他方面來相互競爭。一般而言，廠商間之競爭大部分屬於不完全競爭。

6.自由市場

　　自由市場之存在是自由經濟體系下一個很普遍的特色，它是生產者與消費者達成交易的場所。生產者可以將其產品推銷至市場上，供消費者選購；相同地，消費者亦可透過自由市場來選購其需要之東西，進而決定企業的存在與成長。因此，若沒有市場，則生產者與消費者便無法達成溝通。

7.價格機能

　　正如前述，自由市場是生產者與消費者間的橋樑，而價格則成為左右市場活動之主要因素。當其他條件不變時，生產者是否願意提供更多產品到市場上，端視其產品在市場之價格如何；相同地，消費者是否願意購買更多之產品，亦端視產品價格高低與其個人所得水準而定。經濟學價格理論對影響價格之因素為供給與需求，供過於求則價格下跌；反之，供不應求則價格上漲，價格將引導供需趨向均衡 (equilibrium)，著名經濟學者亞當‧斯密 (Adam Smith, 1723～1790) 便曾說：「價格是一隻看不見的手」。

二、企業的演進

　　企業之所以有今日之型態與特性，並非一日造成的，有其演變的過程，而企業的演進大致可分為 4 個時期：

㈠ 18 世紀家庭生產制度

　　18 世紀為所謂家庭生產制度的極盛期。一個擁有勞力、能自給自足的家庭，必將在某一專業領域中多加生產，以供銷售。舉例來說，此一

家庭可以購進一臺織布機或紡紗機，再購進所需的原料，從事紡織品的織造，於當地市場或任何其他能力可及的市場銷售。此制度曾經極為成功，且存在了一段相當長的時期。其基本原因有二：第一，織布機或紡紗機價格不高，易於展開作業；第二，當時的運輸系統頗為不便，因此外界競爭對手不易進入本地。此種家庭生產制度，基本上是由家庭主持營運的企業制度，且營運也以非正式及非精緻的水準為主。此時並不重視所謂有效的管理實務或管理技能。

㈡ 19 世紀代產包銷制度

家庭生產制度的效率低落，注定了其不能長久存在的命運。代產包銷則是一項新的生產制度，主要是由廠商供應各家庭所需的原料，再以一定價格收購產品。自此之後，家庭不再是一種生產單位，家庭的成員則是在計件工資的基礎上成為勞工的身分。

代產包銷制度對參與雙方均屬有利，從一方面來說，在家庭工作的勞工，不必再為購進原料及售出成品而操心；另一方面，擔任供銷任務的「中間商」，能夠從多數「代產商」手中取得貨物，故而也能滿足多數買主的需要。在此同時又產生了另一種新的需要：速度及效率更高的生產工具；其促使紡織機與動力織布機等接連問世。

㈢ 20 世紀初工廠生產制度

動力機械的問世，使整個生產程序發生了劇烈的變化。主要是因為新發明的機械價格高昂，遠非一般勞工所能負擔，因而形成了「工廠生產制度」。在這個時期，機械均集中設置於一處，工人也集中到同一個地方集體工作。

在工廠生產制度下，管理上主要以「作業的嚴格控制」為特徵。企業主最關切者莫過於如何藉由投資獲得最大的利潤。因此，工廠生產制度著重於讓作業順利進行、消除浪費，以及鼓勵勞工（多為金錢鼓勵），以期提高勞工的產出。這幾項發展，遂促成了科學管理運動的興起。

㈣現代企業時期

隨著生產技術演進，企業規模擴大至某一階段後，組織更複雜、分工更精密，演變至今天現代化的企業。現代化的企業有幾項顯著的特性，分述如下：

1.資本大眾化 (capital popularization)

企業規模日漸擴大，所需資金甚鉅，並非昔日個人或家族資本所能負擔，為此企業藉由發售債券或發行股票來向外界籌資。發行股票後，股東人數增加，企業不再是由少數幾個人所獨占。

2.專業化 (specialization)

職業、個人工作、機器工具等均作精密的分工，可以各司其事、各安其業，促使技術更為專精熟練，達到改進品質、提高效率之目的。

3.標準化 (standardization)

作業方面對於機器、工具、產品設計、原料，及工作方法等方面達成齊一。產品之標準尤其重要，在規格、品質方面達成標準規格時，可使交易方便，甚至可達成全國性，甚至全球性的交換。

4.機械化 (mechanization)

在生產過程中以機械代替人力，以提高效率。在現代化的廠房中是一系列的機械在運轉，只有少數工作人員在管制室內控制其生產作業情況。

5.連續性 (continuous process)

生產作業採連續不斷的處理方式。換言之，原料由一端進場開始製造，順序而下，經過連續交替動作，直到最後產品出廠。這種情形常見於一般電子零件裝配工廠，裝配生產線藉著傳送帶構成連續作業。

6.自動化 (automatic control)

生產作業的輸入、輸出均由機械本身所控制，使產品合乎預期目標。例如，室內溫度採自動化調節，當氣溫低於設定之溫度時，冷氣機便停止運轉；反之，則促使暖氣機開始運轉。

7.企業合併 (merge)

　　競爭激烈是現代化企業的一大特色，在資本、技術、產品、市場等方面無所不在。企業為因應競爭、追求生存發展，需要更多的資金、更精良的技術及設備，因此不再是昔日小企業所能承擔，為此企業紛紛合併，由中、小企業合併為大企業，這種情形尤以二次大戰後的英國、日本為甚。

三、企業的目標

　　企業應訂有目標，沒有目標便沒有努力的方向，但什麼才是企業的目標？有人說：「賺錢營利是企業的目標」，雖然我們不能否認這點，因為賺錢營利是企業求生存、求成長的必要條件，但它不是唯一目標。假使企業純粹為求私利而忽略了其他目標，那麼這個企業很可能會危害社會、危害人民，甚至危及自身的生存。一般而言，現代的企業應有下列主要目標：

表 1–1　現代企業的主要目標

生產目標	生產數量的多寡與品質好壞，與企業生存有很大關係，因此企業如何以現有能量、資源作最好的安排，使其產量達成最經濟、合理的程度，且產品品質最優良，是企業所要努力的目標之一
市場目標	企業若徒有優良的產品品質、極高的生產效率，卻沒有市場，則無法完成企業活動來獲得利潤。因此，企業要從事市場調查、消費者心理研究，並藉產品品質、價格、售後服務等各種方式來有效取得市場，並予以穩定保持
獲利目標	獲利是企業經營所要努力的一項重要目標。企業若徒有銷售卻無利可圖，則不足以生存或成長，因此企業應設法降低成本、開拓市場，以賺取利潤，才有能力再擴充、再成長
社會目標	企業是社會群體的一份子，不應只是圖謀私利，更應盡其社會責任。例如要考慮自身的廢水、廢棄物、廢氣是否嚴重造成社

會環境的汙染？是否有協助社會福利、社會救助或慈善事業？
對於所屬員工是否盡到照顧之責任？上述這些均是企業應盡的
社會目標

四、何謂管理？

　　企業管理的好壞，將深深影響我們的經濟與社會生活。因為一家大
規模的企業，不但員工眾多，且其供應的規模亦大，一旦經營失敗，將
會導致許多人失業，並影響到其他相關的企業，所以我們不能不重視企
業的管理。

　　什麼是管理呢？管理二字，就其詞解釋，亦可明瞭大半，所謂管，
就是主其事；所謂理，就是治其事。詳細而言，管理即是指「有效運用
人力和物質資源以達成企業的各種目標」。也就是說，運用計畫、組織、
指揮、協調與控制等基本活動，有效運用企業內的人員、金錢、物料、
機器與方法，使各項業務與活動能夠相互密切配合，以順利達成經營目
標。所以，管理不僅是抽象的概念，亦是實質的工作。因此，要有效地
管理，就必須有目標、步驟、方法，而這些都是經常不斷的動態活動。
接下來將介紹幾位早期著名的管理學者及其貢獻，以讓各位更瞭解管理
的意境。

五、科學管理運動以前

㈠馬基維利

　　馬基維利 (Niccolo Machiavelli, 1469～1527) 在 1469 年出生於義大
利的佛羅倫斯，堪稱是早期管理思想發展上最有貢獻者之一。在他早年
的工作中，他曾經提出數項領導人應予遵行的一般性管理原則：

1. 大眾共識 (mass consent)

馬基維利特別強調大眾共識的重要性。他認為身為人君或領袖，應體認到權力來源在於底層隨從者，倘若不能獲得底層的同意，任何人君及領袖都無法成為真正的領導人。

2. 凝聚力 (cohesiveness)

領導人必須致力培養組織的凝聚力。領導人應給予他周圍的朋友及隨從者獎酬，以維繫他們的忠誠 (allegiance)。此外，他還指出隨從者必須瞭解他們對領袖的期望是什麼，以及領袖對他們的期望是什麼，這對於維繫凝聚力而言相當重要。

3. 生存的意志力 (will to survive)

身為人君者，不能不具備生存的意志力。惟具備有生存的意志力者，始能保持警覺、有備無患，若有任何人企圖推翻他的權力，他必能迅速有力地反應。

4. 以身作則 (lead by example)

凡為人君者，必須以身作則、為他人表率。要做到這一層，需要智慧、仁慈和正義。而所謂智慧、仁慈和正義，均必為隨時表現的德性；惟有在他本身的生存遭到威脅時，始屬例外。

馬基維利曾對人君的職位（即經理人的職位）作過系統化的分析，並列舉幾項實務的原則。歷經數百年之後，那些原則仍屬可用，難怪近代某位學者曾說馬基維利的成就，可以說是「為普天下之公私營企業的高階管理者，提出了急要的忠告和敏銳的觀點。」

六、科學管理運動

工廠生產制度興起使管理轉移於另一重點：對於人力、機器、材料和金錢等的處理，並探尋最科學化和最理性化的原則。這項挑戰包含兩大問題：

1. 如何使工作的執行更為容易，以提高生產力。

2.如何激勵勞工採用新方法與新技術。

　　能夠應付這些挑戰的人物，便是為今天所謂「科學管理」奠基的人物。保頓 (Matthew Boulton, 1728～1809) 和瓦特 (James Watt, 1736～1819) 兩人便是早年的科學管理專家。

㈠保頓和瓦特

　　早在 1800 年，保頓和瓦特兩人即努力於創設一家新工廠，製造蒸汽機，他們運用了極為科學的方法。首先，他們對蒸汽機的市場需要先作了系統化的分析，再以他們的估計為基礎，將設廠計畫定案。在他們的廠房裡，一切生產操作均經過設計，按照工作流程排列。

　　第二，他們對每一臺機器的速度均作了研究，希望確定預期的產出。而且，他們還進一步分析操作的細節，以有系統地掌握每一位工人的工作。這些研究成果實為現代時間和動作研究的雛形。

　　第三，他們也分別對每一職位的工資制訂了一套制度。凡屬作業已經標準化，且易於歸併成組的工作，均採用「計件」辦法給資。而每一職位均有各自的標準產量或應有產量，若產量超過標準者，可獲得適當獎金。此外，其他無法採行計件工資制度的員工，則採行週薪制。

　　根據分析，該廠發現尺碼不同的零件所需的工作時間，大致與該零件的直徑大小成正比，而與其他因素的關係較小。該廠據此制訂了一套公式，來訂定工作標準及計件工資率。該廠這一套有關標準數據的運用，實比其他工廠提早了一個世紀。

　　第四，他們還採行一套極為詳盡具體的會計制度，舉凡原料成本、人工費用及製成品存貨等，均經一一登錄，另還保持了間接成本的記錄。管理階層可據以切實掌握生產效率和浪費、生產力的增減、工作的成本，以及工資率的修訂等。

　　這一項關於人力和機器的管理科學化路線，終於傳遍了美國。科學管理 (scientific management) 成為美國家喻戶曉的一個名詞，大部分應歸功於許多機械工程師。對於他們來說，重點在於「工作」的管理，而「工

人」僅是諸多機器的附屬品。

㈡泰　勒

泰勒 (Frederick Taylor, 1856～1915) 是最有名的科學管理專家之一，人稱科學管理之父。

1.密特維爾鋼鐵公司的實驗

泰勒在密特維爾鋼鐵公司 (Midvale Steel Works) 擔任領班時，設法從車床的每一項特定操作所需的時間，計算出工廠每一位工人應有的工作量。泰勒從這時候開始所作的時間及動作研究，是非常突出的成就。不過，他最有名的實驗，是後來在伯利恆鋼鐵公司 (Bethlehem Steel) 進行的。

2.伯利恆鋼鐵公司的實驗

1898 年，泰勒進入伯利恆鋼鐵公司，針對鐵錠的搬運、鐵砂和煤粒的鏟掘以及金屬切割等，作了許多重要的研究。

⑴鐵錠的搬運

這是泰勒在伯利恆鋼鐵公司的第一項實驗，在這項實驗中，工人的工作是將每塊重達 92 磅的鐵錠搬起，走過一塊斜放的跳板，再到工作站放下鐵錠。在泰勒剛進入伯利恆公司時，每一搬運工每天搬運的工作量平均為 12.5 長噸。但根據研究，泰勒認為每一工人每天應該可以搬運 47 長噸，且工作時間僅需原來的 42%，而剩餘的 58% 時間應讓工人休息。為了印證他的理論是否可靠，他選了一位工人來作實驗，結果該工人在第一天下午便搬運了 47.5 長噸。於是泰勒進而指導同組的其他工人，慢慢地大家都能搬運到這個數量了。泰勒是如此解釋自己的基本觀念：

在現代科學管理中，最為突出的一項要素，應是所謂「任務」(task)的觀念。每一工人的工作，均應由管理階層至少於一天前規劃妥當，並以文字將工作內容、任務及方法等一一寫明。這項事前的規劃，便是應予解決的任務，但並非工人所獨自即可完成的任務，而且通常往往須由

工人及管理階層共同進行。所謂任務，不只以「應該做些什麼」為限，尚應包括「應該怎樣做」及「需要多少時間」。

⑵鐵砂和煤粒的鏟掘

　　泰勒所執行的第二項實驗是鐵砂和煤粒的鏟掘工作。泰勒初進公司時，鏟掘工須自備鏟子，且鏟掘鐵砂與煤粒所使用的鏟子重量並不相同。依泰勒實驗的結果，每一鏟斗的重量如果是 21 磅的話，則鏟掘工作量最高；且由於鐵砂與煤粒的密度不同，因此在鏟掘鐵砂時，應該使用較小的鏟斗，而鏟掘煤粒時，應該使用較大的鏟斗。泰勒為了推行他的結論，乃命全體鏟掘工人不必自帶鏟子，改由公司設置一個工具供應庫，準備大小不同的鏟子；鏟掘物雖不同，但每一鏟斗的重量均為 21 磅。

　　泰勒研究的結果如表 1–2 所示，據他估計，新方法能讓公司在第一年節省超過 36,000 美元；在其後僅僅 6 個月之內，由於工廠全部工作均採行了他的「任務觀念」，估計每年大約節省了 75,000～80,000 美元。

表 1–2　鏟掘實驗的結果

	舊方法	新方法
工廠鏟掘工的人數（人）	400～600	140
平均每人每天鏟掘噸數（噸）	16	59
平均每人每天工資（美元）	1.15	1.88
公司搬運 1 噸的成本（美元）	0.072	0.033

⑶金屬切割

　　泰勒在伯利恆鋼鐵公司的第三項實驗，是金屬切割。泰勒從這個實驗中蒐集了不少資料，因此，不同的切割機器、運轉速度及進料速度應該如何，均已在他的掌握之中。他在這個實驗的重要成就之一，是取得了一項極有價值的高速鋼專利，讓機械工廠可將切割時間縮短為三分之一。後來泰勒及其合夥人將專利賣給英國，獲得了 10 萬美元。

3. 泰勒的著作及其哲學

　　1885 年，泰勒參加美國機械工程師學會 (American Society of Mechanical Engineers)，並陸續提出了兩篇論文。第一篇論文於 1895 年提出，題為〈計件工資制度〉(*Piece Rate System*)。在這篇論文中，泰勒對於當時產業界採用的幾種獎工制度表示關切。他主張採行「差別計件率」(differential piece rate)，也就是分別針對每一個職位的工作，實施一次時間及動作研究，然後根據研究結果制訂一天的標準工作量。倘若某一工人的產量低於此一標準，則按某一計件率計算其應得工資；倘若其產量等於或超過標準，則計件工資率也較高。

　　泰勒提出此種制度，乃是基於他的一種信念。他認為凡是工人，不論其業別為何，只要保證他能獲得更高的報酬，則產量必將提高。不過，有一點應該說明的是，雖然他強調金錢報酬的重要，但是他同時也竭力鼓吹管理階層「對企業營運必須採行系統化的方法」。只可惜後人沒有重視他此一主張，只注意到他倡言的薪資制度之技術面。

　　1903 年，泰勒發表第二篇論文，題為〈工場管理〉(*Shop Management*)，這一次的討論重點是他的管理哲學。泰勒在這篇論文中指出除了提高工資以外，尚須降低單位生產成本。他認為要達成此一目的，則在以科學的方法選用及訓練工人之餘，還必須重視「管理階層與員工的合作」。然而，他倡議的管理哲學依然沒有獲得世人的瞭解。

　　1911 年，泰勒再度提出了他的見解。他出版了一部名為《科學管理原理》(*The Principles of Scientific Management*) 的著作，提出管理的四項原則，內容遠較時間及動作研究為廣。這四項原則為機械性看法、觀念性看法和理論性看法三者的綜合。以下介紹這四項原則：

　⑴對於個人工作的每一要素，均應發展一套科學，以代替原有的經驗法則。

　⑵應以科學方法選用工人，然後訓練、教導及發展之，以代替過去由工人自己選擇工作及自己訓練自己的方式。

　⑶應誠心與工人合作，俾使工作的實施能確實符合科學的原理。

(4)對於任何工作,管理階層與工人幾乎均有相等的分工和相等的責任。

凡宜於由管理階層承擔的部分，應由管理階層承擔。

泰勒之所以聲譽鵲起，被人尊稱為科學管理之父，主要應是由於他在 1912 年出席美國國會聽證會時獲得的讚揚。他在該場聽證會中說：

所謂科學管理，乃是一個事業機構或是一個產業的從業員工的一種「完全的心理革命」(complete mental revolution)——是一種他們對工作的責任、他們對工作夥伴的責任，以及他們對雇主責任的完全的心理革命。換言之，這是涉及管理階層和員工雙方的一種完全的心理革命；要是沒有這種革命，所謂科學管理便不存在了。

經過了這一次的國會聽證會，科學管理和泰勒已是二而一、一而二的同義詞了，而且在某些場合上，他倡言的工場管理制度，被人稱為「泰勒制度」。

(三)季伯萊茲

季伯萊茲 (Frank Gilbreth, 1868～1924) 是泰勒推崇備至的一位科學管理學者。他與他的太太莫勒女士 (Lillian Moller, 1878～1972) 共同為了開發更好的工作方法而努力。他們最有名的一項研究方法，便是將一個人工作的情況拍攝為影片，然後放映出來，一一分析、研究他是否有某些非必要的動作可加以消除。除此之外，他們夫婦倆還將手部動作歸併為 17 個基本項目，例如所謂「握」(grasp)、「持」(hold)、「置」(position) 等。他們將這些基本動作稱為「動素」，其英文名為"therblig"，即是以他們的姓氏 Gilbreth 反轉拼成。他們這項分析委實是了不起的貢獻，無怪乎季伯萊茲被尊稱為「動作研究之父」。

(四)甘　特

同一時間另一位名噪一時的科學管理專家為甘特 (Henry Gantt, 1861～1919)。他對泰勒倡議的各項觀念頗為景慕，但是對於工作環境中

的「人性課題」卻比泰勒有更深的認識，從他主張的「任務及獎金制度」(task-and-bonus system) 可以為證。這個制度主張每天應給予工人保證工資，在基本工作以外，若工人完成了當天的交付任務，尚可獲得一份獎金。他和泰勒相同的是，他也認為管理階層必須指導工人。

甘特最為人所知的一項貢獻，是他在 1917 年提出的甘特圖 (Gantt chart)。甘特圖將預先排定的工作及已完成的工作均繪製於一條時間橫軸上，縱軸則為指派擔任各項工作的人員與機器。這是一種簡單易懂的圖表，但卻是計畫與控制的優良工具。後來 1950 年代後期，美國海軍在發展北極星飛彈計畫 (Polaris Executive Plan) 時，便使用甘特圖來控制進度與流程。當然，美國海軍的那套圖表，遠比甘特當年設計的圖表複雜多了，不過基本觀念並無不同，同樣是強調效率。

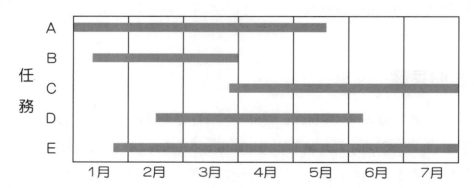

圖中的橫軸表示時間，縱軸則併列機器設備名稱、操作人員和編號等。圖表內以線條、數字、文字代號等呈現，同時表示計畫與實際的產量、開工及完工時間等。

↗ 圖 1-1　甘特圖

㈤艾默森

談到效率，我們不能不提到另一早期的科學管理先驅艾默森 (Harrington Emerson, 1853～1931)。艾默森之所以大出鋒頭，起因於 1910 年美國鐵路當局要提高運費，此一作法遭到運輸業界強烈反對。艾默森代表運輸業界發言，指出假如鐵路當局肯採行科學管理的原則，平

均每天可節省 100 萬美元。他的主要觀點，即為他所倡議的「效率 12 原則」，如下所列：

表 1–3 艾默森的效率 12 原則

原 則	說 明
理想的明確界定	指一個組織應制訂目標，並使組織內人人均瞭解此目標
常 識	經理人憑常識判斷時，應注意避免執著於理想；研究問題時應與問題保持適當距離，並應探詢他人的意見，俾能看及問題的全貌
優秀的諮詢	經理人應盡一切可能尋求夠格的忠言。良好的意見誠然不可能完全來自一人，因此應集思廣益，取得各人最佳的意見
紀 律	必須嚴格遵循規章。嚴守紀律可以落實對其餘 11 項規定的遵守
公平的處理	公平的處理本質上有賴經理人的三項性格：同情心、想像力及正義感
可靠的、立即的、充分的及永久的記錄	記錄為智慧的決策基礎，可惜的是，許多公司保存的許多報告往往均無價值，成本控制的記錄也欠佳
排定工作	指應有有效的生產時程排定及控制技術
標準與時程	執行任務必須有一定的方法，且應有一定的時程。倘能採行時間及動作研究，制訂工作標準，妥善安置每一員工的職位，則此項要求當能達成
標準化的條件	惟有在標準化的條件下，方能節省精力及財力，減少浪費。標準化條件可適用於個人，也適用於工作環境
標準化的操作	倘能有標準化的操作，則效率可大為提高
工作實務標準之書面說明	應備有標準化之書面說明，且應隨時修訂，才能促成目標迅速達成
效率獎勵	凡效率高者應予獎勵

由於在效率方面的特殊貢獻，艾默森被尊稱為「效率的教長」(High Priest of Efficiency)。管理學家對於艾默森在歷史上的地位曾有這樣一段的描寫：「艾默森記下了一套指導管理的原則。他的此一成就，加上他那套周全的原則，說明了管理的特殊性質，也說明了管理放諸四海皆準的普遍性。」

七、管理的理論家

早期的管理理論家有兩項基本特質。第一，他們對於管理的研究，多以經理人的職能立場為基礎；第二，他們均不甚重視組織中的行為問題。在早期的理論家中，最負盛名者首推亨利·費堯 (Henri Fayol, 1841～1925)。

㈠費　堯

1.對管理的觀點

1916 年，費堯提出一部論著，題為《產業及一般管理》(*Industrial and General Administration*)。費堯在該書中以管理的立場，將事業機構的一切業務及作為歸併成為六大類別，如圖 1–2 所示。

↗ 圖 1–2　事業機構的六大類別業務

此外，費堯還分析了這六大類業務，指出基層工人以技術能力最為重要，但沿著組織層級而上，技術能力的相對重要性漸減，而管理能力的重要性則一步步增大。

由以上介紹可知，費堯在管理上較不重視「作業層級」，而喜從一般管理來研究管理的課題。正因為如此，造就了他對管理的極大貢獻：他指出了管理人士應有的各項活動，稱之為要素 (elements) 或職能 (functions)，即計畫、組織、指揮、協調與控制。經理人倘能執行這幾項職能，即是有效的經理人。費堯認為當時的經理人，對這幾項職能的重視實嫌不足，許多人雖然瞭解其重要性，卻僅能在實際工作中學習。因此，他認為只要能寫下一套管理的理論，便能在教學的場合中講授管理之道。

2. 管理的 14 項原則

費堯體認到管理職能中人性的因素，故而他使用「原則」(principles) 一詞，而不用「定律」(laws) 或「規則」(rules)，以表示這些原則應用於人的身上時必須具有彈性。此外，由於實際情況變化萬千，所以原則的應用幾乎不會完全相同，故而他強調管理者必須因時制宜。他提出的 14 項原則如下：

⑴分　工

運用傳統的「勞工專業化」原則進行分工 (division of work)，能提高效率。

⑵職權與責任

依費堯的看法，職權 (authority) 與責任 (responsibility) 二者，乃是二而一、一而二的事。職權是「指揮他人的權 (right)」及「促使他人服從的力 (power)」，而責任則是伴隨此種權力運用而來的獎勵或懲罰。在費堯之後的年代，此一原則常被稱為權責相符 (parity of authority and responsibility)，意思是說此兩者必須隨時相應、合乎比例。這種看法自然不免是烏托邦式的理想；因為許多管理者常爭取職權，但同時卻規避責任。費堯也瞭解這個事實，因此他指出：一個人在組織階梯上爬得愈

高，則愈難確定其應負多少責任；同時，由於作業益趨複雜，事情的因與果之距離也會更遙遠。因此之故，費堯認為：「避免濫用職權及克服領導人弱點的最佳辦法，乃在個人素質，尤其是道德的提升。」

更重要的是，費堯將職權劃分為法定職權 (statutory authority) 和個人職權 (personal authority)。所謂法定職權，乃因人的職位而來；任何人只要擔任了某一職位，便擁有一份法定職權。而所謂個人職權，則是由於當事人的智慧、知識、道德及指揮能力等而形成的職權，通常稱之為非正式職權 (informal authority) 或力量 (power)。費堯認為優秀的領導人，必須兼具法定職權及個人職權。

⑶紀　律

紀律 (discipline) 的精義是「服從、勤勞、精力豐富、正確的態度及望之儼然的儀表；且均在機構當局及其員工共同認定的限度之內。」但是僅具有這些條件，仍不足以保證組織必有良好的紀律；更重要的是需要有效的領導人，敢在遇有不服從的情況時執行懲戒。簡單來說，所謂「紀律」乃是領導人「生產」的產品。有些領導人在紀律不良時總是責怪下屬，殊不知不良的紀律總是來自不良的領導。

⑷指揮統一

費堯指出管理應該指揮統一 (unity of command)，也就是「任何人均應有一位上司，且也只有一位上司」。費堯認為這層道理非常重要，因此在他的書裡將此歸為定律。為了支持這項見解，他甚至反對泰勒的分權指導 (functional foremanship) 觀念。

分權指導是泰勒提出的組織觀念，他將領班的職責分解為各項基本職能後，歸納出每位工人應有 8 位領班的督導，如圖 1–3 所示。他認為在企劃與生產操作上各有 4 位領班，企劃方面的領班包括工作流程計畫員 (route clerk)、工作說明卡計畫員 (instruction card clerk)、成本及時間控制員，以及工場監督員 (shop disciplinarian)；另在實際生產操作方面則包括催工主管 (speed boss)、檢查員 (inspector)、修理主管 (repair boss)，以及工頭 (gang boss)。費堯雖然極為欽佩泰勒在時間與動作研究方面的

貢獻，可是卻不同意分權指導的觀念，他曾說：「這種觀念就好似否定了指揮統一原則的重要性。我們必須切實維護組織的傳統要件，尊重指揮統一的原則」。

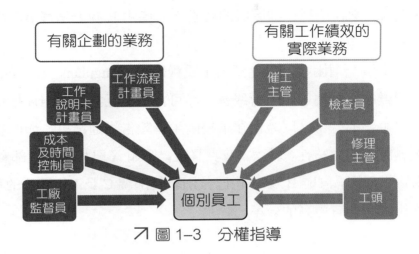

↗ 圖 1-3　分權指導

⑸**管理統一**

　　管理統一 (unity of management) 與前述的指揮統一並不相同。所謂管理統一乃指凡屬具有同一目標的各項作業，均應由同一位經理人負責，且均應只有一套計畫。

⑹**個人利益置於共同利益之下**

　　組織的目標必先於員工個人的目標或員工群體的目標。

⑺**員工的酬勞**

　　費堯認為薪資制度必須具備幾個條件：①確保公平的待遇；②應有針對優良績效給予的獎勵；③獎勵不應超過適當的限度。

⑻**集權化制度**

　　集權化制度 (centralization) 的本身無好壞可言。實際上一個組織必有某種程度的集權，問題乃在於集權程度的拿捏。

⑼**組織層級**

　　組織層級 (hierarchy) 又稱隸屬連鎖 (scalar chain)，意指一個組織由最高層到最低層所經歷的層次。為了顧全層級的完整，也為了確保指揮

的統一，凡屬溝通事項 (communications) 均應透過這個正式的管道。但費堯也瞭解大型組織中常見的「公事公辦」的現象，一切溝通若均需要經由正式管道傳遞，效率極低。以圖 1–4 為例，假如有一項訊息需要由 E 傳送至 K，則在透過組織層級的要求下，應由 E 向上送達 A，再折轉向下送至 K。

　　為了解決此項困擾，費堯提出了跳板原則 (gangplank principle)。他認為在組織層級中屬於同一層級者，應可直接相互溝通；條件是他們先取得上級主管的許可，同時也在事後向主管報告溝通結果，如此方不致傷害組織層級的完整性。其次，費堯又說，假如 A 已核准兩位部屬 B 及 H 運用跳板原則，同時 B 及 H 也已分別對其部屬 C 及 I 作同樣的核准，則此一組織必能有更高的效率。

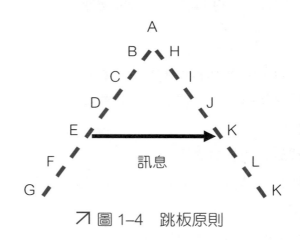

↗ 圖 1–4　跳板原則

⑽秩　序

　　秩序 (order) 可分為「物質」和「社會」兩類秩序。費堯說得好：「凡事均各有其位，且均各在其位 (A place for everything and everything in its place)。」這也是之後的管理學家對於組織的基本安排原則。

⑾公　正

　　合情加上合理，則為公正 (equity)。

⑿員工的穩定

　　即使是相當能幹的員工，要對某一職位進入情況，有效地執行工作，也得要相當的時間。因此，組織應鼓勵員工作長期的服務。

(13)進取性

　　進取性 (initiative) 表現在計畫的擬定和執行上。由於它是「一個有才智的人渴望的滿足之一」，費堯勸告主管人員要犧牲個人的虛榮心，讓下屬人員去發揮首創精神。

(14)團隊精神

　　團隊精神或士氣，視員工之間的協和與團結程度而定。

　　以上所述為費堯提出的管理 14 項原則，他特別說明管理的原則並不一定僅以此為限，他只不過是舉出了自己經常運用的數項原則而已。

3. 管理的要素

　　費堯在其所著《產業及一般管理》的第二部分，還討論了被他稱為要素的管理 5 大職能，即計畫、組織、指揮、協調與控制等：

表 1–4　費堯的管理 5 大職能

計　畫	計畫有賴於對事件的預測，並以預測的結果為根據，擬具作業方案。預測是依據過去與現在的現象推斷未來，所謂現象是指變化狀況；但是長期計畫（如超過 10 年以上）則應每 5 年作 1 次修正
組　織	指將有關作業、材料及人力等要素作成必要的結構，以期完成指派的任務。換言之，組織是有效協調整合機構中的各項資源
指　揮	是有關領導的藝術，以促使組織行動為目的。如何能有效地遂行指揮職能，費堯曾列出了若干項建議，例如：以身作則、對組織定期檢查、淘汰庸劣人員，以及勿為細微末節的事務所困等
協　調	意指維繫必要的統一及和諧，俾能達成組織目標。費堯認為，經理人及其部屬之間經常開會，殆不失為協調的方法之一。此一職能倘能適當執行，則任何業務當能順利推進
控　制	在於確保各項業務均能按照既定計畫進行。一項活動的任何一面，包括人力、物力及作業等，均必須予以控制

4.費堯的貢獻

　　費堯對於管理理論實有不容忽視的貢獻。第一，他提供了一套管理程序分析的思想架構。第二次世界大戰結束後，美國各大學紛紛設置工商管理科系，正是靠著費堯當年提出的思想架構，才出現了許許多多的管理學教科書。那些教科書的作者大都先指出若干項管理職能，然後再分別予以較詳細的介紹。甚至於許多教科書還在書中各章節後提出多種管理原則：例如計畫的原則、組織的原則等，也因此形成了今天所謂的管理程序學派 (management process school)。毫無疑問的，此一學派的基本架構正是源於費堯。

　　第二，費堯注意到需要運用管理理論的發展來講授管理之學，因而使他高居於古典管理學家的先驅地位。因此，人們稱他為現代管理理論之父。其後的學人皆以他的基本觀念為基礎，予以擴充和發展。

㈡莫尼及雷列

　　1931 年，莫尼 (James Mooney, 1884～1957) 和雷列 (Alan Reiley, 1869～1947) 合撰一書，書名為《組織原則》(*The Principles of Organization*)。此書補充了費堯的管理理論，同時還以一套相當複雜的管理概念架構，提出了管理的另一個新層面。書中的主要論點是：有效的組織必須有一套「制式」(formalism)；而所謂制式，乃必須以原則為基礎。為了證明此一論點，莫尼和雷列曾說明了各項組織的原則，並闡明各項組織原則相互間的關聯。

　　在他們看來，一項能適用於任何基本事實的原則，在與該基本事實有關的領域中，該項原則均必然同樣有效。他們根據自身在企業實務方面的經驗，以及對軍事、政府、教會及產業等等方面的研究，構築了一套模式。但在介紹該原則之前，有一點應先行說明的是：他們分析時的推理架構，乃以邏輯學家安特森 (Lewis Anderson, 1856～1908) 的基本邏輯律為基礎。依安特森的邏輯律而言，凡提出一項「原則」，均應有一套「程序」和「效果」；而每一項程序和效果，復又各應有其原則、程序和

效果。莫尼和雷列的邏輯架構，如表 1-5 所示。該邏輯架構的意旨有下列各點：

1. 協調原則

　　所謂協調，意謂群體的工作應有秩序地安排，以期在追求共同目標時能有統一的行動。此一原則，實為組織原則之總綱，其餘的原則均為此一原則的從屬。進而言之，該原則的實施應遵層級程序 (scalar process)（即組織由上而下的職權層級）；效果為人人均有明確的責任，即所謂職能效果 (functional effect)。

　　協調原則的基礎在於職權；職權為最高的協調動力。此項職權係以逐步的協調 (processive coordination) 活動為其程序。所謂逐步的協調，乃指一切活動均應有必要的設計，以促成行動的統一。協調的效果則為有效的協調 (effective coordination)。

2. 層級程序

　　至於層級程序，則以「領導」為其決定性的原則，以「授權」為其程序，即將職權下授於部屬。其效果則為凡屬應予遂行的責任均能派定，即所謂職能的確定 (functional definition)。

3. 職能效果

　　如上所述，職能效果為協調原則的效果，即針對組織中各人應負的職責而言。同理，職能效果本身也應有其原則、程序及效果。其原則應為定案性的職能 (determinative functionalism)，其程序應為應用性的職能 (applicative functionalism)，其效果則應為解釋性的職能 (interpretative functionalism)。

　　定案性的職能是指界定大目標的職能；應用性的職能是指業務的實際執行；解釋性的職能是指已完成事項及應完成事項的比較分析。莫尼和雷列認為這三項職能，頗類似政府的立法（定案性的）、行政（應用性的）及司法（解釋性的）三種機構。

表 1–5　組織原則的邏輯架構

	原　則	程　序	效　果
協調原則	職權或協調的本身	逐步的協調	有效的協調
層級程序	領導	授權	職能的確定
職能效果	定案性的職能 （立法）	應用性的職能 （行政）	解釋性的職能 （司法）

(三)歐威克

1943 年，歐威克 (Lyndall Urwick, 1891～1983) 寫了《管理的要素》(*Management Elements*)。在這本著作中，歐威克綜合了泰勒、費堯、莫尼、雷列及其他早期管理學人的理論。他承認管理乃是一門社會科學，沒有物理科學那樣地嚴格和精細。但是，他也看清了管理的知識浩如煙海，認為如果能將種種想法和概念融合於一爐，則管理之學必將遠較表面所見更合乎科學。

歐威克運用了早期傳統管理理論的各項重要概念，綜合於莫尼和雷列的「原則、程序、效果」結構之中，發現早期的管理學人在管理原則方面有許多不謀而合之處。他說：

不同的管理原則分別由不同國家的學者提出，各人有其截然不同的經驗，而且大多數人均互不知道他人的研究；但是那些原則都可容易地納入如此的邏輯架構 (logical scheme) 內，確是極具意義的事。

回顧歐威克的研究，他在管理思想方面並沒有「新」的貢獻。可是，對於早期管理理論家的著作，他卻是集大成者。因此，自從歐威克以後，管理之學才成為遠較過去更為科學化、更有好研究和更能明確瞭解的學問。

八、行為學派的興起

早期對產業界的行為及人群關係的研究最有貢獻者有孟斯特堡 (Hugo Munsterberg, 1863～1916)、梅育 (Elton Mayo, 1880～1949)、霍桑 (Hawthorne) 及巴納德 (Chester Barnard, 1886～1961) 等。

㈠孟斯特堡

1.科學管理和心理學

孟斯特堡研究的主要目標之一，在於補充泰勒及相關人士的研究，以鞏固科學管理和產業效率之間的橋樑。孟斯特堡發現效率工程師過分重視工人的體力技能，而完全忽略心理技能或智力技能。孟斯特堡曾鼓吹「心理及技術問題」(psycho-technical problem) 的重要，他說：「我們必須參照智力素質來分析經濟性的任務；智力素質實為經濟任務所必需或應有。我們必須找出適當的心理及技術問題方法，俾能印證智力素質的重要……惟有對職業需求及個人功能兩者均能作同等科學化的徹底探究時，工商事業的利益才能獲得照顧。」

2.職業測試

孟斯特堡對工作和人的研究興趣，將他帶進了職業測試 (vocational testing) 的領域。他認為測試應作妥善的設計，務期能測出應徵者及現職員工是否適任某一職位。例如，當事人是否具有必要的智力技能等。孟斯特堡認為產業是否具有效率的關鍵，在於工作人員是否具備能注意直接攸關工作績效的要素之洞察力。以電車司機來說，必須能夠瞭解其可能發生的意外。他認為在一個組織中的每個層次，心理測試對於工作人員的甄選都有價值。他說：「實驗心理學的結果，應該有系統地應用於人員選用的研究；由最基本的技術作業以至於最高級的技術作業，由簡單的感官活動以至於最複雜的心智活動，皆屬可用。」

3.孟斯特堡的貢獻

　　孟斯特堡對管理確有若干重要的貢獻：

⑴將心理學通俗化

　　他利用哈佛的心理學研究所，設計了許多應用於產業界的工具，開創了心理學進入產業界的先例。

⑵研究如何促成最大產出的心理條件

　　他除了研究擔任某項職位所須具備的心理性格外，還關心能促成最大產出所應有的心理條件，包括注意力、疲勞、工作單調及社會影響的衝擊等。

⑶追求最佳可能效果

　　他將科學管理與心理學上的觀念連結，以追求「最佳可能效果」。例如，在廣告宣傳方面，我們希望每個人都能閱讀我們的廣告，既快速又準確，那是科學管理的問題；我們又希望他們能記住廣告內容，並且採取必要的行動，那是心理學的問題。孟斯特堡將此一基本概念進一步推展到購買、銷售和商品展示上去。而在每一個課題上，他都指出了心理學的應用如何有助於績效的增進。直到他去世的時候，所謂工業心理學已經巍然聳立，成為管理學上的一個重要的「新」領域。

㈡梅　育

　　梅育早期最有名的試驗，是於 1923～1924 年在美國費城 (Philadelphia) 的一家紡織廠內進行。該廠的人員流動率大約在 5～6%，但紡紗部門的流動率竟高達 250%。公司的效率工程師曾經運用過獎金制度，可是並無作用。於是，公司請梅育來調查原因。

1.休息時間的排定

　　梅育決定先變更該部門的工作方式，試探是否能使情況改善。他選定該部門中的某一個群體，在每天上午和下午各安排兩段 10 分鐘的休息時間，並鼓勵工人小睡片刻。如此的作法確實使得工作士氣提高，工人流動率也大為降低，生產量方面卻仍能維持不變。日後推廣至整個部門後，產量大為增加，該部門的工人也有獎金可得，徹底解決了員工流動

率過高的問題。

2.試驗結果分析

是什麼原因促使該廠的士氣高揚、生產力增高，以至於工人流動率降低呢？梅育認為那是由於有系統地推行休息時間制度之故，使大家克服了體力疲勞，且也使大家減輕了消沉的幻想 (pessimistic revery)。

⑴疲　勞

疲勞是體力問題，人人均易瞭解。

⑵單　調

單調是心理問題，正反映了梅育的哲學思想和他所受的訓練。早在他進行此項紡織廠的研究案之前，他已開始撰寫一份論著，討論瞭解工人心理狀態的重要性。他曾說：

社會研究及產業研究迄今未能充分明瞭的是，「一般正常人」所具有的輕微非理性心理，在效果上實有累積性。以個人而言，或許不至於引起裂解 (breakdown)，但在產業團體中卻有引起裂解的可能。

㈢霍　桑

1.研究過程

所謂霍桑研究是於 1924～1932 年進行；係以科學管理的邏輯為其基礎。此項試驗的最初目的，本在研究工場照明和產量的關係。整個計畫共分為 4 個階段：

⑴工場照明試驗

霍桑研究的工場照明試驗階段前後持續了 2 年半，在這段期間裡，共作了 3 項不同的試驗，且研究人員曾對試驗的設計屢作改進。但是，他們一直不能斷定工場照明和產量之間是否確有某種關係。

研究人員這次試驗，至少獲有兩個結論。第一，工場的照明只是影響員工產量的因素之一，且顯然是次要的因素；第二，由於牽涉的因素太多，難以控制，且其中任何一項因素均足以影響試驗結果，故無法成

功測度照明對產量的影響。

　　然而公司當局卻並不認為這些試驗沒有成功，反之，他們認為獲得頗有價值的經驗，懂得研究的技巧，因而希望繼續推動。於是，第二階段的研究開始了，那就是「繼電器裝配試驗室的試驗」。梅育和其他幾位哈佛研究人員，便是在這個階段參加工作的。

⑵繼電器裝配試驗室試驗

　　為了更能有效控制各項影響工作績效的因素，研究人員決定將一組女工隔離，不與其他工人接觸。同時，他們還特別指定一位觀察員加入此一小組，專責記錄室內發生的一切。

　　最初 4 個月作了若干項初步的工作改變，大部分都是顯而易見的。例如工作環境較小，燈光和通風較佳；但也有若干項改變一時不易掌握其意義。舉例來說，指派在工作室內的觀察員，分擔了部分督導工作，但這位觀察員卻極為平易近人。除此之外，小組的女工也可以自由交談。由於小組人數不多，所以大家很快便建立了一層更為親密的關係。

　　一等到研究人員瞭解了這些改變的結果後，便將試驗推進到下一步。研究人員給小組安排了工作休息時間、將每天的工作小時數和每週的工作天數均作縮減，發現產量顯著增加；這表示說：工作時間的減少並非是產量增加的唯一因素。

　　研究人員在這段研究中得到的結論，認為女工工作態度的改善和產量的提高，最可能是因為社會情況和督導方法的改變之緣故。管理當局為了蒐集此一假定的資料，乃決定進一步研究員工的態度，以及構成員工態度的可能因素，接著展開第三階段的研究。

⑶全面性員工面談計畫

　　霍桑研究的第三階段，是一項高達 2 萬人的員工面談。在面談時最先提出的是「直接問題」，例如有關督導及工作環境的問題。雖然曾先告知員工一切談話均將保密，可是受訪人仍有戒心。後來便改用「非直接問題」，且任由受訪員工選擇話題。經過分析之後，研究人員才瞭解到員工的工作績效和他們在組織中的地位與身分，不但是因為員工自己而定，

而且也因小組的其他成員而定，員工自己與組織其他成員息息相關。

⑷**接線板接線工作室的觀察**

　研究人員決定選擇一個人數較少、擔任某項特殊工作的小組為研究對象。在小組的工作室中，共有三種不同的工作：線路工、焊接工和檢查員。工作進行的快慢，視線路工的工作快慢而定。

①小組的產量

　　研究的第一個發現是大部分小組中的工人都故意自行限制產量。公司根據時間及動作研究，規定每天的標準產量為銲合 7,312 個接點，但工人只完成 6,000～6,600 個接點。這是他們自設的非正式標準，是他們認為適當的每日產量。事實上，他們毫無疑問可以達成 7,312 個接點的標準，可是他們卻故意壓低。為什麼他們故意自限產量呢？據一位工人告訴觀察人員說，如果他們的產量提高了，公司便可能提高標準。

②督導的情況

　　試驗小組的工作督導情形，頗富有人性行為的意義：小組中的工人對待他們的主管，各有不同的態度。圖 1-5 先列出各級監督人的職銜提供參考。

領班 ➡ 副領班 ➡ 股長 ➡ 小組長 ➡ 工人

↗ 圖 1-5　接線板接線工作室的員工層級

　　大部分工人均認為小組長是小組的成員之一，因而沒有想過要反對小組長。至於股長，大家對他還算不錯，但常會跟他辯駁，並不見得老是服從他。然而，工人對待副領班便不一樣了：既不會不服從他，也不會常跟他辯駁。

③工作小組的群體動態

　　工作小組成員相互之間的人際關係，也是慎密觀察的項目之一。小組工人之間有時互相交換工作，或者互相幫忙。雖然這是有違公

司規定的事，但卻能增進友誼；不過，有時也種下一些恩怨，誰喜歡誰或討厭誰，都可以看出來。

④工人的社會派系

研究人員觀察小組工人進行的各項比賽和其他的互動，可以看出他們形成了兩個小派系，一為 A 派，一為 B 派。研究人員由此獲得了幾項結論：第一，他們的派系並非因工作而形成，例如 A 派有三位線路工，但同時還有一位焊接工和一位檢查員。第二，派系的形成，多少受到工作位置的影響。例如 A 派的幾位工員，工作位置均在工作室的前端，而 B 派均在後端。第三，也有工員不屬於任何派系。第四，每一個派系都自認優於別的派系，或許認為自己的工作比別派好，或許認為自己敢於拒絕某些工作。舉例來說，A 派工員沒有互相交換工作，也不像 B 派工員那樣常常喜歡比拳頭，因此自認優於 B 派。反之，B 派工員很少互相辯駁，也很少賭輸贏，因此也自認優於 A 派。第五，每一派系均各有一套行為規範，任何人必須接受此一規範，才能成為該派系中的成員。

所謂行為規範，羅利斯柏格 (Fritz Roethlisberger) 及狄克森 (William Dickson) 指出，不外下列數項：

- 你不能工作太多，否則你便破壞了規矩。
- 你不能工作太少，否則你便是吊兒郎當。
- 你不得在主管面前打同事的小報告，否則你便是告密的叛徒。
- 你不得遠離大家，孤芳自賞；也不得打官腔，一本正經。即使你是檢查員，你也不應該像是一位檢查員。

2.霍桑研究的結果及其意義

毫無疑問地，霍桑研究已替管理的行為學研究途徑奠定了最重要的基礎，其結果如下：

⑴心理空虛的消除

梅育從霍桑研究的結果發現，變更休息時間和工作環境，本身並不能克服「消沉的幻想」，關鍵乃在於員工的重新編組。他曾說：

公司當局對於工作群體，實際上是徹底改變了整個產業情況……其結果，個別工人以及他們的群體，均需要一段時間來適應新的產業環境——他們在新的環境中，均將他們本身的決定和他們的社會利益置於第一，而工作僅屬次要。

霍桑研究強調重點不是外在情況的改變，而是內在的組織。公司若加強了工人內在的情緒平衡，使工人達到心智穩定的狀態，便能促成他們抵禦各種外在情況的改變。由此可知在梅育心中，試驗的結果不能說是推行科學管理（休息時間的安排）所致，而是由於社會心理現象（工人的社會關係結構之變更）的緣故。

⑵霍桑效應

第二項結論是廣為人知的霍桑效應 (Hawthorne effect)。所謂霍桑效應是說對於新環境的好奇和興趣，足以導致正面的結果，至少在起初的階段是如此。試將此一概念用之於繼電器工作室生產力大增的例子，許多現代心理學家均認為產量提高，是因為女工得到管理階層的照顧。霍桑效應固然似乎降低了心理空虛，可是深入研究後，便能發現牽涉的因素絕不僅此一項。

試驗中擔任顧問的陶納 (C. E. Turner) 曾說：「產量增高，起初我們想也許部分該是由於對於繼電器工作室的情況感到好奇的緣故；但是其後長達 4 年之內，產量仍然增高，那就不是好奇所能解釋的了。」梅育也有同樣的看法，他在分析繼電器工作室的督導和生產力時，起初曾說：「重要的變化是督導的素質有了改變，比過去嚴密得多。但是這一項變化，卻不是唯一的改變，只不過是一項重要的改變而已。」

⑶霍桑研究的啟示

霍桑研究的照明試驗為管理的人群關係研究，照亮了一條新道路，引發了後繼者的研究。在當時的人群運動中，這批研究人員委實遭遇了不少困難，幸而他們百折不撓、貫徹到底，終於建立了下述兩項重要的里程碑：

①開啟了對個人行為及群體行為奧秘的探索。研究人員看到了這方面有
　待研究的課題甚多，但並未因而迷惘。有待解決的事項雖屬不可勝數，
　可是畢竟已經有了基礎。

②所謂「督導氛圍」(supervisory climate) 也在此時受到了注意，對於後
　來有關領導作風的研究提供了一股動力。

㈣巴納德

　　巴納德是對行為學思想有貢獻的另一位學人，他對組織結構的邏輯
分析和應用社會學的概念管理均感興趣，撰有《執行長的職能》(*The
Functions of the Executive*) 一書。他的研究對管理理論有極大的重要性，
研究管理思想史的喬治 (Claude George, Jr.) 讚譽他說：「巴納德對於人類
組織的複雜課題思想實有極為深遠的衝擊力，較管理思想界的任何人士
為大。」以下是他的觀念之介紹：

1.執行長的職能

　　巴納德認為沒有理論足以說明他本人的所見所聞，或一個組織內各
領導人大家心照不宣的知識。他認為許多管理著作均有敘述太多且為泛
泛之論的通病，此外，他還認為那些著作的立論多以不正確的邏輯為基
礎。巴納德以他自己擔任執行長的經驗為依據，提出了眾人合作
(cooperation) 的理論和對於組織程序的說明。

　　巴納德認為所謂「正式組織」，乃是一種「經刻意協調的活動系統」
或「經刻意協調的兩人或兩人以上的系統」。在這樣的結構內，執行長才
是最關鍵的因素，惟有執行長才能維繫「合作努力」的系統。整個程序
之遂行，需透過執行長的三項重要職能：

⑴建立溝通系統

　　建立及維繫溝通系統，應為執行長的基本工作。此一職能有賴於管
理的人與職之配合；至其遂行，則有賴審慎的人員選用、積極與消極規
定的運用，以及「非正式組織」的維繫等。所謂非正式組織，在溝通上
尤其重要，蓋因非正式組織不但可以緩和巴納德所稱的「不良影響力」

(undesirable influence)，亦可以減少事事透過正式決策的需要。

⑵積極取得必要的努力

積極取得組織員工的努力，有賴於下述兩項步驟：第一，員工必須導入於組織的「合作關係」；員工的延聘，須有一定的方法。第二，在第一步完成後，組織尚須促成員工對組織的認同。這一步的實現，當有賴於誘導及激勵的建立。

⑶制訂並界定組織的目的和目標

制訂機構的目的和目標，則有賴職權的接受。每一成員均分別承擔通盤計畫中某一部分的執行。然後經由「溝通回饋」(communication feedback)，始能發現阻礙和困難，因而將計畫作適當的修改，之後才又指派新的責任。

2.職權的理論

巴納德在書中處處強調「誘導」(induce) 部屬合作的重要。僅憑職權發布命令是不足的，部屬可能拒絕遵守。事實上，巴納德說：

人之所以願意接受一項命令，而視該項命令具有權威，惟有同時符合下列四條件始有可能：⑴他確已瞭解該項命令；⑵他必須認為該項命令不與組織的目的相矛盾；⑶他必須認為該項命令符合他個人利益；⑷他的智力及體力均能遵行該項命令。

巴納德的上述推理，演變為今天為人所熟知的職權接受理論 (acceptance theory of authority)。這就是說，所謂職權或指揮的權力，視部屬是否遵從而定。當然，也許有人認為執行長可以施行制裁，但是制裁仍無法保證命令之貫徹。

假如職權接受理論屬實，管理階層豈不完全任由部屬擺布？不過，巴納德曾經說過，部屬的同意和合作通常很容易取得。他所持的理由如下：

⑴職權接受理論的 4 個條件通常都存在：部屬總認為來自管理階層的命令是一項權威。

⑵每一個人均有一個「無利害區」(zone of indifference)，凡落在無利
　害區裡的命令，必然會接受。其他的命令可能落在中性線 (neutral
　lines)，或顯然不是部屬所能接受。無利害區的寬窄會因為對部屬的
　誘導及部屬為組織而作的犧牲而異。因此，有效的執行長必設法使
　每一部屬都感到「取之於組織者多，而予之於組織者少」。倘能造成
　這樣的情勢，則無利害區始能擴大，從而使部屬接受大部分的命令。

⑶倘若組織中某人拒絕遵行命令，勢將影響整個組織的效率，則其他
　成員往往會群起而攻之，促其遵守，其結果將能促成組織內部的安
　定。

3.巴納德的貢獻

巴納德對於管理理論有下列數點貢獻：

⑴對於執行長的職能，前人多使用敘述方式來說明，但是巴納德卻是
　用分析和動態的說明方式。

⑵他激發了溝通、動機、決策、目標及組織關係等專題的研究興趣。

⑶他將費堯、莫尼及雷列等人的研究，向前推進了一步。費堯等人多
　從原則與職能的立場來研究管理，但是巴納德的研究興趣卻在管理
　的心理學及社會學的層面。

九、管理是否為一門科學？

我們對管理到底真正知道多少？管理這門知識有多麼科學呢？管理
是科學還是藝術？上述是常常聽到的問題，事實上，管理的科學部分大
都可從書上學來，但怎樣把這些東西應用到不同的狀況，那就是藝術了。
例如將一種化學品加入另一種化學品，大多會得到相同的結果，這就是
所謂的科學，也就是一種能夠正確預測將來結果的知識。但在管理上，
你所處理的是人、資源、產品、勞務等等，這些都不斷在變動，所以要
使它成為科學實在是困難多了。權變理論 (Contingency Theory) 就是要使
你成為一個組織醫生，教你如何找出組織的病徵，開出最好的藥方。權

變管理則是依組織所面對的環境或情境，為組織採取最有利的管理措施。

　　圖 1–6 列出幾種研究有效管理的方法，層次愈低的愈不科學，但是有關的研究報告卻最多。

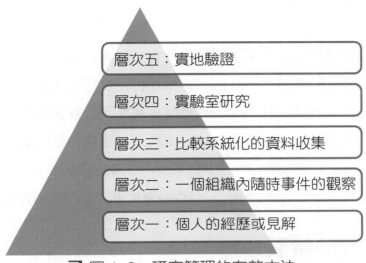

層次五：實地驗證

層次四：實驗室研究

層次三：比較系統化的資料收集

層次二：一個組織內隨時事件的觀察

層次一：個人的經歷或見解

↗ 圖 1–6　研究管理的有效方法

層次一

　　研究管理的第一種方法就是聽成功的管理者述說他的經歷。但是我們很難確定這些成功管理者是否能完整描述過去的事，而且由於時空背景不同，他人的經驗也並非那麼受用。

層次二

　　第二種方法是觀察，由管理專家記下他所看到的一切。這方法雖然具有較客觀、變數較固定，以及研究對象較多等優點，但是也很難確定記下來的東西是否精確、是否為我們所需。不過，可以肯定的是，第二種方法較第一種方法科學。

層次三

　　第三種方法是研究者設計有系統的問題，也就是標準的資料蒐集方法、科學的資料分析方法。

層次四

　　第四種方法是研究者設法使多種變數保持不變，他們可能採用電腦模擬或者製造一個實驗情境來研究管理決策，如果研究的對象是受過訓練的管理者或者研究的決策切合實際，這種方法比第三種好，否則，它的價值就和層次二一樣。

層次五

　　最好的研究方法是透過真實組織作實地驗證，例如，研究處理衝突時，年紀較長的管理者是不是比年輕的在行，我們可先衡量各部門驗證前的情況，然後把不同年齡的管理者調到各部門，衡量結果，再把管理者回復到原來的位置，再衡量一次。由於這樣能夠控制變數，所以是最好的研究方法。不過這類的研究少之又少，因為公司通常不會容許管理專家任意調動公司的管理者。況且，有很多變數亦不是研究者所能控制的。

十、　管理的挑戰

　　有些社會學家寧願沒有管理，讓社會在自我約束的情況之下運行；另外一些人則不喜歡大型組織的繁文縟節以及遲鈍的反應，他們把這些情況歸罪於管理，連帶也對管理這一行有所批評。

　　1930 年代有了管理是否合法的爭論，有人認為企業是由成千上萬的股東而不是管理者所擁有，那麼管理應該是對誰負責呢？在數十年前，企業負責人以非法方式將公司的錢捐給政客，作為競選基金。另外，利益的衝突也損害了管理形象 (managerial image)，我們有時候聽說管理者指示採購部門和某公司訂立一個獲利甚高的契約，而那個公司的老闆便是這間公司的管理者。可是，可以因為這樣就認定管理者沒有價值嗎？

　　企業為了生存，必須達成它的目標，而管理者則必須領導企業接受各種生存挑戰。有些人認為管理是多餘的，因為受雇者會自行管理，但是歷史學家與社會學家已發現，一個組織如果不發展有效的管理制度，將無法長久存在。

　　另一方面，不少人認為好的管理是組織成敗的關鍵所在。有些證券

分析專家認為股票價格的差異，主要是由於投資者對各個公司管理者的評價不同所致；經濟學家熊彼得 (Joseph Schumpeter, 1883～1950) 把管理和企業家看作是經濟發展的原動力；杜拉克則說過：「管理是企業生命的泉源。」他說企業成功或失敗的重要因素，在於企業能否成功完成下列四大任務：完成經濟行為、創造生產成績、順利因應社會衝擊及企業責任和管理時間因素；史來柏 (Jacques Servan-Schreiber) 曾在《美國人的挑戰》(*The American Challenge*) 一書裡警告，美國管理的優良技巧使美國的多國籍公司大有吞噬歐洲企業之勢。所以我們可以說，沒有管理者，則管理工作是不可能做好的，管理對企業的成功具有舉足輕重的地位；企業正需要有為有守的管理者來提高生產力，希望讀者亦能成為其中的一份子。

↘個案探討

　　企業的成員不是只有老闆，還有股東、員工與顧客，透過管理讓企業可以無遠弗屆。「郭元益」是個清同治 6 年（西元 1867 年）創立的百年老店，其總店位在臺北市士林區文林路，過去主要生產中式糕餅，如傳統的蛋黃酥、鳳梨酥，但今天的郭元益已成功轉型為現代化的連鎖企業。民國 79 年，臺灣全省約有 40 家連鎖門市，營業額約 3 億，中式：西式的比例為 9：1；到民國 88 年，10 年間營業額成長到 20 億，中式：西式的比例為 4：6，請討論：

1. 百年老店郭元益營運模式 (Business Model) 為何要轉變？與經營者心智模式 (Mental Models) 想要改革之間有無任何關聯性？請討論之。
2. 郭元益從年營業額 3 億到年營業額 20 億，請以本章企業管理的內容（管理是科學與藝術統合）說明產品銷售結構轉換的過程，對郭元益轉型有何幫助？
3. 郭元益可以成功轉型，除了有生產的技術，還必須加入管理的人才，請以本章管理的基本概論，說明討論郭元益應加入哪些功能的管理人才，才能強化轉型的競爭力？
4. 運用企業管理的營運模式 (business model)，說明郭元益如何保有過去百年老店的傳統特色，並加入新的符號元素如流行、浪漫等，使年輕人更喜歡百年老店？

關鍵名詞

1. 企業
2. 企業合併 (merge)
3. 管理 (Management)
4. 甘特圖 (Gantt chart)
5. 職權 (authority) 與責任 (responsibility)
6. 權責相符 (parity of authority and responsibility)
7. 法定職權 (statutory authority) 與個人職權 (personal authority)
8. 指揮統一 (unity of command)
9. 分權指導 (functional foremanship)
10. 管理統一 (unity of management)
11. 組織層級 (hierarchy)
12. 跳板原則 (gangplank principle)
13. 計畫
14. 組織
15. 指揮
16. 協調
17. 控制
18. 霍桑效應 (Hawthorne effect)

摘要

1. 企業乃是經由人們運用聰明才智與努力，配合各種不同的資源，來提供某些財貨或勞務，進而營運獲利的經濟個體謂之。
2. 現今自由經濟體系的現代化企業，有幾點顯著之特性：
   (1) 自由選擇。
   (2) 承認私有財產。
   (3) 具獎勵功能。
   (4) 獲利動機。
   (5) 競爭。
   (6) 自由市場。
   (7) 價格機能。
3. 企業銷售給顧客的是滿足而不是產品。消費者購買的是透過產品而滿足。

4. 不完全競爭與完全競爭最主要之區別在於不完全競爭下之廠商，均試圖使其產品與其他廠商的產品有差異，從設計、包裝、顏色，或其他方面來相互競爭。一般而言，廠商間之競爭大部分是屬於不完全的競爭。

5. 現代企業有下列幾點特色：

   (1)資本大眾化。

   (2)專業化。

   (3)標準化。

   (4)機械化。

   (5)連續性。

   (6)自動化。

   (7)企業合併。

6. 企業的四大目標：

   (1)生產目標。

   (2)市場目標。

   (3)獲利目標。

   (4)社會目標。

7. 管理即是指有效的運用人力和物質資源以達成企業的各種目標。也就是說，運用計畫、組織、指揮、協調與控制等基本活動，以期有效的運用某一組織內的人員、金錢、物料、機器與方法，務使企業內的各項業務與活動，能夠相互密切的配合，綜合與協調全體企業員工的努力，以順利達成該企業的任務與實現其經營目標。

8. 馬基維利所提出的管理原則：

   (1)身為人君或領袖者，應體認到權力來源在於底層。倘若不能獲得底層隨從者的同意，任何人均無法成為一位領袖。

   (2)領導人應給予他周圍的朋友及隨從者獎酬，以維繫他們的忠誠；隨從者必須瞭解他們期望於領袖的是什麼；也必須瞭解他們的領袖之期望於他們的是什麼。他認為這才是維繫凝聚力的重要因素。

(3)身為人君者,不能不具備生存的意志力。惟具備有生存的意志力者,始能保持警覺,始能有備無患。

(4)須以身作則,為他人表率。

9. 科學管理乃是探尋最科學化和最理性化的原則。這一場挑戰,具有兩種主要方式:(1)如何使工作的實施更為容易,以期提高生產力;(2)如何激勵勞工採用這些新方法與新技術。

10. 舉凡原料成本、人工費用及製成品存貨等,均經一一登錄,而且還保持了間接成本的紀錄。管理階層憑著這些紀錄,對於效率低落和浪費、生產力的增減、工作的成本以及工資率的修訂等等,都能切實的掌握。

11. 在現代科學管理中,最為突出的一項要素,應是所謂「任務」的觀念。

12. 差別計件率制度:分別針對每一個職位的工作,實施一次時間及動作研究。然後根據研究的結果,制訂一天的標準工作量。倘某一工人的生產量低於此一標準,則可按某一計件率計算其應得工資。倘使其生產等於或超過標準,則計件工資率也較高。

13. 除了提高工資以外,尚須同時注意降低單位生產成本。要達成此一目的,則在科學的方法選用及訓練工人之餘,還必須重視管理階層與員工的合作。

14. 泰勒的四項管理原則:

(1)對於個人工作的每一要素,均應發展一套科學,以代替原有的經驗法則。

(2)應以科學方法選用工人,然後訓練、教導及發展;以代替過去由工人自己選工作及自己訓練自己的方式。

(3)應誠心與工人合作,俾使工作的實施確能符合科學的原理。

(4)對於任何工作,管理階層與工人幾乎均有相等的分工和相等的責任。凡宜於由管理階層承擔的部分,應由管理階層承擔。而在過去,則幾乎由工人承擔,且責任也大部分落在工人肩上。

15. 所謂科學管理,不是一套「效率機械」;不是一套任何可以促進效率的機械;也不是各式效率機械的總稱。所謂科學管理,不是一套測度成

本的新制度；不是一套支付薪資的新制度；不是一套計件給酬的新制度；也不是一套獎金制度與紅利制度。

16. 所謂科學管理，乃是一個事業機構或是一個產業的從業員工的一種「完全的心理革命」──是一種他們對工作的責任，他們對工作夥伴的責任，以及他們對雇主責任的完全的心理革命。換言之，這是涉及管理階層和員工雙方的一種完全的心理革命；要是沒有這種革命，所謂科學管理便不存在了。

17. 任務及獎金制度：一在於給予工人一天的保證工資；一在於倘工人完成了當天的交付任務，則尚可獲得一份獎金。與泰勒的差別計件率制度相同的是，其也認為管理階層必須指導工人。

18. 甘特圖即是將一切預排的工作及已完成的工作，均繪製於一條時間橫軸上，沿軸線量度之。縱軸則為指派擔任各項工作的人員與機器。這是一種簡單圖表，但是卻是計畫與控制的工具。

19. 艾默森的效率 12 原則：

(1)理想的明確界定。

(2)常識。

(3)優秀的諮詢。

(4)紀律。

(5)公平的處理。

(6)可靠的、立即的、充分的及永久的記錄。

(7)排定工作。

(8)標準與時程。

(9)標準化的條件。

(10)標準化的操作。

(11)工作實務標準之書面說明。

(12)效率獎勵。

20. 所謂公平的處理，本質上有賴於經理人的三項性格，富有同情心、想像力及正義感。

21.艾默森認為凡以節省成本為基礎的效率獎金制度，均能產生令人極為滿意的結果。同時，此種獎金制度之核計方法也甚具彈性，可用於僅有若干分鐘的個人操作；可用於個人的長期工作；也可以用於整個部門或整個計畫的全部工作。

22.基層工人以技術能力最為重要；但沿組織層次而上，技術能力的相對重要性漸減，而管理能力的重要性則一步步增大。

23.費堯指出了管理人士應有的各項活動，即計畫、組織、指揮、協調、與控制。一位經理人倘能遂行這幾項職能，即是有效的經理人。

24.費堯認為當時的經理人，對這幾項職能的重視實嫌不足。他說許多人雖然瞭解其重要性，只是他們以為管理職能也跟技術技能一樣，僅有在實際工作上才能學會。但他認為只要能寫下一套管理的理論來，管理便能在教學的場合中講授。

25.費堯的管理 14 項原則：

　⑴分工。

　⑵職權與責任。

　⑶紀律。

　⑷指揮統一。

　⑸管理統一。

　⑹個人利益置於共同利益之下。

　⑺員工的酬勞。

　⑻集權化制度。

　⑼組織層級。

　⑽秩序。

　⑾公正。

　⑿員工的穩定。

　⒀進取性。

　⒁團體精神。

26.避免濫用職權及克服領導人弱點的最佳辦法，乃在個人素質，尤其是

道德的提高。

27. 所謂法定職權，乃因人的職位而來；任何人只要擔任了某一職位，便
擁有一份法定職權。而所謂個人職權，則是由於當事人的智慧、知識、
道德及指揮能力等個性而形成的職權，通常稱之為非正式職權或力量。
費堯認為一位優秀的領導人，必須兼具法定職權及個人職權兩者。

28. 依費堯的話來說，所謂「紀律」，乃是領導人「生產」的產品。然而一
般人在紀律不良時，總是責怪下屬，殊不知不良的紀律總是來自不良
的領導。

29. 指揮的統一：任何人均應有一位上司；且應僅有一位上司；管理的統
一：乃指凡屬具有同一目標的各項作業，均應僅有一位經理人，及均
應僅有一套計畫而言。

30. 薪資制度必須具備幾個條件：

(1)確保公平的待遇。

(2)應有對優良績效的獎勵。

(3)獎勵不應超過適當的限度。

31. 跳板原則在組織層級中屬於同一層級者，應可直接相互溝通；條件是
他們應先取得上級主管的許可，同時也得在事後將溝通結果報告主管。
能做到這一層要求，則組織層級的完整性方不致受害。且該組織必能
有更大的效率。

32. 莫尼和雷列認為：一個有效的組織，必須有一套「制式」；而所謂制
式，乃必須以原則為基礎。他們所分析的推理架構，乃以邏輯學家安
特森的基本邏輯律為基礎。依安特森的邏輯律而言，凡提出一項原則，
均應有一套程序和效果；而每一項程序和效果，復又各有其原則、程
序和效果。

33. 所謂協調原則，意謂群體的工作應有秩序的安排，以期在追求共同目
標時能有統一的行動。此一原則，實為組織原則之總綱，其餘的原則
均為此一原則的從屬。

34. 歐威克運用了莫尼和雷列的「原則、程序、效果」的架構。他發現不

同的學者提出的不同管理原則均係以一種邏輯的架構為中心。那些不
同的原則，分別由不同國家的學人提出，各人有其截然不同的經驗，
而且大多數人均互不知道他人的研究；但是那些原則均可容易地納入
於如此的邏輯架構內，確是極具意義的事。

35.孟斯特堡著力於追求最佳可能效果；因此他將科學管理與心理學上的
觀念連結了起來。例如，在廣告宣傳方面，我們總希望人人均閱讀我
們的廣告，既快速又準確，那是科學管理的問題。我們又希望他們能
記住廣告內容，並且採取必要的行動，那是心理學的問題。

36.霍桑工場的試驗，並不在於外在情況的改變，而在於內在的組織。公
司當局加強了工人內在的情緒平衡，使工人到達了一種心智的穩定狀
態，因此促成他們能夠抵禦各種外在情況的改變。

37.在梅育的心目中，試驗的結果，殊不能說是推行科學管理（休息時間
的安排）所致，而是由於社會心理現象（工具的社會關係結構之變更）
的緣故。

38.霍桑效應：對於新環境的好奇和興趣，足以導致正面的結果，至少是
在起初的階段為然。

39.霍桑研究建立了兩大里程碑：

　(1)開啟了對個人行為及群體行為奧秘的探索。

　(2)所謂督導氛圍已在此時受到注意；對於後來有關領導作風的研究，
　　也促成了一股動力。

40.整個程序之遂行，需透過執行長的三項重要職能：(a)建立一套溝通系
統；(b)積極取得必須的努力；及(c)制訂並界定本組織的目的和目標。

41.非正式組織不但可以緩和巴納德所稱的不良影響力，亦可以減少事事
透過正式決策的需要。

42.積極取得組織員工的努力，有賴於下述兩項步驟：第一，員工必須導
入於組織的合作關係；員工的延聘，須有一定的方法。第二，在第一
步完成後，組織尚需促成員工對機構的認同。這一步的實現，當有賴
於誘導力及激勵力的建立。

43.制訂機構的目的和目標，則有賴職權的接受。每一成員均分別承擔通盤計畫中某一部分的執行。然後經由溝通回饋，始能發現阻礙和困難，因而將計畫作適當的修改，計畫經修改後才又指派新的責任。

44.人之所以願意接受一項命令，而視該項命令為具有權威，惟有同時符合下列四條件才有可能：

　(1)他能夠且確已瞭解該項命令。

　(2)他必須認為該項命令不與組織的目的相矛盾，他才會決定接受。

　(3)他必須認為該項命令符合他個人利益，他才會決定接受。

　(4)他的智力及體力均確能遵行該項命令。

45.巴納德認為，部屬的同意和合作，通常很容易取得。他的理由是：

　(1)職權接受理論的 4 個條件，通常總是存在的；部屬總是認為來自管理階層的命令是一項權威。

　(2)他說每一個人均各有一個所謂無利害區；凡落在無利害區裡的命令，均必接受無疑。而其他的命令，有的可能落在中性線，有的則顯非部屬所能接受。因此，職權的接受與否，皆視無利害區而定。

　(3)巴納德認為組織中某人倘拒絕遵行命令,勢將影響整個組織的效率，成為其他成員的威脅，則其他成員往往會群起而攻之，對該員施加壓力，促其遵守。其結果，將能促成組織內部的安定。

複習與討論

1.何謂「企業」？企業的特色為何？何謂「管理」？請試說出管理的重要性。

2.請簡述泰勒所提出的管理的四項原則。

3.請寫出泰勒對科學管理的見解，以及他為何會有如此的見解？（提示：他指出所謂科學管理「是些什麼」，而且還指出科學管理「不是些什麼」。）

4.試比較甘特的任務及獎金制度 (task-and-bonus system) 與泰勒的差別

　　計件率制度有何不同處及相同處？

5. 何謂「甘特圖」(Gantt chart)？其運用在「計畫」與「控制」上的理由為何？

6. 請概述費堯對「管理」的定義及其所提出的管理 14 項原則。

7. 「法定職權」與「個人職權」有何不同？而一位優秀的領導人是否須同時兼具兩種職權？

8. 為什麼費堯不認同泰勒的分權指導？

9. 歐威克認為不同學人提出不同的管理原則均係以一種邏輯的結構為中心。那些不同的原則，分別由不同國家的學人提出，各人各有其截然不同的經驗，且大多數人均互不知道他人的研究，但是那些原則都可容易地納入於如此的邏輯架構內，確是極具意義的事。試問此一邏輯架構是什麼呢？且請試著說明此一架構的內涵。

10. 試說明霍桑研究得到哪些重大的發現？

11. 巴納德認為整個程序之遂行，需透過執行長執行哪些重要職能？

12. 巴納德的職權接受理論中指出人之所以能夠願意接受一項命令，且視該項命令具有權威，此乃須同時符合哪些條件呢？請說明之。

13. 請解釋以下名詞：

　⑴跳板原則 (gangplank principle)。

　⑵完全的心理革命 (complete mental revolution)。

　⑶職權與責任。

　⑷定案性的職能 (determinative functionalism)。

　⑸消沉的幻想 (pessimistic revery)。

　⑹誘導 (induce)。

第 2 章
現代管理思想學派

前　言

　　從第二次世界大戰以來，人們對於管理學已有相當多的研究，加上每一管理理論家及管理實務人士各有其信念及思考模式，所以此時管理的領域出現了不同的學派，大體可分成三種：管理程序學派 (management process school)、計量管理學派 (quantitative school)、行為學派 (behavioral school)。此三學派分別以不同的角度切入管理，舉例來說，管理程序學派藉著「管理職能」來為管理提供了「綱要」(亦可以說是架構)；計量管理學派將「管理」視為一項「計量工具和方法之學」；行為學派則是從「人性行為」來切入探討。

　　在本章我們將為大家一一的介紹此三學派的特色、貢獻及缺失。之後我們會再進一步探討此三學派是否有一致的合理基礎，是否有必要將它們合而為一，這兩個問題至今仍時常引發爭論。

一、管理程序學派

㈠簡　介

　　管理程序學派又稱古典學派，可溯源於費堯，此一學派的基本方向為認定各項「管理職能」，而這些職能乃是經理人從事的程序。

　　管理程序學派在第二次世界大戰剛結束後的年代中蓬勃發展，為什麼此一學派能為大眾所接受呢？這是因為其對管理系統研究提供了一項「綱要」所致。研究者辨識出各項管理職能，繼而逐項研究，自可獲得可貴的豐富資料。雖然計量管理的理論家及行為學家也許不盡然同意這種說法，但是，許多頗為人知的著作大致均是以程序架構為基礎。

　　表 2-1 乃是費堯及其他七冊管理學教科書著作人所列的程序。由此表我們可以發現，雖然各人對管理職能的看法未盡一致，但計畫、組織及控制等三項管理職能，已獲得一致公認。至於為什麼各學者的看法未盡一致，乃是用語的差異。例如，某人指出「指導」為一項職能，但另一位也許將此一項目歸於「組織」項下。如果將管理職能一一列舉出來，想必每人所開列的清單均會不同。

㈡一項持續發展的架構

　　管理程序學派的主要意義之一，是在分析管理的職能後，當能組成一項架構，使一切新增的管理概念均能安置在該項架構之中。舉例來說，我們可以將「計畫、組織及控制」三者作為一副骨架，然後每在遇有足以增進管理績效的新項目時，無論是數理方面或是行為方面的技術，均可以一一安置在這 3 個職能領域之下，結果即為一副系統化的永久性設計。雖然說這種程序學派的概念今天已受到了批評，但是這架構乃正是管理程序學派之所以為人接受的原因。

表 2–1　管理程序中的主要三大管理職能

管理職能 學人	計畫	組織	指揮	選任	指導	影響	推動	協調	領導	控制
費堯 (Fayol)	V	V	V					V		V
戴斯勒 (Dessler)	V	V		V					V	V
海曼及史考特 (Haimann & Scott)	V	V		V		V				V
韓甫登 (Hampton)	V	V							V	V
孔茲及歐登列爾 (Koontz & O'Donnell)	V	V		V	V					V
西斯克 (Sisk)	V	V							V	V
史東納 (Stoner)	V	V					V			V
倫及佛區 (Wren & Voich)	V	V								V

㈢視管理為一項程序

　　管理程序學派認為經理人的職務乃是諸般相互關聯之職能的一種程序。例如，圖 2–1 ⒜三項職能僅只有「順序」，且在計畫和控制兩者間只有間接的關係，所以不能算是一項程序；圖 2–1 ⒝的關係便較為正確，此圖表示管理乃包括各項「相互關聯」的職能；各職能既非隨意安排，也不是固定不變。換句話說，這才是動態的職能。

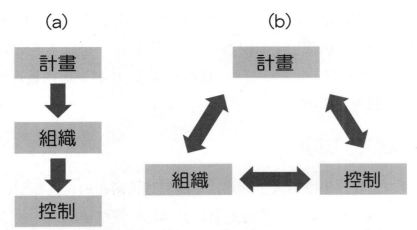

↗ 圖 2-1　(a)管理職能間無關聯，無法視為程序。(b)管理職能間有相互關聯，視管理為一項程序

㈣管理的原則

　　管理程序學派人士認為只要理智分析各項管理職能，便能推演出管理的原則。他們認為將經理人的工作劃分為職能細目，便能將每一職能的原則提取出來。以下我們舉 3 個例子來說明：

1. 計畫居首 (primacy of planning) 原則

　　「計畫」較其他任何職能為先。經理人必先有計畫，而後始有組織與控制。

2. 責任的絕對性 (absoluteness of responsibility) 原則

　　此乃是關於「組織」的原則。經理人可以將職權下授，但不能將責任下授。假如出了差錯，部屬固然有責任，但經理人也同樣有責任。

3. 例外原則

　　此原則乃關於「控制」，是指經理人關切的應該是例外事件，而不是例常事件。發生了明顯的偏差現象時，如利潤特別高或低，則經理人應多花點時間處理。

　　此類原則皆是為了提高組織效率，但是這些原則不宜視為規定。因為既屬規定，則必是硬性的，便必須遵守。反過來說，如果是原則，那

就只是一種「有益的指導」而已，並不一定非嚴格遵守不可。因此，管理程序學派的人士均視這些原則為「一般指導」，是一種應予經常研究修改的課題。當發現某一原則不適用，便應選擇放棄；各項原則是否採用，則是操之在經理人手中。

(五)管理職能的普遍性

主張管理程序學派的人士認為，不論經理人所在的企業類別、屬於作業階層或較高層次，均必須遂行各項基本的管理職能。

以計畫、組織及控制三項管理職能為例：層級較低的經理人通常最為關切日常例行工作，故而大致上是「控制較多，計畫及組織較少」；但較高層級的經理人，需要較高的創新能力和行政能力，故而他們的時間以「計畫居多，控制則漸減」。此概念可參考圖 2–2。

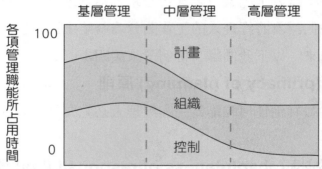

↗ 圖 2–2　基層、中層、高層管理者對管理職能分別占用的時間

(六)建立管理哲學

管理程序學派強調建立管理哲學。要做到這點，有賴回答下面的問題：經理人究竟做些什麼事？對於管理階層，以何種價值最為重要？一般員工又以何種價值最為重要？

建立一套管理哲學，少不得在經理人的心理上確定「物」和「人」的關係。管理程序學派認為，經理人只要遵循管理原則的程序，很容易

建立起組織的關係。經理人遂行職能時，必須運用自己的一套基本信念和態度，將管理程序與經理人的基本想法、概念及信念等等連結起來。由此，管理哲學便形成了，經理人也才能贏得部屬支持，共同為達成組織目標而努力，同時也使經理人的未來行動有了基礎。

　　總之，管理程序學派確有不少優點。其最大的優點在於此一學派提供了「思想架構」，雖然許多人批評其過於靜態及簡單，相較於其他學派，卻更能獲得管理從業人士及學者的接納。

㈦管理程序學派的缺失

　　管理程序學派的缺失有以下 3 點：

1.管理程序中不考慮人性因素

　　管理程序學派視管理為一項極為靜態、不含人性的程序。儘管此一學派人士對此嚴加否認，但行為學派的人士依然攻擊如故。

2.管理原則並非普遍適用

　　管理程序學派的管理原則較適用於生產線穩定、工會力量不大、失業率較高的情況。倘若用在專業性組織 (professional organization) 中[1]，則其適用性將視情況而定。費堯及其夥伴能夠行之有效，是因為他們是應用於穩定的生產線；但現代的經理人處於動態環境中，運用這些原則便難免有困難了。

3.管理職能並非普遍一致

　　在同一組織內，不同職位的經理人固然有許多類似的職能；但若組織不同，這種情形便不一定會出現。我們試將專業性組織（如法律事務所、研究發展機構、建築公司等）與管理性組織 (administrative organizations)（如製造業公司、零售業公司、保險公司等）作一比較，則可發現管理性組織較制式，較重視規章、政策、程序及分層職權等；

---

[1] 此處所稱「專業性組織」，係指下列各類組織而言：⑴社會公認具有執業地位之組織；⑵由某一專業社團或協會促成及贊助之組織；⑶在某種理論支持下，具有專業技能之組織。

但在專業性組織內，此類權力與職權大體由「主管職位」(managerial jobs) 轉移至「非主管專業人員」(non-managing professions) 身上。例如在醫院裡，醫師幾乎與醫院的高階行政人員有同等的決策自由。所以我們可以很清楚瞭解到專業性組織將決策權分散之後，管理職能將有極大的變化，也可瞭解到管理職能不是普遍一致的，且管理工作不會只因職位高低及部門不同而不同，也會因組織而異。

二、計量管理學派

㈠簡　介

計量管理學派亦稱管理科學學派，通常將「管理」看成「計量工具和方法之學」，可用來協助經理人決定有關作業及生產上的複雜決策。計量管理學派的學者對「決策」特別感興趣，他們大都推崇泰勒的管理科學運動。他們的注意力主要集中在目標和問題的認定上，並運用有秩序且合邏輯的方法，構築種種模型以期解決複雜的問題。他們的方法確屬非常有效，尤其是在解決有關存貨管制、物料管制及生產管制等問題為然。

第二次世界大戰結束後，工商企業的圈子裡出現許多「管理科學家」，或稱作管理分析家、作業研究家、系統分析家等。儘管頭銜不同，但他們大致都有幾項共同的特性：

1.將科學分析的方法用於管理問題。
2.以增進經理人的決策能力為目的。
3.特別重視有關經濟效益的規範。
4.頗為倚賴數學模型。
5.使用電子計算機。

㈡最適化與次適化

最適化 (optimization) 與次適化 (suboptimization) 是計量管理學派最關心的兩項課題。經理人並不一定企盼囊括一切可能的利潤，也可能僅追求達成一定的滿意水準。當然，有時透過生產的最適化，將各項資源做適當的配合平衡，也正好能產生最大的利潤，但這並非易事。想要達成這樣的目標，時常須採用次適化的方式。

舉例來說，大部分公司面臨的不外乎是投入、加工及產出的問題，假定公司的目標在追求生產利潤極大，且產出必須以適當的價格全數銷出才能達成生產的最適化。為了求取生產整體的最適化，我們必須追求「投入、加工及產出」這三項生產構成要素的次適化，其步驟如下：

1.求投入的次適化

須視需求預測、存貨倉儲成本的核計及訂單處理成本的核計等因素而定。

2.求加工的次適化

須審慎研究生產的能量及每一產品的機械配置成本與加工成本的核計等。

3.求產出的次適化或製成品的次適化

有賴對產品需求的考量及運輸成本的核計等。

換言之，生產程序（進貨、加工及製成品）中的每一步驟，均將受到次適化各項因素的影響。如圖 2-3，公司並不會盡可能地購入原物料，也不會盡可能地做最大的加工或出廠。公司重視的是如何求得平衡，俾能達成理想的生產水準，從而獲得最大的利潤。

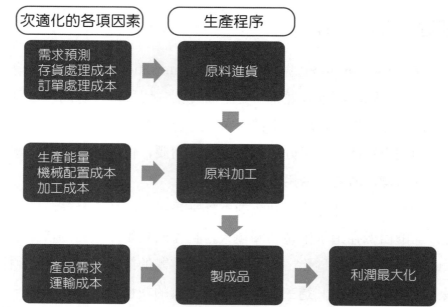

↗ 圖 2–3　生產程序中的每一步驟皆受次適化之各項因素所影響

㈢數學模型

資源的最適化通常可以運用數學模型來達成。所謂數學模型是指一個或數個方程式，視情況的複雜程度與涉及的因素多寡而異。管理學家發現，微積分是最常用的數學工具，最便於表達「一個變數對於另一個變數的相對變動率」。舉例來說，某公司想要擴大工廠規模使產品單位成本下降，則管理階層會設法求得生產設施擴大到什麼規模時，其單位成本會不減反增。

㈣計量管理學派的貢獻

計量管理學派人士對於各種數學工具與技術極為倚重，例如線型規劃 (linear programming)、模擬 (simulation)、蒙地卡羅理論 (Monte Carlo theory) 等。近年來，這些數學工具已經獲得了許多人的支持，加上電子運算能力日新月異，各項複雜的工商企業問題之模式陸續問世，皆說明了計量管理學派獲得了重大進展。除此之外，計量管理學派鼓勵學者以

有條理的方式來解決問題，並看清楚與問題有關的各項因素及其關係，其作法如圖 2-4。此一學派也促成了世人對「目標釐訂」及「績效測定」之重視。

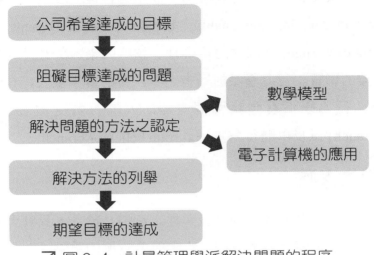

↗ 圖 2-4　計量管理學派解決問題的程序

(五)計量管理學派的缺失

　　計量管理學派所受到的批評乃是「未能看到問題全貌」。管理程序學派與行為學派質疑，難道所謂的管理，僅是「數學模型」及「數學程式的系統」嗎？他們認為管理科學僅算是一項工具，不能成為一門學派。當然，管理科學的確是一項極有用的工具，可用以解決複雜的問題，但卻忽略了人性行為的問題，而計量管理學派在此方面就毫無招架之力。

三、行為學派

(一)簡　介

　　行為學派肇端於學者對「員工個人」的重視與研究。時至今日，行為學派的學者大多具有社會心理學、產業心理學等社會科學的背景，他

們將這類社會科學的知識與技能應用於產業界。

行為學派一如其名，主要關切人性行為。他們認為管理既然是經由眾人的努力以完成任務，有效的經理人便不能不瞭解「需求、內驅力、激勵、領導、人格、行為、工作群體及變革的管理」(needs, inner drives, motivation, leadership, personality, behavior, work groups and the management of change) 等因素的重要性。這些因素對於經理人的管理能力均有直接的影響。行為學派的學者之中，有的重視個人，有的重視群體，因此，行為學派實包括兩個支派：人際行為支派 (interpersonal behavior branch) 以及群體行為支派 (group behavior branch)。

㈡人際行為支派

有些行為學家對人際關係特感興趣，常醉心於個人及社會心理學的應用，他們屬於人際行為的支派。人際行為支派的重點，在於將個人與個人的激勵視為社會心理學中的個體，認為經理人為求其管理有效，不應僅瞭解工作群體，更應瞭解個人。不過，其中不同學者所強調的課題仍有不同：有的認為心理學為經理人所不可或缺的一樣工具，可協助經理人瞭解個人，順應個人的需要和動機，對人力做最大運用；有的則認為個人及群體之行為心理學的運用，乃為管理工作的重心。

㈢群體行為支派

群體行為支派認為管理是一種社會系統，是各種文化交互關係的集合。此一學派主張，人群的組織 (human organization) 為一種「相互依存的群體系統」(systems of interdependent groups)，也可以說是將有組織的企業視為一個社會有機體；此一社會有機體的本身復由甚多社會有機體組成，受文化環境中的態度、習慣、壓力和衝突等因素的影響。這種看法，對於研究理論及從事實務的經理人均有助益。

群體行為支派的人士認為，經理人是個體之一，必須與各群體相互往來和保持互動 (interact)。正因為此一緣故，所以他們認為瞭解正式組

織和非正式組織同等重要。

㈣行為學派的貢獻

雖然說行為學派中的人際行為支派重視對個人的瞭解（心理學），而群體行為支派則重視對群體行為的認識（社會學），但這兩個支派實是相互關聯的。蓋因群體乃由個人組成，而組成後的整體則大於組成份子的總和。雖然各支派的重點不盡相同，但心理學與社會學對行為學者有同等的重要性。

與管理程序學派及計量管理學派相比較，行為學派缺少一套思想架構，但是這並非說行為學派沒有架構。舉例來說，「溝通、動機及領導」等項，便是行為學派最主要的分析課題。不過，其與管理程序學派的不同是，管理程序學派由職能出發，研究作業與原則；但行為學派則循相反的方向，從人性行為的研究開始，從而建立若干重點或職能。因此，行為學派的思想不像管理程序學派那樣硬性，而較著重於「經驗法則」。行為學派對於管理的重大貢獻列舉如下：

概念方面	關於組織中個人及群體行為概念的列舉和說明
方法方面	有關人性行為這類概念均以試驗來驗證
作業方面	以人性行為概念及方法的架構為基礎，建立實際的管理決策

㈤行為學派的缺失

一般對行為學派的批評，也像是對管理科學的批評一樣，說他們沒窺見管理的全貌。雖然心理學、社會學以及其他有關的學門，對管理的研究均有其重要性，但是除了人性行為以外，還應該有些技術方面的知識。事實上，管理程序學派已經提供了一項重要的架構，可作為研究人性行為的中心；而計量管理學派也提供了客觀和計量的決策工具。假如沒有這些，即使經理人縱然有了「行為的知識」，也將無法應用得宜。

四、能否有一項統合的理論?

　　上述三種學派的管理思想,有沒有一致的合理基礎呢?我們是否應該將這 3 個學派作一統合呢?根據許多學者的看法,這三種不同的觀點,確有合併為一的可能,但其中最大的困難,乃是「語意學」方面的問題。事實上,各家所說的可能是同一件事,可是卻用了不同的名詞。另一項重大的障礙,是對於管理的定義各有不同。假如管理的範疇能有明確的定義,則各學派之間的差異當能減至最低,而使 3 個學派有合而為一的可能;可是就目前的狀況看來,前途卻未必光明,理由之一是研究工作仍嫌不足。

　　3 個學派均堅持自己的觀點,不願與他派合併。事實上,每一學派皆有其優缺點,目前此 3 個學派沒有具備足以成功及有意義地統合全部管理理論的條件,而導致在現代管理學的研究仍有互不相關的現象。

　　倘若我們要將此 3 個學派融合為一,至少還有再作研究的必要。不過,也有許多人持反對意見,他們認為不同的學派之間,本有無可避免的差異,而期待其融合為一種統一的管理理論,必然徒勞無功。若回到研習管理的立場來說,由於這 3 個學派對管理的研究均有重大的貢獻,因此我們仍應瞭解各自的內涵。

↘個案探討

　　在臺南某安全帽公司原本生產傳統型西瓜帽(半罩式),俗稱「1/2 型安全帽」,但此種安全帽並無差異化 (indifferent),也很容易被模仿,經常掉入價格戰與割喉戰,並常由路邊的攤販銷售。因無工廠管理所需的管銷費用,經營者選擇低價來搶奪市場占有率,原本市場價格每頂安全帽為 150 元,但路邊攤商賣到 100 元,請討論:

1. 請討論當市場價格 150 元,該安全帽公司每月出貨量為 10,000 頂,當市場價格殺到 100 元時,若該公司願意面對市場價格戰,要繼續生產下

去則應考慮的因素有哪些?（以計量學派觀點說明之）

2. 若該安全帽公司有業務部及生產部兩大部門，原本市場價格為 150 元，生產部賣給業務部（轉撥計價 55 元），當市場價格降為 100 元，若以「程序學派觀點」，生產部賣給業務部應降為多少? 請討論之。

3. 該企業管理社會責任 (social-responsibility) 的挑戰，不能因市場價格戰，該安全帽公司就實施「偷工減料」來降低生產成本，請討論之（以綜合比較觀點說明）。

4. 公司損益是由工廠部門損益加上業務部門的損益，請說明為何要如此來做責任中心管理?

關鍵名詞

1. 管理原則
2. 管理職能的普遍性
3. 最適化與次適化
4. 人際行為支派（interpersonal behavior branch)
5. 群體行為支派（group behavior branch)

摘要

1. 管理程序學派（又稱古典學派）可溯源於費堯，此一學派的基本方向為認定各項管理職能。費堯曾指出計畫、組織、指揮、協調及控制等五項管理職能。此一學派的學人認為這些職能乃是經理人從事的程序。

2. 在第二次世界大戰剛結束後的年代中，管理程序學派為最見其成長與繁盛。此一學派能為大眾所接受的原因乃是在於其對管理系統研究提供了一項綱要所致。

3. 計畫、組織、及控制三項管理職能，已經被人人所一致公認；而對其他職能則有人以為然、有人以為不然。不過管理程序學派的許多學者認為，各人對管理職能的看法未盡一致，乃是語意學上的差異。

4. 管理程序學派的主要意義之一，是在分析管理的職能後，當能組成一

項架構，使一切新增的管理概念均能安置在該項架構之中。

5. 管理程序學派的人士認為，經理人的職務乃是諸般相互關聯之職能的一種程序。

6. 管理程序學派認為只要理智地分析各項管理職能，便能推演出管理的原則來。他們認為將經理人的工作劃分為職能細目，便能將每一職能的原則提取出來。凡此一類的原則，皆是為了提高組織效率。

7. 規定是硬性的，原則是一種有益的指導。換言之，所謂原則並不是任何時間及任何情況下均能適用，也並非違反了某一原則便是大惡不赦。

8. 所謂管理固然是一門科學，又何嘗不是一項藝術。各項原則之是否採用，則是操之在經理人手中。

9. 主張管理程序學派的人士認為，經理人不論其為什麼類別的企業機構的經理人，也不論其為作業階層還是較高層次的經理人，均必須遂行各項基本的「管理職能」。

10. 以計畫、組織及控制三項管理職能為例：層級較低的經理人通常「控制較多而計畫及組織較少」，而較高層級的經理人則通常「計畫居多而控制則漸減」。

11. 管理程序學派強調管理哲學的建立。而建立一種管理哲學，有賴回答下面的一些問題：一位經理人究竟做些什麼事？對於管理階層，以什麼種類的價值最為重要？一般員工又以什麼價值最為重要？

12. 建立一項管理哲學，少不得在經理人的心理上，確定物和人的關係。管理程序學派認為，經理人只要遵循管理程序，就能很容易地建立這樣的關係。那是因為經理人的活動，不外為環繞某幾項職能而運行。

13. 管理程序學派的缺失：

⑴管理程序學派為一項「不含人性的程序」。

⑵管理程序學派所指出的管理原則並非普遍可用，且較適用於穩定的生產線、工會力量不大且失業率可能較高的情況下。

⑶管理職能不是普遍一致的，且管理工作不僅因職位高低及部門的不同而不同，也會因機構之異而異。

14. 「管理性組織」較具有制式性，較重視規章、政策、程序、及分層職權等等；在「專業性組織」內，此類權力與職權大體均由「主管職位」轉移至「非主管專業人員」身上。

15. 計量管理學派（亦稱管理科學學派）通常將管理看成「計量工具和方法之學」，其通常用以協助經理人決定有關作業及生產上複雜決策。他們的注意力，主要是集中在目標和問題的認定上。他們運用有秩序且合邏輯的方法，構築種種模型以期解決複雜的問題。

16. 計量管理學派的方法確屬非常有效，尤其是在解決有關存貨管制、物料管制、及生產管制等問題為然。

17. 計量管理學派大致有以下幾點特性：

    (1)將科學分析的方法用之於管理問題。

    (2)以增進經理人的決策能力為目的。

    (3)特別重視有關經濟效益的規範。

    (4)對於數學模型頗為倚賴。

    (5)使用電子計算機。

18. 經理人並不一定企盼囊括一切可能的利潤，而追求的是達成一定的滿意水準。當然，有時透過生產的「最適化」，將各項資源做適當的配合平衡，也正好能產生最大的利潤。然而這並非容易的事。想要達成這樣的目標，時常須採用所謂「次適化」方式。

19. 行為學派人士主要關切的是「人性行為」。他們認為管理既然是經由眾人的努力以完成任務，所以一位有效的經理人便不能不瞭解需求、內驅力、激勵、領導、人格、行為、工作群體、及變革的管理等因素的重要性。凡此種種因素，對於經理人的管理能力均有直接的影響。

20. 行為學派實包括兩個支派：一個是「人際行為支派」，一個是「群體行為支派」。

21. 人際行為支派的重點，在於將個人與個人的激勵視為社會心理學中的個體。但他們所強調的課題各有不同：有的將心理學視為一項工具，可協助經理人瞭解個人，順應個人的需要和動機，當能對人力做最大

運用；也有的認為個人及群體之行為心理學的運用，乃為管理工作的重心。

22.群體行為支派認為管理是一種社會系統，是各種文化交互關係的集合。此一學派的主張，性質上具有高度的社會學意義。在他們看來，人群的組織為一種相互依存的群體系統。

23.在群體行為支派的人士看來，經理人也是個體之一，必須與各群體相互往來和保持交感關係。正因為此一緣故，所以他們對於正式組織和非正式組織的瞭解，視為同等重要。

24.雖然說行為學派中的人際行為支派，重視的是對個人的瞭解（心理學），而群體行為支派重視的則是對群體行為的認識（社會學），其實這兩個支派乃是相互關聯的。

25.群體乃由個人組成，而組成後的整體則大於組成份子的總和。

26.雖然人際行為支派、群體行為支派的重點不盡相同，但心理學與社會學兩者，對行為學者有同等的重要性。

27.行為學派雖然缺少一套思想架構，但是這並非說行為學派沒有架構。如「溝通、動機及領導」等項，便是行為學派最主要的分析課題。

28.管理程序學派由「職能」出發，由職能而研究作業與原則；但行為學派則循相反的方向：從「人性行為」的研究開始，從而建立若干重點或職能。因此，行為學派的思想，不像管理程序學派那樣的硬性，而較著重於經驗法則的思想。

29.行為學派的缺失：管理程序學派提供了重要的架構，計量管理學派為我們提供了客觀和計量的決策方法。倘若沒有以上的架構或決策方法，則經理人縱然有了「行為的知識」也將無法應用得宜。

30.根據許多學者的看法，管理程序、計量、行為學派的不同觀點，確有合併為一的可能。但其中最大的困難，乃是事實上大家說的可能是同一件事，可是各家卻用了不同的名詞。

31.倘若管理的範疇能有明確的定義，則管理程序、行為、計量各學派之間的差異當必能減至最低，而使 3 個學派有合而為一的可能。

32.當今的管理學人和管理從業人士，似乎竟對他們各自為政的努力甚感
滿意，循至人人均有盲人摸象之憾，僅抓住浩瀚的管理理論中的碎片。
正因此一緣故，而導致在現代管理學的研究仍有互不相關的現象。

33.反對管理程序、計量、行為學派三種學派融合者，他們認為各種不同
的學派之間，本有基本上無可避免的差異，而期待其融合為一種統一
的管理理論，必然是徒勞無功的。

複習與討論

1.請對管理程序學派、計量管理學派、行為學派三大學派進行簡介並說
明各學派的特色。

2.請分別說明管理程序學派、計量管理學派、行為學派三大學派的貢獻
及缺失。

3.層次低的經理人與層次高的經理人運用「計畫、組織及控制」三項管
理職能會有不同嗎？以及會有何不同呢？

4.管理職能是普遍一致的嗎？且管理工作不僅會因職位高低及部門的不
同而不同，也會因機構之異而異，這說法正確嗎？請詳細解釋之。

5.管理程序學派認為「只要理智地分析各項管理職能便能推演出原則
來」，請試舉一例說明管理程序的此想法。分別解釋何謂「原則」？何
謂「規定」？並說明此兩者有何不同呢？

6.管理程序學派、計量管理學派、行為學派是否有融合的必要呢？

7.請解釋以下名詞：
　(1)語意學。
　(2)管理職能。
　(3)計畫。
　(4)組織。
　(5)控制。

第 3 章
管理理論的當前情況以及未來方向

前　言

管理理論將朝著什麼方向走？誰也不知道答案。不過，目前有兩類思想路線獲得普遍認可：

1. 合併成系統學派

第一種看法認為管理程序學派、計量管理學派、行為學派等三種學派將合併成為一種系統學派 (system school)。例如，華特曼 (Max Wortman)、盧丹斯 (Fred Luthans) 曾歸納這種看法：

雖然目前已普遍採用管理程序學派、計量管理學派、行為學派的看法，但有愈來愈多的管理實務人士和管理學者認為今後必有一種將各學派的「次系統」(subsystems) 統合起來的新學派。

假如這種看法受到大眾接納，那麼現代管理理論的未來發展便將如圖 3–1 所示：

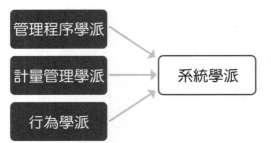

↗ 圖 3–1　未來發展：走向一種「系統學派」

2. 走向情境學派或權變學派

第二種看法似乎得到更多人的支持，他們認為系統學派已經存在了，今後的趨勢將是走向一種情境學派 (situational school) 或權變學派 (contingency school)，如圖 3–2 所示：

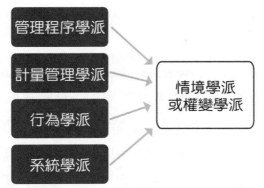

↗ 圖 3-2　未來發展：走向一種「情境學派」或「權變學派」

　　應記住的是，圖 3-1 和圖 3-2 所示的未來方向，只不過是兩種較重要的看法，事實上許多學者和管理實務人士均各有意見，所以管理理論的未來發展方向確實是言人人殊的。

　　不過，有一點很清楚：凡論及管理理論的現況及未來，均必須考慮所謂「系統」的課題。譬如說：系統是什麼？系統的概念對管理理論有何價值？到底有沒有一門系統學派的思想？凡此種種，都值得探究。本章的目的，即在探究這類問題，俾對未來管理理論的方向提供概括性的準則。首先，我們先討論一般人通稱的「系統學派」的意義，並說明此一學派的基本哲學，然後繼續討論適用於組織上的系統課題，最後則將研究管理理論的未來方向。

一、系統學派

　　有人認為系統學派是 1960 年代新興的一種管理思想學派。這種看法雖然頗有爭論的餘地，但是許多電子計算機專家及系統分析專家等，均認為今天的「系統理論」已經發展到可以成為一門學派的階段。此學派最重要的名詞便是「系統」，它有許多不同的定義，最簡單的是凱斯特 (Fremont Kast) 及羅森威 (James Rosenzweig) 的定義：

　　系統是一個有組織的整體 (unitary whole)，由兩個或兩個以上相互依存的「個體」、「構成體」或「次系統」構成；存在於其外在環境的高級系統之內，具有明確的邊界。

　　系統學派人士認為，外在環境中的一切變數均屬相互依存、相互作用。基本上，系統學派有以下兩項課題值得探究：

㈠一般系統理論

　　系統學家認為系統管理中有許多概念均源於一般系統理論 (general systems theory)。瞭解了一般系統理論後，便能對管理上許多重要課題的分析獲得一項基礎，例如個體進出某一系統的移動、個體與其系統環境的互動、個體與個體的互動，以及系統的成長與安定等。

1.系統的層次

　　鮑爾定 (Kenneth Boulding) 將宇宙的系統劃分為 9 個層次，如表 3–1 所示。

表 3–1　劃分為 9 個層次之宇宙系統

層　次	說　明
架構層次 (level of framework)	一種靜態結構，例如：宇宙結構

鐘錶裝置層次 (level of clockworks)	一種簡單的、動態的系統；有一定且必須的運動
控制機構層次 (level of control mechanism)	生理學上極重要的體內環境恆定 (homestasis)
細胞層次 (level of the cell)	自行維生的結構其開放式系統 (open system)
發生及社會層次 (genetic-societal level)	植物學家的經驗世界中最占分量的植物，便是此一層次的典型
動物 (animal) 層次	其特徵是有目的的行為，機動性增大，及具有自覺
人類 (human) 層次	人類系統除了擁有動物系統的一切特徵外，且進一步能運用語言及符號
社會組織 (social organizations)	其特點是注意訊息的內容和意義；注意價值系統的性質和幅度；注意將一切影像轉載為歷史紀錄；注意藝術、音樂與詩歌的象徵意義；以及注意人性情緒的複雜涵義
超越系統 (transcendental systems)	所謂「超越系統」是終極、絕對、不可知，表現出系統性的構造和關係

　　試將上述的 9 個系統層次作一檢討，當能看出前 3 個層次為物理與機械的系統，這三種系統對於研究物理科學者有其基本價值，例如，天文學或物理學。其次 3 個層次為生物學的系統，因此生物學家、植物學家或動物學家最感興趣。最後 3 個層次是人類及社會的系統，對於藝術、人文科學以至於現代管理等有其重要性。

　　鮑爾定將系統如此分類，頗有助於瞭解系統學派，因為這項分類指出了「系統方法」的基本主題：不論是在宇宙萬象或是企業組織中，一切現象都必有某種關聯。

2. 統合的重要

　　鮑爾定的該篇論文強調統合 (integration) 的重要。他提出了一項最主要的論點：

　　「具體」(specific) 無意義，而「概括」(general) 則無內容。因此在具體與概括之間，必有一種最適當的「概括度」(generality)。一般系統理論家認為各門科學往往不一定能恰如其分，到達此種最適當的概括度。

　　鮑爾定有鑑於這項缺失，提出了「統合」一詞，主張各門領域的知識應有一種統合。他說：

　　從系統的立場看來，每一個層次都融合較低的各層次；故而只要將低層次的系統應用於高層次的課題中，便能獲致更有價值的資訊和知識。

㈡實用的系統概念

　　系統學家的思想並不只以一般系統理論的奧秘範圍為限，他們也提出了具有實用價值的許多概念。系統學派人士為自己的學派辯護時，常舉出許多應用系統概念的管理工具和技術來作證。他們說，作業研究 (operations research)、模擬 (simulation)、計畫評核術 (program evaluation and review technique, PERT) 以及要徑法 (critical path method, CPM) 等，都是系統學派的管理決策模式。

　　還有另一批管理工具和技術，也可以歸入系統學派下的系統方法。例如，如何分析目標、比較成本、衡量風險及收益等，俾供經理人在各項策略方案中選定行動方向，這些都是系統方法。他們說，經理人倘若能站在更高更大的觀點或系統方法上，便不難讓全部有關因素的相互關係盡收眼底。

　　此外，還有情報系統或資訊系統 (information systems)。這一類系統為經理人提供遂行職務所需的資訊和知識；例如電子計算機、資訊理論、控制制度等。上述三類工具和技術，都是「系統概念」對企業的用途的明證，可統整如圖 3–3。

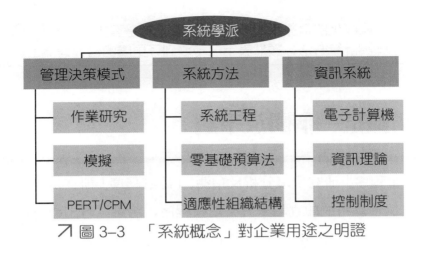

↗ 圖 3-3　「系統概念」對企業用途之明證

㈢系統概念能否視為一門學派？

　　由上文看來，系統概念確與管理程序學派、計量管理學派和行為學派的觀念途徑大為不同，應足以稱為一門學派了。系統所提出的「概念」包含了許多極為有用的觀點，為研究管理人士所必需，「將組織視為一項開放系統」便是一例。不過，也有人批評，以上 3 個學派均已經採用了系統的概念。他們的理由如表 3-2：

表 3-2　三大學派說明其已採用系統概念之理由

學　派	理　由
程序	程序學派認為管理理論中包括計畫程序、組織程序及控制程序。每一種程序都不妨看成全面的管理系統中相互關聯的一項「次系統」
行為	行為學派認為他們一直將組織看做是由「正式系統及非正式系統」構成的個體
計量	計量學派認為所謂系統學派其實只是計量管理學派中的一部分；舉凡系統分析專家，電腦程式設計人等等，都放在計量管理學派之內，不是沒有理由的。正如管理科學學派盧丹斯 (Luthans) 所說：「從大約 1970 年代起，計量管理學派便已不再強調狹窄的作業研究了，轉而重視視線更廣的管理科學。管理科學不但融合了計量的決策技術和 OR(operating research) 的模式，也融合

> 了電腦化的資訊系統及業務管理。尤其是資訊系統及業務管理之
> 強調計量方法，顯然表示已轉變到了更廣的管理理論上。」

二、組織是一個開放系統

　　「計畫程序」研究環境分析及預測、「組織程序」研究常見的部門劃
分方式。倘使以系統的立場來分析這些程序，將可以看出組織實為一個
開放系統 (open system)，經常與外在環境發生互動。所謂開放系統是以
彈性平衡 (flexible equilibrium) 為特徵（如圖 3–4 所示），如何保有人力
資源優勢，使企業達到效益最大化而成本最小化的目的，是企業優先考
慮的問題。目前，許多企業或多或少都採取了一些彈性化的措施，如在
組織架構上進行組織策略性事業單位制度 (strategic business unit, SBU)，
使企業從彈性的策略來強化其競爭優勢，通常涵蓋不同形式的彈性。21
世紀是個充滿變動的時代，隨著科技的進步、全球化及市場環境的瞬息
萬變，企業必須保持管理上的彈性，且管理者必須有權變處理的能力以
隨時面對高度的競爭壓力及不確定性。而人力資源可能是組織維持競爭
優勢的唯一來源。

　　唯有運用與企業經營策略密切結合的人力資源彈性策略，才能夠有
效地整合有限資源，降低營運成本，並建立持續的競爭優勢。這樣的系
統，持續不斷收受外來的投入，轉換為產出。再將產出的資訊回饋於系
統中，以供調整和矯正的依據。

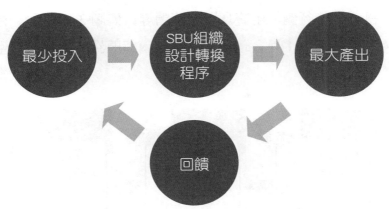

↗ 圖 3–4　開放系統之基本模式

　　舉例來說，生物系統是一種開放系統，例如養魚，食物為「投入」，經過「轉換程序」，「產出」一條健康的大魚。試再進一步研究，可知「外在環境」也可使其產出發生變化，例如將溫水加進水箱，觀察魚類如何適應新環境。外來投入引進程序中，轉換為某種產出。

　　企業組織也有同樣的程序，以投入而言，外界有種種經濟資源，例如人力、金錢、機器、材料、情報等。依系統理論看來，這些投入以某種方式結合（組織程序），達成某種產出，過程如圖 3–5 所示。

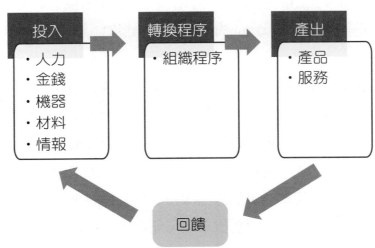

↗ 圖 3–5　開放系統基本模式之應用

　　這種基本模式可以再作更精細的分解，將組織程序分解成若干更為

基本的設計，例如行銷、生產及財務部門等，如圖 3–6 所示。在這個例子裡，每一個部門與(1)外在環境、(2)其他兩部門組織的整體產生更明確的關係。

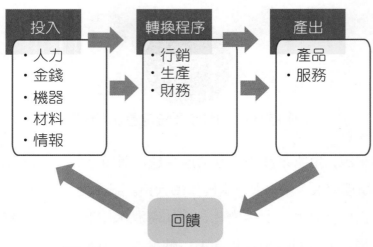

↗ 圖 3–6　開放系統之應用再分解

㈠適應性機能及抑制性機能

若要分析開放系統，還有兩項重要的系統概念，就是適應力 (adaptive) 的結構及抑制力 (maintenance) 的結構：

1.適應力

用以激發組織對外在環境及內在情勢的反應。適應力的作用，在於引導組織變動和保持組織活力。反之，適應力也可能在組織內引起緊張和壓力。試舉一例，假定某公司上年度增加的會計帳戶太多，須增聘一位初級會計員。由於公司對這位初級會計員要求的工作內容較多、責任較重，因此核定的起薪很可能比已服務 3 年的基層主管為高，造成原有人員不快。這正說明了公司適應環境可能產生的困擾。

2.抑制力

抑制力是一種保守的影響力，作用在於防止組織因為變化過快而失去平衡。抑制力也可能會在公司需要勇敢作為時，促其保持小心謹慎，

因而阻礙組織成長；若過分重視抑制力，可能使組織的開放系統為之瓦解。上例中，假使公司一味注意內在平衡的維繫，決定不增聘新進會計員，則公司終將無法適應外在環境，開放系統便可能會受損，使該公司變成一個封閉系統。到了這樣的境地，公司便將面臨所謂熵的危機了。

㈡熵的意義及人謀的適應力

熵 (entropy) 是封閉系統的一種特性，它是一個熱工學 (thermodynamics) 的名詞，可用於一切物理的系統。熵的意義是「由封閉系統走向混亂、無目的及惰性狀態的趨勢」。凡是封閉的物理系統，經過相當時間後，熵的力量增大，整個系統終將難逃停滯的命運。

在開放系統中，熵是可以抑制的，甚至於可以轉換為負值，這是因為開放系統有外來投入的緣故。至少在短期而言，生物系統是一個很好的例子：有機體從環境中取得所需資源，故能生存相當長的一段時間。

社會系統則是人為的系統，是人類為了某特定目的而創立，儘管個人會死亡，但仍有他人可以來接替維持該系統的生命。凱茲 (Katz) 及卡恩 (Robert Kahn) 曾說：

社會結構本質上是一個人為系統。人發明了複雜的模式行為，且人們又遵行這種行為模式，因而出現了社會結構。社會系統的許多特性皆根據這項基本事實而生。社會系統既是人的發明，因此是不完美的 (imperfect)。社會系統可能一夜間瓦解，也可能長久生存，壽命超過創造社會系統的生物有機體本身。社會系統的凝聚力，主要是心理力量而非生物力量，其基礎在於人類的態度、認知、信念、動機、習慣及期望。

因此，社會系統為求持續生存，其適應力及抑制力必須有適當的平衡。抑制力可以激發組織維繫內部的穩定性 (stability) 和可預知性 (predictability)，以保持平衡狀態。舉例來說，某家公司盼能銷出更多的產品或服務，則應該努力於爭取現有的顧客。簡言之，抑制力在於促使組織維持現狀。

　　但是在另一方面，社會系統還有適應力。適應力的功能是將組織向前推進，以適應各項外在環境因素，例如市場情況的變化。適應力與抑制力不同：抑制力是對「現有的顧客」銷出更多的產品或服務，而適應力則是「市場活動的擴張」，在新的市場利基中推出新的產品和服務。

　　上述各項有關系統的概念，包括彈性平衡、適應性機能、抑制性機能、熵和人為的適應力等，有助於我們認識現代組織的動態性質，並瞭解有效的組織應能運用這些概念，以保持活力，持續適應環境而存在。

三、整體適應性的組織系統

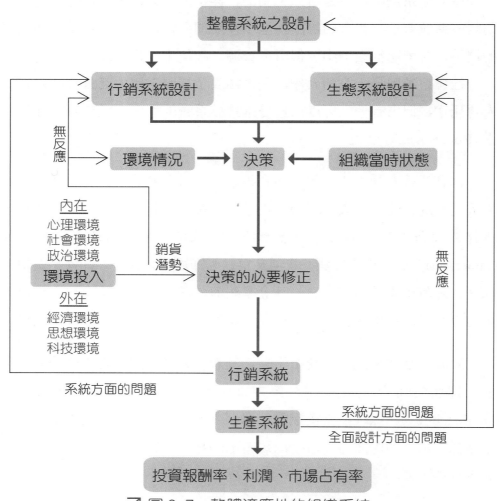

↗ 圖 3-7　整體適應性的組織系統

組織是人為的系統，只要能保持其抑制力及適應力的適當平衡，則組織生存永無限期。圖 3–7 是所謂整體適應性的組織系統 (totally adaptive business organization system)，由該圖可以看出行銷及生產系統，係為達成組織目標而進行。事業機構的財務及其他業務，均統列於圖中的「組織當時狀態」一格內；表示有關行銷及生產的決策，均必須考慮組織其他各方面的情勢。該圖的模式雖未明列控制程序，但顯然可看出有控制程序存在。因此發生失衡情況時，其行銷系統及／或生產系統均須重新設計。此項模式對情況變更的適應，是經常不斷地對照內外環境情勢及其對組織目標的影響。

誠然，這項整體系統設計的觀念，在企業組織以及警察業務或市政規劃等各項業務均可採用，但如果只站在個體立場 (micro-level) 來研究，將無法顧及全部外來投入因素。例如美國某些城市即運用此方式來預測戒備地區：警方邀請各領域的學者組成智囊小組，為都市建立一套數學模型。舉凡有關就業資料、生活情況及其他社會因素等，均一一輸入電腦，便可據以認定都市內犯罪率高、最需要社會救濟以及人口過於擁擠的地區等等。

討論到此，當能明瞭系統觀念的重要，確實有助於組織瞭解及配合其環境。這項觀念還可以應用於公司內部作業，作為檢討管理系統的依據。

四、管理系統

將組織視為一個開放式和適應性的系統，便可進而研究管理系統 (managerial systems)。帕森斯 (Talcott Parsons) 指出一個複雜的組織可分為 3 個管理層次：

1.技術層次 (technical level)

此層次關切的是「產品及服務的實際生產和配銷」，這一層次不但包括實質的產出問題，還得注意產出業務的支援，例如研究發展、作業研

究及會計等項技術。

2. 營運層次 (organizational level)

此層次指的是「技術層次的工作績效之協調與統合」。在此層次上，應重視確保投入因素持續不斷流進系統、確保該系統的產出維持必要的市場、決定技術任務的性質、掌握營運的規模以及制訂作業的政策等。

3. 整體層次 (institutional level)

此層次關切的是「各項組織業務與其環境系統的關聯」。關於這一點，帕森斯曾說：「一個組織，一方面必須在社會環境中營運，一方面又必為另一個更大的社會系統中之一部分。」組織在社會環境中營運，則社會環境對組織形成了一套情境，控制該組織的資源獲得及處理程序；組織必為另一更大的社會系統中之一部，故組織之所以存在並享有「合法性」，以及能有較高層次的支持，均係以更大的社會系統為來源，換言之，技術級的組織（即高度勞力分工的層次）必須接受營運級組織的控制和服務；同樣的道理，營運級組織也必須接受整體級結構 (insitiutional structure) 及社會結構的控制。

管理系統涵蓋上述 3 個層次，其功能包括「人力的組織、技術工作的指揮及促成組織與環境的關聯」。不過，進一步研究經理人在全面系統中的地位之前，尚應對這 3 個層次的關係作一詳慎的觀察。第一步可將這 3 個層次視為一項複合系統，如圖 3-8 所示。

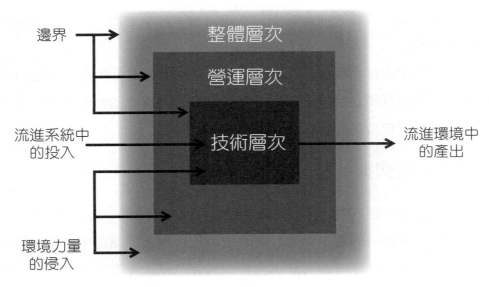

系統的環境

➚ 圖 3-8　管理系統

1.技術層次

在圖 3-8 中，最中央的部分是「技術層次」，為複合系統的核心；主要目的在能獲得利潤的條件下從事產品或服務的生產。組織為達成這項目的，會先自行設定其本身與外在環境的邊界，因此形成一個封閉系統。為何技術層次要自定邊界，理由是如果外在環境變動太大，人人均不免窮於應變而一事無成。舉例來說，一家公司發現產品還沒有離開裝配線時便已過時，然而公司總得在某一個時間點上決定其產品的設計開始生產。這就是說，技術層次雖不斷受到外在影響，但必設法加以降低。

2.整體層次

在整體層次上，外在環境情況有高度的不確定性，不可能確定其邊界。因此，整體層次的管理，本質上便為一種開放系統，其要點在於不斷創新及適應。

3.營運層次

至於營運層次，則恰處於前述兩個極端中間。營運層次一面著眼於技術層次及整體層次的協調，一面又須處理這兩個層次發生的問題和偏

差。因此可說，營運層次為抑制力（技術層次）及適應力（整體層次）之間的緩衝。

　　這 3 個層次互相關聯，均為組織全面結構中的「次系統」。各層次各有特性，但相互間必須協調，才能獲得績效。各層次的特殊系統需求可以分別研究，俾據以分析各層次的經理人。

㈠經理人的類型

　　過去對於經理人的分類，係以組織層次為基礎，區分為高層執行人、中層經理人及第一線的主管等。有時也可按經理人的職能來分類，區分為銷售經理人，生產經理人及財務經理人等。但在今天經理人的分類方法更多了，諸如工作的本身、時間的視界及決策的策略等等，都可作為分類基礎。在此我們試著以「管理層次」來分類：

1.技術層次的經理人

　　此層次的經理人關切「如何以最經濟的方法來生產產品及服務」，因此，他們注重實際：適合的立刻採行，不適合的立刻拋棄。計量的處理他們最為拿手，他們看問題時，希望有具體的解答，例如固定設備投資應運用什麼準則？生產和存量水準間的關係是什麼？諸如此類。他們心目中的時間視界甚短，因而最重視工作的作業面。

2.整體層次的經理人

　　整體層次的經理人常須面對外在環境中不可控制及不可預知的因素，處理不確定性的挑戰。在他們看來，最主要的課題為「如何確保組織的生存」。確保組織的生存有兩條途徑：⑴經常衡量外在環境，搜尋環境中的機會和威脅；⑵以衡量的結果為基礎，制訂合作及競爭的策略，來應付環境因素，因而降低其不確定性。為了掌握環境和建立策略，他們需要以長期、長程的時間視界來作決策；他們必須將環境的質之變動對組織的衝擊轉化為數量，此時便有賴其智慧及經驗。

3.營運層級的經理人

　　營運層次的經理人須著眼於技術層次和整體層次之間的協調。因此，

營運層次經理人與政治家頗有幾分類似，有短程的視界，同時也有長程的視界；他們能在技術層次和整體層次的經理人之間達成折衷。

　　營運層次經理人的觀點，基本上是「政治性」的。他們在調解技術層次和整體層次時，關切的是「最可能」，而不是「最理想」。上述三種經理人的差異，請參考表 3–3。

表 3–3　管理層次的經理人類型

	任 務	觀 點	技 術	視 界	決策的策略
技 術	技術的理性的	工程觀點	計量性的	短程的	計算的
營 運	協調的	政治觀點	調解性的	兼具短程及長程的	折衷的
整 體	處理不定性處理組織與環境的關聯	哲學觀點概念性觀點	環境的監視策略的制訂	長程的	主觀及判斷性的

五、系統的觀點

　　從系統觀點來看，管理階層經常面對動態的環境，其中的各項力量，多非管理階層所能控制。當然，許多組織曾作了不少努力，期望能征服這項困難。例如，1900 年代早期的巨型托拉斯 (trust) 和今天的複合企業，都是典型企圖征服環境的強力組織。但大抵說來，組織和環境仍然是兩股相互對抗的力量，而組織內部各部門及各層次的經理人，都是相互依存的。例如，職位說明和工作配派等等，都只是經理人處事的大體通則。事實上，賽利斯 (Leonard Sayles) 有一段話說：

　　依系統概念來說，管理職務並不需有如此明確的邊界；現代經理人的世界，本是一種相互依存的複雜關係，而其不變的目標，應為建立及

保持一種可預知與可呼應的關係系統；但此關係系統下的行為模式，應有合理的實質限制。這樣看來，經理人只是追求「變動的平衡」(moving equilibrium)；蓋因為系統中的變數（例如分工及控制等）均隨時有變。因此，唯有能應付不確定性、模稜情況的經理人，才有成功的希望。

這種觀點與組織程序根本不同：組織程序的一切言詞都乾淨俐落、明白易懂；而在系統概念下，這程序卻顯得含混模糊了。但是，必須記住的是，有了這樣的現代系統觀點，動態的要素才帶來了新層面，而計畫、組織與控制等等程序，過去原是簡單明確的概念，現在則更具實際意義了。

六、管理理論的未來

管理理論將怎樣發展，誰也不敢肯定，但今天已看出一項趨勢：管理程序、計量管理、行為等 3 個管理思想學派，至少已有部分走向綜合的方向。依孔茲 (Harold Koontz, 1909～1984) 所見，過去 20 年間，由於部分人士自立門戶，所謂學派或宗派的數目日漸增多，因此如果說各學派有綜合趨勢，值得歡迎。舉例來說，我們知道研究管理學者之具有經濟學或數學導向者，歸之為計量管理學派，而孔茲所稱，計量管理學派今天已可分為數學、決策理論及經濟理論 3 個學派。不過，依最近的研究，已可看出各項管理學派多少已出現了綜合的跡象：

1. 管理學界重視基本管理思想的建立，今天已較過去任何時期為盛。
2. 以系統的路線來研究管理，不見得是一種更佳的管理方式。事實上，系統只是遂行管理任務的一項方法而已。
3. 權變管理似乎已不再是一種新路線。經理人早已運用了多年。但是，研究權變路線對於組織、激勵和領導等課題，必可提高我們對這些課題的認識與應用。
4. 今天我們可以瞭解到管理理論的領域，實比不上組織領域寬廣。所謂

組織理論，可以說凡屬任何型態的人際關係均包含其中。因此今天的管理學人才日漸明瞭他們的研究實僅以管理理論為限，而其涵蓋較組織理論更為狹窄且其研究及瞭解也較容易。

5. 有關激勵方面的資料，現今已較過去任何時期為多，有關組織氛圍及其如何影響激勵，也更受重視。因此，管理學人在今日能瞭解激勵與領導兩者的相互依存性，也瞭解兩者均受組織氛圍影響。因此我們可以說激勵理論與領導理論已相互融合了。

6. 有關個人行為和群體行為的研究，今天也已開始融合。事實上，凡屬群體作業中的每一項要素，均必須嚴謹統合於組織的設計、用人、計畫和控制等程序之中。

7. 科技對於組織結構、行為模式及全面管理制度的衝擊，現在已有更充分的認識與瞭解。

8. 研究管理科學的人士，現在也逐漸理解經理人的工作遠較計量工具所處理的更為廣泛且複雜，因此他們的管理方式也逐漸納入更多非屬計量性的項目。

9. 今日學者更著重於澄清各項管理學的意義，藉以避免因語意差異所形成的誤用。就如同孔茲曾說到所謂「管理學說的叢林」(management theory jungle)，其最大的原因便是名詞意義的混亂。因此許多管理學者的著作中，大部分均刊載一份名詞彙編，以針對各名詞給予明確的定義。

　　管理學派的形成，部分乃是管理學人所受教育、經驗及個人態度的結果，每個學派均有一定的人性偏見。因此，如果認為近年內便能出現管理思想的綜合，無疑將是一種奢望。我們只能說：這條路已有若干進展，但事實上今天仍然逗留在管理理論的叢林中。

個案探討

中油之前是獨占的國營事業，全省的加油站約 600 站是以直營方式經營，另外約有 1,400 站是加盟方式經營，但台塑加入油品市場後，中油遭受強大的競爭掠奪的威脅，中油為防禦市場不得不採取強而有力的競爭策略，其中包括調整 92、95、98 產品的定價策略，原本 3 個產品的差價是 1 元，但中油將價格調整為 95 比 92 貴 1.5 元，98 比 95 貴 2 元，請討論：

1. 中油雖是國營事業，仍無法以獨占心態來經營油品市場，事實上為提升服務品質與效率，必須以開放心態讓台塑加入油品市場，請以本章管理未來的方向重點討論說明此句話的意義。
2. 說明若 92 是以機車族市場為主，95 是以普通汽車為主，98 是以高級汽車為主，則中油調整價格策略對中油營收有何影響？並說明為何要做如此的價格調整？
3. 中油是領導品牌，台塑是挑戰品牌，若以本章管理未來的競爭策略方向而言，中油可選擇的競爭策略為何？（全方位）台塑可選擇的競爭策略為何？也請說明中油能持續市場占有率 70% 的原因。

關鍵名詞

1. 系統
2. 開放系統 (open system)
3. 適應性 (adaptive)
4. 抑制性 (maintenance)
5. 熵 (entropy)
6. 技術層次 (technical level)
7. 營運層次 (organizational level)
8. 整體層次 (institutional level)

摘要

1. 系統是一個有組織的整體，由兩個或兩個以上相互依存的個體或構成體或次系統構成；存在於其外在環境的高級系統之內，具有明確的邊界。
2. 具體無意義；而概括則無內容。因此在具體與概括之間，必有一種最適當的概括度。一般系統理論家認為各門科學往往不一定能恰如其份

分，到達此種最適當的概括度。

3. 從系統的立場看來，每一個層次都融合較低的層次；故而只要將低層次的系統應用於高層次的課題中，便能獲致更有價值的資料和知識。此乃 Boulding 所主張的一種統合概念。

4. 所謂開放系統乃是以彈性平衡為特徵，持續不斷收受外來的投入，轉換為產出，再將產出的資訊回饋於系統中，以供調整和矯正的依據。

5. 在開放系統中，組織必須有適應能力，同時還必須維持一種相對的平衡狀態。因此有兩項機能的作用。第一是適應力，用以激發組織對外在環境及內在情勢的反應。第二是抑制力，用以抑制其反應不致變化過快而失去平衡。

6. 適應力的作用在於引導組織的變動和保持組織的活力。反之，也能產生組織的緊張和壓力。抑制力是一種保守的影響力，作用在於防止失衡現象。但是問題是抑制力也許會阻礙組織的成長：在公司需要勇敢作為時，促使其保持小心謹慎。過分重視抑制力的結果，可能使組織的開放系統為之瓦解。

7. 封閉系統本是一種封閉的網路，沒有外來的投入，便難生存，最後終將到達熵的狀態。熵的意義乃是由封閉系統走向混亂、無目的及惰性狀態的趨勢。

8. 社會系統是人為的系統，人類為某一特定目的創立了一個社會系統。社會系統的凝聚力，主要是心理力量而非生物力量。社會系統的基礎，在於人類的態度、認知、信念、動機、習慣及期望。

9. 社會系統為求其持續生存，其適應力及抑制力必須有適當的平衡。抑制力在於促使組織維持現狀。但是在另一方面，社會系統還有適應力；適應力的功能則在將組織向前推進，俾能適應各項外在環境因素。

10. 抑制力是對現有的顧客銷出更多的產品或服務，而適應力則是市場活動的擴張，在新的市場利基中推出新的產品和服務。適應力給組織予以鼓勵，使組織能對外在情況表現適當的反應。

11. 整體系統設計的觀念只須著眼於整體即可。反之，如果僅站在個體立

場來研究，恐將難免招致不幸的後果。蓋因在個體立場，將無法顧及全部外來投入因素。

12.將組織視為一個開放式和適應性的系統，便可進而研究管理系統。Parsons 指出一個複雜的組織可分為技術、營運及整體 3 個管理層次。

13.技術級的組織（即高度勞力分工的層次）必須接受營運級組織的控制和服務；同樣的道理，營運級組織也必須接受整體級結構及社會結構的控制。

14.管理系統涵蓋技術、營運及整體 3 個層次；其功能包括人力的組織、技術工作的指揮及促成組織與環境的關聯。

15.技術層次雖不斷受到外來的影響，但必設法降低其影響；在整體層次上，外在環境情況有高度的不定性，不可能確定其邊界。因此，整體層次的管理，本質上便為一種開放系統，其要點在於不斷創新或適應；營運層次一面著眼於技術層次及整體層次的協調，一面又需處理這兩個層次發生的問題和偏差，同時還得作為面面兼顧的仲介人。

16.技術層次有一個邊界，但此一邊界並未使組織完全隔絕於環境之外；同時也有相當程度的封閉。營運層次的封閉程度較低，故易受外來因素的入侵。整體層次邊界最為模糊，故所受環境中無法控制及預知因素的影響也最大。

17.技術、營運及整體 3 個層次是互相關聯的，均為組織全面結構中的一項次系統。各層次各有特性，但相互間必需協調，才能獲得績效。

18.技術層次經理人關切的是如何以最經濟的方法來生產產品及服務；整體層次經理人主要的課題為如何確保組織的生存；營運層次的經理人需著眼於技術層次和整體層次之間的協調。

19.營運層次經理人的觀點，基本上是政治性的。他們在調解技術層次和整體層次時，關切的是最可能，而不是最理想。

20.依系統概念來說，管理職務並不需要如此明確的邊界；現代經理人的世界，本是一種相互依存的複雜關係。而其不變的目標，應為建立及保持一種可預知及可呼應的關係系統；但此關係系統下的行為模式，

應有合理的實質限制。這樣看來，經理人只是追求變動的平衡；蓋因為系統中的變數（例如分工及控制等）均隨時有變。

複習與討論

1. 何謂系統？試藉著系統層級與統合的概念來說明分析一般系統理論。
2. 你認為系統概念是否可視為一門學派呢？請說明你的論點。
3. 適應力與抑制力為什麼是一社會系統追求持續生存的重要系統概念呢？
4. 一整體適應的組織系統需著眼於整體上，但倘若反過來是著眼於個體立場的話會有何結果呢？又著眼於整體上的用意為何呢？
5. 一個複雜的組織可分為技術、營運、整體 3 個管理層次，而此 3 個管理層次其分別的特色、要點各為何？且此 3 者之間須構成何種關係，才能使該組織達到績效？
6. 我們可以以技術、營運、整體 3 個層次來區分經理人，則此 3 個層次的經理人其分別的任務、觀點、技術、視界、決策的策略各為何呢？
7. Sayles 曾說：「依系統概念來說，管理職務並不需有如此明確的邊界。」其原因為何呢？請說明之。
8. 管理思想的集中，在今日仍僅是「成型」的階段，但若由若干所見的發展看來，卻已有了步向綜合的趨勢，其理由為何呢？試舉例之。
9. 請解釋以下名詞：
   (1) 開放系統 (open system)。
   (2) 熵 (entropy)。
   (3) 適應力。
   (4) 抑制力。
   (5) 技術層次 (technical level)。
   (6) 營運層次 (organizational level)。
   (7) 整體層次 (institutional level)。
   (8) 變動的平衡 (moving equilibrium)。

第 4 章
何謂管理者

前　言

　　督導型管理者 (manager-as-boss) 的模式主導了組織管理將近 80 年，當時人們認為管理者應該要比員工聰明，比員工更瞭解員工的工作；應該告訴員工做什麼、如何做及何時做，且要確定員工做對事情；管理者應制訂所有的決策，提供方向並下命令，小心控制作業執行，以降低錯誤率，並確定規則確實被遵守。

　　今日管理者乃是負責營造一種環境，讓員工可以在其中發揮實力，他們的職責可以說是領導、傾聽、激勵部屬及員工。由上我們可以發現，過去與今日管理者所扮演的角色及所屬的工作大不相同，過去管理者比較像是上司，今日管理者比較像是教練。

　　為什麼過去管理者與今日管理者會有如此差異呢？我們在本章將作說明。我們會先以「管理者及其工作領域」來讓各位瞭解何謂管理者，以及其在組織裡的重要性；接著再以「管理者工作的面面觀」深入探討管理的功能、角色、技巧及勝任能力等；最後，我們將介紹如何評斷管理者的表現。

　　在此章節我們可以瞭解到誰是管理者、管理者做什麼事以及管理者的工作如何改變，同時明白，不只是經濟、組織以及勞工的工作正處在變革階段，管理者的工作也正歷經著變革。我們也不難發現，管理者在這方面既是施者，也是受者：管理者在因應變革的同時，也是組織內帶動變革的催化劑。

一、管理者及其工作領域

㈠何謂管理者?

　　直到最近，我們才漸漸將管理者的定義改為「監督他人執行活動的人」。今日的管理者可能不須直接管人，僅須扮演教練、促進者或調和團隊成員的角色，不再對成員發號施令。所以，在此情況下，一般認為責任是由管理階層來承擔的操作員工就不能再有如此想法了，他們必須開始學會承擔責任。

　　今天任何管理者的定義，必須要能反映出以往傳統的工作，並加入了管理的活動，特別是在團隊內。例如，團隊成員自行建立計畫、進行決策，以及監督本身的績效；在自我導向的團隊內（目前成長最快速的組織型態），並沒有人監督或者獨自負擔團隊績效的責任。

　　因此，我們可以清楚地將今日的管理者 (manager) 定義為「整合組織成員工作的人」。此人可能需要直接對一組人負責、監督其下屬、與其他部門或組織聯繫，他也可能是整合工作團隊活動的促進者或領導者。

　　今天的管理者面臨激烈的競爭，為了有效因應，有些問題必須先尋求答案:

　　第一個問題: 管理者花在處理公司內部與外部問題的時間百分比為何?

　　第二個問題: 就公司外部課題而言，真正用於思考未來競爭的時間占多少比重? 用在「思考未來 5 或 10 年外在的變遷」所花的時間多，還是「擔心如何得到下一張大訂單及因應同業的價格競爭」的時間多?

　　第三個問題: 當考慮未來競爭課題時，是否花時間建立其他管理者對未來遠景的共識，而非讓他們各行其是?

　　這種持續對未來的高度投入，目的是讓管理者回答下述問題: 我們將來應建立何種核心競爭力? 我們應開發哪些新產品概念? 我們應建立

哪些聯盟？我們應保護哪些剛開始發展的開發計畫？我們應追求何種目標，以便專利事業得到長期庇護？對於管理者，我們可以思考下列兩組問題：

今　日	未　來
今日服務的顧客是誰？	未來服務的顧客是誰？
今日透過哪些管道服務顧客？	未來透過哪些管道服務顧客？
今日的競爭者是誰？	未來的競爭者是誰？
今日的競爭優勢基礎為何？	未來的競爭優勢基礎為何？
今日利潤的來源為何	未來利潤的來源為何？
靠何種技能或能力創造今日獨特的局面？	未來準備靠何種技能或能力創造明日獨特的局面？

如果未來問題的答案與今日問題的答案沒有顯著差異，那我們可說管理者引以為傲的市場領導者地位絕難持久，如果一家公司僅改善績效，卻未改變體質，等於沒有明天。商場上沒有所謂「持續的」領導地位，管理者唯有根據未來趨勢隨時調整步伐，才有可能維持既有的地位。

㈡為什麼要有管理職位？

管理者的工作大致上可分為以下幾點：
1. 給予團體或組織工作的方向。
2. 提供正式的領導，告訴部屬應該做什麼事。
3. 負責聯絡協調所在單位與其他單位的活動。
4. 必須對績效目標之達成負起責任。

管理者的存在解釋了服務的好壞，也是公司股東獲利或虧損的重要因素，更是決定商場上成敗的關鍵。舉例來說，鴻海公司雇用 5 千位以上的管理人員，且每年付給他們百萬元的薪資，因為若沒有他們，就不可能達成公司的經營目標；又如，當你在某家餐廳吃了很滿意的一餐後，

你往往會下此結論：「這個地方的管理優良。」

㈢管理者的分類

　　我們通常將管理者分為第一線、中階及高階主管，如圖 4-1。在一個組織中，要分辨出誰是管理者並不困難，但須注意的是，管理者包括許多不同的頭銜，常見的稱呼如表 4-1。

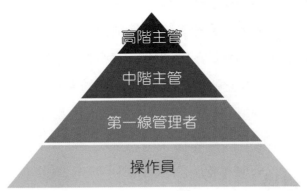

↗ 圖 4-1　管理者之分類

表 4-1　第一線管理者、中階主管、高階主管分別之頭銜稱呼

職　位	頭　銜
第一線管理者	領班、工頭、教練、團隊或專案（作業）的領導者
中階主管	部門經理、局長、地區經理、院長、分部經理
高階主管	副總經理、財務長、總務長、幹事長、執行長、董事長

㈣何謂組織?

　　到現在為止，我們談了不少和組織有關的主題，似乎我們已經明瞭「組織」一詞，但其實不然。例如，你能回答在何時一個新的企業可以算是一個組織嗎? 有一個人的組織嗎? 你會把你的家庭當成一個組織嗎?

　　組織是指 2 人或 2 人以上為達成共同的目的，以責任分工的方式作有系統的結合。學校或學院即是一種組織；同理，政府機構、教會、住

家附近的雜貨店、聯合國、棒球隊等等也都是組織，因為他們皆擁有下
列 3 個共同特徵：

1. 每一個組織的存在都有不同的目的，這些目的多半是指一個或一組目
   標。

2. 每一個組織都由人所組成。

3. 所有的組織均發展出一套系統化的結構，來釐清並限制其成員的行為。

　　例如，建立一個組織包括建立工作規則與規範、定義團隊、任命正
式的領導者，並授權給領導者去管理其他員工，或是製作工作說明書讓
員工知道應該做的事。因此，我們可以說組織是指一個具有特定目的的
個體，由 2 人或 2 人以上的成員所組成，且擁有系統化的結構。當一個
企業有了「正式的方向目標」、「雇用 1 個以上的員工」，且「發展出一套
能定義並規範員工的正式結構」，便能稱為組織。

㈤為何要有組織

　　為何要有組織？因為組織比個人獨立作業的效率高出許多。要瞭解
這點，則須先瞭解市場 (markets) 與層級 (hierarchies) 兩種觀念，並說明
它們如何成為協調經濟活動的因素。

1. 市　場

　　市場是以價格為交易基礎的資源分配方法。每個人平常都會經歷許
多交易過程，例如，你想要請人重新裝潢家裡，在過程中，你可能會和
多位裝潢工接洽，商談工作內容及價格；假如你很快就和某位裝潢工在
交易內容上達成共識，那麼你們的交易算是有效率。

　　不過，當交易內容過於複雜或定義模糊時，為了將不確定性降到最
低，你將需要會計師、市場分析專家、人事專才等提供專業服務，以及
一套精緻的資訊系統來降低交易成本。所以在不確定性高的環境下，倘
若可以藉由訂定規則以及授權方式來分配資源，則可以提升效率，進而
出現了市場未見的「層級」。

2. 層　級

　　層級之所以出現，是因為它藉由規則之制訂以及組織內各職位間的協調來降低成本。進而建立了工作的分類、描繪出員工支薪的計畫、指出誰擁有權力、決定誰可以影響誰以及其他類似的規範。

㈥管理者和組織以組織行為作連結

　　組織是讓管理者一展長才的表演舞臺，有效能之管理者必須能瞭解並預測組織成員的行為。為什麼如此說呢？因為管理者乃是監督他人的工作活動，主要是和他人一起工作，因此必須深入瞭解人類行為，而組織行為學 (organizational behavior, OB) 即是用來協助管理者更瞭解個人及團隊的行為。組織行為學是對於組織成員的行為進行系統研究，它的研究基礎包括了心理學、社會學、人類學以及其他社會科學，研究結果則是用來解釋並複測員工的績效因素和態度。

　　「管理者如何成為一個有效的領導者」、「如何激勵不同的員工」等主題皆是由組織行為學發展而來，然而組織行為並不是管理，而是管理工具的一種。如同會計方面的知識，可以幫助管理者更有效地利用組織的財務資源，對於組織行為方面的瞭解，可以協助管理者對組織中的人力資源做最佳的利用。

二、管理者工作的面面觀

㈠管理的功能

　　在第 1 章曾提到，費堯認為管理者的工作職能通常可以歸類為以下五項：「規劃、組織、指揮、協調與控制」。而正式從管理程序的角度來介紹管理內涵的，則是孔茲和奧唐納 (Cyril O'Donnell, 1900～1976)，他們提出了「規劃、組織、用人、指揮、控制」等功能的架構，自此，以管理功能作為管理程序的內涵便成為主要的典範。不過，目前普遍為學界和業界所接受的管理功能，大致只分為四項：「規劃、組織、領導、控

制」。這些功能彼此相關，並互相影響。管理者的工作不可避免地會同時牽涉到這四項功能，以下我們將分別介紹：

1. 規　劃

組織的存在乃是為了達成某種目的，所以應有人為其定義組織目的與達成的方法。管理者乃是下定義的人，規劃的功能即在於「定義組織之目標」、「建立達成目標之整體策略」、「發展一套有系統的計畫來整合與協調各種活動」以及「任務的策劃」。

2. 組　織

管理者負有設計組織結構的責任，這項功能稱為組織。組織的內容包括決定任務、執行者人選、命令系統以及決策點時機。

3. 領　導

每一個組織均由人所組成,而管理的工作就是要指揮及協調這些人，這就是領導的功能。領導的內容包括激勵部屬、指導活動、選擇最有效率的溝通管道以及解決紛爭。

4. 控　制

在目標設定、計畫形成、結構安排以及人員聘用、訓練與激勵後，仍有可能發生意外。為確保事情在預設的情況中進行，管理者必須監督組織的表現，將實際的表現與預測目標相比較，如發現顯著的偏差，就要使組織重回原軌。「監督、比較、修正」的過程，就是我們所謂的控制功能。

(二)管理角色

1960 年代後期，明茲柏格 (Henry Mintzberg, 1939～　) 對高級經理人作了仔細的研究，經由那些經理人的日記以及他個人的觀察，他發現管理者大致扮演人際關係角色 (Interpersonal Roles)、資訊傳遞角色 (Informational Roles) 以及決策制訂角色 (Decisional roles)，這三大類又可細分為十種不同且相互關聯的管理角色 (management roles)，如表 4-2 所示。

表 4–2　Henry Mintzberg 十大管理角色

人際關係角色	形象人物 (figurehead)	管理者為了儀式或表徵的原因去執行任務，如學院的校長在畢業典禮上授予畢業證書
	領導者 (leader)	所有的管理者都具有領導者的角色，這個角色包括了聘用、訓練、激勵以及規範員工等行為
	聯絡人 (liaison)	這個角色為聯絡外界消息來源，以提供經理人有用的資訊。這些來源是經理人工作單位之外的個人或團體，他們可能分布於組織之內部或外部。例如，行銷經理可以從人事經理處獲得資訊，如此他便擁有組織內聯絡人的關係；而行銷經理透過行銷協會等組織與其他組織的行銷經理聯絡時，便擁有對外聯絡人的關係
資訊傳遞角色	監督者 (monitor)	管理者或多或少都會由外界的組織或機構獲得一些資訊，此時管理者會將這些資訊傳遞給組織內其他員工，通常經由閱讀雜誌、與他人交談瞭解大眾品味的改變以及競爭者的可能計畫等
	傳播者 (disseminator)	傳播資訊給組織內的成員
	發言人 (spokesperson)	當管理者對外代表組織時，他們扮演著發言人的角色
決策制訂角色	企業家 (entrepreneur)	發起並督導新的專案，希望這些專案能夠改進組織的表現
	危機處理者 (disturbance handler)	當組織面臨問題時，管理者執行矯正行動以處理先前未預見的問題
	資源分配者 (resources allocator)	管理者負責分配人力、物力以及金錢方面的資源
	談判者 (negotiator)	與其他組織談判以爭取本身組織的利益時，管理者乃扮演著談判者的角色

㈢管理技巧

　　就強調技術面的人而言，僅知道如何管理組織或人是不夠的，還要學習如何執行。管理技巧 (management skills) 指出了成功的管理所必備的能力與行為，在以下的內容中，我們先說明一般管理技巧，再探討特殊管理技巧。

1.一般管理技巧

觀念性技巧 (conceptual skills)	分析並診斷複雜情況的能力，這種技巧使管理者通盤瞭解事情的來龍去脈，以便制訂良好的決策
人際關係技巧 (interpersonal skills)	因為管理者是藉由他人去完成工作，因而必須具備很好的人際關係技巧，以便溝通、激勵以及授權他人。人際關係技巧即涵蓋了和個人或團體一起工作、互相瞭解以及互相激勵的能力
技術技巧 (technical skills)	對於高階主管來說，應用特殊知識或專業能力即是瞭解業界、組織程序以及產品的競爭力；對於中低階層主管來說，這種技巧指的是工作崗位上所須具備的專業能力，亦即財務、人力資源、製造、電腦系統、法律、市場等方面的能力
政治技巧 (political skills)	這種技巧指的是提高個人職位、擴展人脈關係、建立有利基礎與正確網脈的能力。組織如同一個政治舞臺，人們必須在其中爭取資源，而擁有良好政治技巧的管理者往往容易為所在的團體爭取到資源，他們也常常在績效評估方面得到高分，且容易獲得升遷

2.特殊管理技巧

　　根據研究發現，我們可以從六方面來觀察 50% 以上管理者的效能：

組織及協調	管理者組織各項工作,並且協調工作與工作間的依存關係
激勵員工並處理衝	管理者給予員工正面激勵,促使員工認真工作,同時

突	減少那些會對員工的工作動機產生不良影響的衝突
處理資訊	包含了使用資訊及聯絡管道來確認問題、瞭解多變的環境，以及制訂有效的決策
成長與發展機會	管理者不僅要給予自己成長與發展的機會，也須提供員工個人的成長與發展空間
解決問題	管理者要對自己的決策負責，也要確定部屬能有效運用他們的決策技巧
控制組織環境以及資源	在規劃以及資源分配的會議中，或在必須當機立斷的時候，管理者能表現出積極且走在環境變革前端的能力。這種技巧也包括管理者對組織目標有明確、合時且正確的瞭解，而且具有制訂資源方面決策的能力

㈣管理的勝任能力

　　定義管理者工作的方法來自英國，該法稱為管理能力標準草案 (management charter initiative, MCI)。MCI 以對管理功能的分析為基礎，並且注重在分析有效能的管理者應該做什麼，而不是他們應該知道什麼。MCI 依此建立了管理勝任能力的兩類標準，一為第一線主管勝任標準，另一為中階主管之標準，至於高階主管的標準，則正在發展中。

　　表 4–3 列出中階主管的標準，在每一項勝任能力標準，都有一組定義管理效能的相關要素。例如，要具有招募訓練及用人的勝任能力，管理者必須能夠定義未來的人事需要，知道工作特性以留住高級人才，以及根據組織及團隊的需要，評估並選出適合的候選人。

　　發展 MCI 的人認為，這套一般性的標準適用於各種行業，但也認同這套標準須適時修正，以因應不同國家的背景差異。舉例來說，在臺灣，家族企業仍然盛行，因此領班 (supervisors) 與團隊 (teams) 的相關標準，在臺灣就得稍作修正了。

表 4-3　管理能力標準草案——中階主管應有之標準

基本能力	相關要素
提出變革，改善服務、產品及制度	• 指出改善後的商機 • 協議變革的出現，評估變革後的優缺點 • 執行並評估服務、產品及制度之變革 • 推行品質保證制度
控管、維護並改善產品及服務之傳送	• 建立資源供應系統 • 確定顧客需求 • 維護並改善營業的品質及功能特色 • 建立高產能之作業環境
控管資源的運用	• 控制成本，提升價值 • 根據預算控制作業活動
確定資源有效分配至各作業及專案	• 確定專案支出之合理性 • 協議並認同預算
招募並選任人才	• 確定未來之人事需求 • 確定留住高級人才之要素 • 評選團隊及組織特別需求之人才
培訓團隊、個人及自己以增進績效	• 經由規劃及活動來發展並改善團隊之進行 • 發展人才訓練之活動
規劃、分配及評估團隊、個人及自我的工作	• 設立並更新個人及團隊的工作目標 • 規劃活動及進行方式以達成目標 • 根據目標分配工作至團隊、個人以及自我 • 提供回饋
建立、維繫並加強工作關係之效率	• 建立部屬與上司之互信 • 建立同僚之良好關係、降低人際衝突 • 建立紀律規範及申訴程序 • 請教專家顧問
蒐集、評估及整理活動資訊	• 蒐集並評估決策資訊 • 預測會影響目標之未來趨勢及發展 • 記錄並保存資訊
交換資訊以解決問題並制訂決策	• 主持會議及團體討論 • 參與問題之解決及決策制訂 • 提出建議並告知他人

㈤扮演決策角色的管理者

幾乎每一件管理者所做的事，都涉及決策制訂 (decision making)。例如，組織目的的選定需要經歷決策的過程。同樣地，設計最佳的組織結構、選擇不同的技術方案、挑選工作人選以及決定如何激勵效率低的員工等，都需要用到決策。事實上，一些評論家已經認定，決策是管理者的核心工作。諾貝爾經濟學獎得主賽蒙 (Herbert Simon, 1916～2001) 也強力支持此論點，他認為管理工作和決策同義。

㈥扮演變革驅動者的管理者

最後，管理者是變革驅動者 (agent-of-change)，他們是變革的催化劑，並且也承擔了管理變革程序的責任。變革驅動者的說法歷經了 3 個階段的演變：

1.第一階段

從 1950 年代開始，支持這種說法的人認為，管理者必須「設計並執行有計畫的變革活動」。這種從中介入的活動包含：改善組織內的人際互助、改變工作程序及方法、以及重新設計組織結構。

2.第二階段

約始於 1980 年代，主張經由不斷改進以改善品質。管理者的工作是去追求持續的漸進式變革，進而改善組織內的每一件事。

3.第三階段

也就是現在，今日的管理者不再僅從事邊際性的變革，而是徹底或激進的變革。這個理論認為，在這種經歷重大變革的世界裡，組織若僅作漸進式的調適，勢必失敗。因此，管理者必須重新建立組織；而且這種努力並非一次成功，有效能的管理者必須「持續地重新創新」組織，以適應多變的世界。表 4–4 簡單地說明了近年來管理工作的變化。

表 4-4　昔日與今日管理者

	昔日管理者	今日管理者
企業所處環境	可預測且安定的環境	混亂的環境
管理類型	• 督導型管理 • 用同樣的方式對待所有人	• 教練型管理 • 對於差異極為敏感
權力分配	掌控所有權力	適度授權給員工
資訊流通	壟斷	分享
監督員工	監督現場的員工	監督現場及虛擬的員工

接下來我們分別說明以下六點今日管理者的特色：

⑴混亂中成長 (thriving on chaos)

研究報告顯示，隨著工作環境愈來愈混亂且模糊，愈來愈多管理者承受高壓力及職業倦怠的痛苦，所以在今日令人難以預測的環境中，成功的管理者必須要能在混亂且不確定的情況下追求成長。管理者必須更聰明、更有彈性、快速、有效率，且更能回應客戶需求，進而將變革混亂的環境轉變為機會，取得競爭優勢。

⑵成為教練 (being a coach)

今日管理者愈來愈像教練而不像上司。無論在什麼樣的球類比賽中，教練本身並不會上場，他們營造一種環境，讓隊員可以在其中發揮實力。他們定義通盤的目的、建立預期標準、定義每位隊員的角色限制、確定隊員得到適當的訓練並具有扮演其角色所需的資源、企圖加強每位隊員的實力、鼓舞並激勵隊員，以及評估結果。當今的管理者正是負責領導、傾聽、鼓勵並激勵其部屬及員工。

⑶賦權予員工 (empowering employees)

今日管理者漸漸放棄權威，而賦權給員工。現今的組織中，賦權的趨勢已逐漸擴散，管理者必須調整他們的領導型態以反映這種趨勢；也就是說，他們必須將授權涵括在領導中。賦權並非適用於每一種情況。但是近年愈來愈多時候，「賦權員工」成為最受喜愛的選擇。

　　對大部分的年輕管理者來說，轉變至賦權的型態算是相當容易，但對於經驗豐富的管理者，就不是這麼一回事了。這些經驗豐富的管理者認為，有效能的管理者應該支配人，讓員工獨立參與工作相關的決策，甚至與員工分享作決策的權威，是軟弱的表現。但實際上，這僅是因為這些管理者難以放下控制權。

⑷開放式管理 (open-book management) 與分享資訊 (sharing information)

　　過去管理者認為資訊就是力量，若與員工分享資訊，相對就會增加員工的力量，因此有的管理者會選擇保留資訊的控制權，這正是督導型管理者的另一個特點。然而現在，員工個人或者團隊常常需要制訂與工作相關的重大決策，因而需要正確且即時的資訊。所以，以往管理者密切保護的資訊，現在已分享給那些被賦權的員工。

　　當代管理者從平行的部門單位、上級管理單位以及外界等管道取得資訊，然後將資訊分享給所屬單位的成員。有些公司將這種資訊分享的觀念，擴展為公司的開放式管理哲學。舉例來說，公司定期對員工公布財務細節，員工學到了如何分析及解釋公司的財務報表，也學會編製所屬的預算，這種過程成了每個單位作決策的基礎，在這種制度下，管理者即扮演著顧問以及資源提供者的角色，協助員工取得所需的資訊。

　　有些管理者很難捨棄資訊的控制權，他們擔心權力被分散。然而，大部分的管理者已漸漸體認到，資訊分享可以提升所屬部門的績效，讓自己被認定為有效能的管理者。

⑸對差異敏感 (sensitivity to difference)

　　勞動力的多樣化 (work force diversity) 使得管理者必須對差異敏感。員工的價值觀、需求、興趣以及期待可能不同。在 1970 年代以前，勞工的差異性比起今日小得多了，因此管理者常可以自身經驗正確推測員工行為。例如他們可以假設：「我的員工和我一樣，我們喜歡同樣的食物，我們有共通的責任，我們慶祝相同的節日，我們擁有相似的社交以及娛樂興趣。」但現在這種假設已不切實際。

現在的管理者必須瞭解，對於一些員工來說，沒有事先通知的加班、週末上班、過夜性的出差或者轉換工作地點等等的事情，是很難做到的；同樣地，過窄的門廊或階梯等實體上的阻礙，對某些員工可能造成不便。管理者不能期待員工對語言有同樣的理解度，也必須瞭解員工對於與他不同的同事是很敏感的。總而言之，管理者必須深切注意工作團體中任何關於性別歧視、種族歧視、以及潛意識偏見的行為。

⑹協調虛擬員工 (coordinating virtual employees)

過去管理者直接面對面與下屬溝通，或是透過直接觀察來督導下屬的工作情形。但隨著電子通訊時代來臨，員工可在不同地點上班、享有彈性的工作時間，或者他們的管理者不在位子上，因而增加直接協調的困難度。舉例來說，在法國的空中巴士計畫經理，必須監督分布在英國、德國、西班牙及比利時的團隊成員，他們之間可能只透過電話、網路聯絡，而卻不曾面對面互動。今天的管理者正需要如監督現場員工般地監督虛擬員工，如何透過電子溝通工具來與下屬保持聯繫、激勵員工、監督與進行控制的活動，是現階段管理者面臨的挑戰。

㈦綜合整理和前瞻面

雖然不同學者對於管理工作有著不同的說法，但絕大部分來說，那些說法之間並無衝突，他們不過是從不同的角度切入看待同一件事情，且這些不同說法中有許多重複的地方。舉例來說，明茲柏格的決策角色，與強調觀念性技巧、資訊處理技巧的說法，以及主張管理者就是決策者的說法是一致的；而管理的領導功能之說，即涵蓋了明茲柏格主張的人際關係角色以及特殊技巧中激勵員工和衝突管理技巧。MCI 的中階主管勝任能力第 1 條，「提出變革，改善服務、產品及制度」，即與管理者扮演變革驅動者的說法完全一致。

以上這些內容將成為其他許多主題的理論基礎，如決策制訂的重要性，規劃、控制制度、組織工作，以及領導和授權員工等主題皆是基於管理功能而發展出來的。

三、評估管理者的效能

㈠效率與效能的定義

　　早期學者著重以效率 (efficiency) 與效能 (effectiveness) 為判斷準則來決定管理者的表現。效率指的是「投入」與「產出」之間的關係，如果一定的投入能有較多的產出，那麼可說是較具有「效率」。管理者關心如何有效使用投入的資源，包含金錢、人、設備等，例如假設裕隆日產 (Nissan) 汽車廠需要 2.23 名員工來組裝 1 部汽車，而福特汽車需要 3.47 名員工，由此可知裕隆日產汽車比福特汽車更有效率。

　　光說效率是不夠的，管理者還必須關心工作是否完成，也就是必須要有效能，倘若管理者達成組織的目標，即可以算是有效能。所以我們可以說「有效率是用對方法做事 (doing things right)，而有效能是做對的事 (doing the right thing)」。用對方法做事是「用最少的資源成本去完成目標」，而做對的事則是「選擇適當的目標去達成」。

㈡管理效能與組織效能

　　「管理效能」和「組織效能」這兩種觀念密切相關，但實際上並不相同。管理效能主要是管理者目標之達成，而組織效能指的是組織目標之達成。然而，管理者的成功是看管理者所屬部門或組織的績效而定，要將兩者分開實屬困難。因此，我們以下要討論的「組織的利害關係人」、「常用的效能評估標準」對於管理效能和組織效能皆適用之。

1.組織的利害關係人

　　效能聽起來像是個直接了當的觀念，事實上不然。效能和美感一樣，隨著觀察者的眼光以及團隊的不同，會有不同的衡量標準。以員工來說，他們認為若組織可以給予好的薪資和福利，就是有效能的組織；組織的其他利害關係人可能會認為組織要改善公司的每股盈餘，才算是有效能

的組織。如果我們想更充分瞭解效能的觀念，我們得瞭解這些評估管理者和組織的不同團體。

組織的利害關係人 (organizational stakeholders) 是指那些和組織有利害關係的內部或外部團體，通常包括供應商、授信者、媒體、政府、員工、消費者、管理者、董事會、投資者、競爭者及其他利益團體。

每一個利害關係團體都有一套標準來評估組織，標準亦不完全相同，情況如圖 4-2 所示。多樣的利害關係人加上多項標準，使得管理者面對不同的對象而必須強調不同的效能標準。

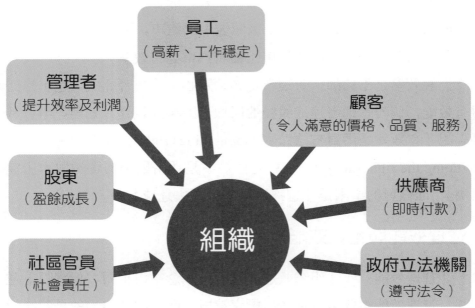

* 括號內的標準皆為每一利害關係人分別對組織的衡量標準

↗ 圖 4-2　多樣的利害關係人加上多項標準

2. 常用的效能評估標準

效能通常取決於組織如何圓滿達成目標。然而，我們必須先弄清楚目標的明確內容以及評量指標。以下簡要描述一些較受歡迎的效能目標或評定標準，並說明不同利害關係人如何強調不同的評定標準。

(1)財務方法 (financial measures)

這是大家最熟悉的方法，特別是用來衡量營利事業的組織效能。一

項對大型跨國公司所作的調查發現，1960 年代的公司主要財務目標是市占率極大化；1970 年代中期，大家的注意力則轉移到每股盈餘；到了 1980 年代早期，普通股權益報酬率成了主要目標；從 1990～2010 年代，現金流量表成為廣受歡迎的標的。

雖然在不同時代採用的評估標準不盡相同，但企業公司仍常依賴財務的方式，評估組織績效。以上市公司為例，在財務上的優異表現，對於公司、投資人和債權人間的合法性及信用之維持，是極有必要的。

⑵產　能

產能 (productivity) 標準和組織效率具有相同的標準意義，同樣投入量有較高產出，即表示產能較佳。舉例來說，TOYOTA 汽車每位員工每年生產 57.7 部車，而福特汽車公司的每位員工每年僅生產 16.1 部車，相形之下，TOYOTA 汽車公司的產能較高。

⑶成　長

1960 年代，薪資增長是一項評估組織效能的標準，在當時公司雇用愈多人表示愈成功。今日則相反，那些能夠用等量或更少的勞動力去完成更高產能的組織，被認定是最有效能的。

以薪資成長來評估組織效能已不再流行，但銷貨、總收入以及淨利的成長，仍常被用來衡量組織效能。在投資環境下，一個擴張或成長快速的組織，即使利潤持平，股票價格可能很高。例如，1998 年的餐飲連鎖店業者的平均股價約是盈餘的 20 倍，但是快速成長的星巴克咖啡 (Starbucks)，股價卻超過盈餘的 50 倍。

⑷顧客滿意度

隨著產品與服務市場的競爭日益激烈，沒有一家公司能把擁有顧客視為理所當然。許多研究指出，吸收新顧客所花費的成本，比起維持原有顧客的成本高出許多。因此，許多組織投資大筆經費在訓練那些常常須與顧客互動的員工、設立免付費專線以提供顧客服務或記錄顧客的抱怨、採行「不追究原因」的退貨政策，以及舉行全面性的售後問卷調查。

有時，一家公司即使擁有很高的顧客滿意度，也不能保證可以達到

財務目標；然而，如果公司不能滿足顧客的需求，使得顧客轉往其他競爭者，那麼公司的長期競爭力就要遭受嚴重考驗了。

　(5)品　質

　　與顧客滿意度密切相關的是品質，品質的目標包含了內部的經營、程序以及顧客的判斷。因此，追求品質的行動包括：縮減應付帳款處理程序中一些不必要的步驟、將存貨成本降至最低、維持生產部門的清潔，以及確定滿足顧客的品質需求。麥當勞成功的原因之一，即是歸於管理者對於工作環境清潔的嚴格要求。

　(6)彈　性

　　在這種全球競爭以及社會、經濟、科技快速變遷的世紀中，企業組織的生存必須仰賴其迅速適應環境的能力。有彈性的組織能輕易將資源從一種活動中轉移至另一種活動。例如，西南航空 (Southwest Airlines) 之所以能夠勝過競爭者，即是因為它們的內部制度以及所選用、訓練的員工，能夠迅速適應環境。

　(7)員工成長以及滿意度

　　員工是組織的心臟及靈魂，但許多組織未能看清這點。許多雇主的裁員行動逐漸傷害了那些仍留在公司任職員工的工作保障，他們認為這是公司為了提升彈性與產能所須付出的代價。

　　金融海嘯時，許多組織被迫縮減人事，然而，公司必須藉由訓練有素且受到激勵的員工，才能提升品質並改善顧客服務。此時，組織面臨了達到高產能和有彈性的目標，以及擁有願意奉獻且動機高的員工的兩難局面。

　　維珍美國航空 (Virgin America Airline) 的創辦人李查‧班森 (Richard Branson)，不認為組織同時達到高產能以及擁有願意犧牲奉獻的員工是個問題。班森和那些把顧客擺在第一位的管理者相反，他說：

　　企業的經營，幾乎百分之百是在激勵員工和身邊的人。如果你懂得激勵他們，你就可以完成任何事情。大多公司把股東放在第一位，顧客

第二，員工則居最後，如果把次序反過來，員工變第一位，很快地，你會發現顧客以及股東也都變第一位了。

⑻社會接受度

組織必須是好公民。如果組織不能扮演好公民的角色，會遭致政府、消費團體或評論性媒體等利害關係人的指責。舉例來說，某公司製造矽膠隆乳產品，為了讓產品及早上市，草率地在動物身上進行測試，不幸造成矽膠外漏的問題。這家公司最後不但退出隆乳產品市場，而且必須支付數千萬美元，成立基金以賠償受害者。

㈢整合的架構

管理者受到不同團體的利害關係人評判，且這些利害關係人關心的事以及對於組織效能的看法並不一致。此時管理者該怎麼做呢？他們該如何去滿足那些利害關係不同、甚至互相衝突的利害關係團體呢？有一個方法是，將衡量效能的條件標準，依利害關係人的權力大小排列先後次序，並且針對不同的對象，強調不同的完成重點。

菸草業即是很好的例子。一項針對主要菸草公司的研究發現，一般大眾以菸草是否傷害吸菸者的健康作為評量公司效能的標準，投資人則以公司是否有效率地生產菸草以及是否獲利作為標準，這兩種評估標準幾乎背道而馳。因此，評定一間菸草公司是否有效能，就要看管理者是否能找出公司主要的利害關係人，評估他們的喜好並滿足他們的需求。

管理者不可以忽視那些權力很大的利害關係人，才可以確保公司的長期生存。因此，管理者要很謹慎地指出組織重要的利害關係人，評估他們對組織的相對權力以及重要性，然後管理者應盡可能滿足那些利害關係人，或至少讓那些人瞭解，管理當局為了滿足他們所要求的目標，已做了最大的努力。

固特異輪胎與橡膠公司（The Goodyear Tire & Rubber Company，以下簡稱固特異）即應用了整合型架構。固特異的利害關係人包括：

1.石油產品的供應商（提供輪胎製程中所需的原料）。

2.聯合塑膠勞工工會的幹部。

3.工會員工。

4.放款銀行。

5.固特異總部所在的美國俄亥俄州亞克朗市的市政府及社區領袖。

6.專門分析輪胎及塑膠業的證券分析師等。

　　固特異的管理者用上列名單決定各種利害關係人的相對權力，例如，這類利害關係人所提供的東西能由其他地方取得嗎？如何比較這些利害關係人對公司的影響？接下來，固特異的管理者必須確定那些利害關係人對公司有什麼樣的期望，例如，投資人的目標可能是針對公司的利潤或股價；工會可能希望公司提供勞工工作保障，並支付較高的薪資；美國環保局期待固特異的製造廠，能符合空氣、水及噪音的限制規定等。

　　最後，固特異的管理者必須比較那些不同的期望，決定共同的目標，找出那些不相容的期望或目標，賦予不同的利害關係人相對的權重，並且依公司利益排出不同目標的先後次序；而固特異的效能即在於能否滿足那些優先順位的目標。

　　最後應注意的是，我們無法客觀判定組織是否滿足利害關係人的目標，因為利害關係人有時會用本身主觀的判斷。舉例來說，公司利潤比去年上升11%，但投資人的期待是15%。這時候，如果平息股東的不悅是件重要的事，則管理者可以採取攻勢，解釋11%是合適的成長率。這類行為在實務上常常被使用，就好像律師習慣修飾事實，並且以具說服力的言語，用最有利的方式辯論。因此，面對證券分析師，管理者強調他們如何成功改進公司的獲利能力；面對工會，管理者強調他們創造工作機會和改善工作環境的努力；而當公司要與當地的區域規劃單位接洽時，管理者則強調公司如何在社區中扮演負責且關心社區的好夥伴。

㈣平衡計分卡

　　試想一名機師在飛行時僅有測速的儀器，他沒有量高儀來測高度，

沒有油針顯示油量，沒有導航以辨別方向，也沒有雷達及塔臺能與其他
航班聯繫，那麼這架飛機將面臨許多問題。假如機師如此飛行，他可能
會撞到山峰、耗盡燃料、降落於錯誤的地點，或者與別的航機相撞。

在很多方面，管理者就像機師一樣，若只使用單一的傳統財務指標，
以便量測他們如何「駕駛」公司，將會忽視其他重要的因素。這項邏輯
也就是平衡計分卡概念產生的主因，強調公司管理除了財務量測以外，
還包含以下三項評估：

1. 顧　客

包括顧客滿意度、顧客維持率、爭取新顧客以及市場占有率。

2. 內部企業過程

包括新產品的研發、反應速度、品質評估及生命週期。

3. 學習及成長

包括員工技能提升、員工工作滿意度、加強資訊科技及系統。

這三項評估準則並非用來取代財務量測方法，而是透過財務與非財
務指標量測的結合，提供輔助，讓管理者達成較具平衡性的組織效能。
不同的是，財務量測專注在過去及短期的績效評估，而平衡計分卡則引
導管理者朝企業應該走的路前進，以確保長期之成長與成就。

企業平衡計分卡 (corporate scorecard) 是否就是企業未來衡量組織
效能的方法？答案是可能。因為許多美國管理學者的研究指出，64% 的
美國企業都採用多樣化的量測來評估公司績效，包括平衡計分卡，且此
法能夠預先找出問題，而這些是傳統財務量測無法做到的。

然而，並非每個企業都認同上述看法，跨國石油公司殼牌 (Royal
Dutch Shell) 便是一個例子。殼牌的管理者認為，每個公司都需要先進的
績效量測工具，且這些工具應該是偏向財務性的，但平衡計分卡讓人疑
惑，且很難實施。正如某位贊同殼牌說法的管理學者所言：

你們怎能知道獲取或失去一名顧客的成本？你們可能在作完財務分
析之後才能夠使用平衡計分卡，但是屆時你們將會本著財務的量測思考
在平衡計分卡中的評估項目。

四、管理者在多變環境下所須具備的勝任能力

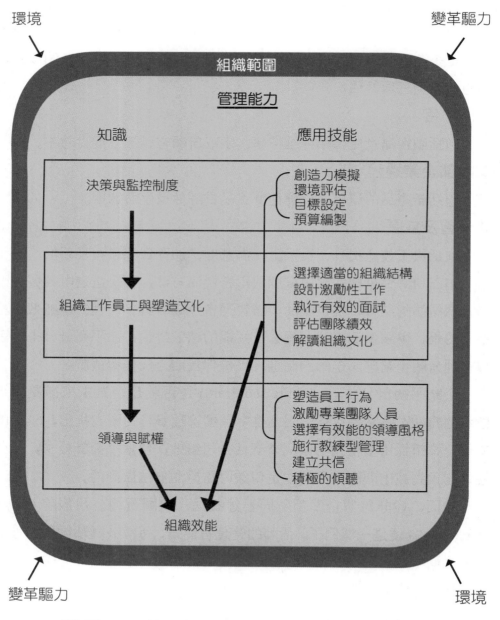

↗ 圖 4–3　管理者在多變環境下須具備的勝任能力

　　如果你即將開始一段旅程,計畫或指南可以協助你認清地點與方向;圖 4-3 即是一份幫助你瞭解管理並成為管理者的指南,而要達到以上的任何一項,你都必須建立管理能力。管理能力可以分為兩類:「知識」與「應用技能」。知識能幫助理解,而應用技能則是對理解知識的應用。大部分的情形下, 知識乃是從規劃、組織、領導以及控制等四大管理功能延伸而來,而應用技能是基於本章前面提及的六種特殊管理技巧而建立的。

　　此外, 管理者以及組織必須對於變革的力量有所回應。這些變革的力量經由環境影響組織的經營, 進而成為組織的邊界。管理學的核心是由圖中的三組勝任能力所組成:

1.決策與監控制度

　　其內容包括制定決策、評估環境、創造計畫以及發展控制制度等觀念性的議題; 而應用技能包括創造力模擬、環境評估、目標設定以及預算編製。

2.組織工作員工與塑造文化

　　其內容包括組織設計、科技和工作過程、人力資源管理、團隊以及組織文化; 而應用技能包括選擇適當的組織結構、設計激勵性工作、執行有效的面試、評估團隊績效以及解讀組織文化。

3.領導與賦權

　　其應用技能包括塑造員工行為、激勵專業團隊人員、選擇有效能的領導風格、施行教練型管理、建立共信以及積極的傾聽。

　　最後, 我們可以發現組織效能也在其中, 我們先前即說過組織效能是人們判定管理者是否做好本分的重要指標。因此, 管理勝任能力最終的目標仍是組織效能。

↘個案探討

　　管理者每每因人格特質 (personality) 不同，而選擇不同的管理工作內容。例如某公司生產下列兩種產品，產品線 A、產品線 E，營運模式如下：

	品　項	營業額	市場占有率	獲利率	打折扣
產品線 A	6	4 億	30%	15%	80%
產品線 E	20	8 億	40%	10%	60%

　　請討論：

1. 負責 A 產品線的管理者，人格特質 (personality) 何種類型較合適，A 產品若要增加營業額，請問應使用何種方法、改變何種變數 (Voriable)？
2. 負責 E 產品線的管理者，人格特質何種類型較合適，E 產品若要增加營業額，請問應使用何種方法、改變何種變數？
3. 公司若只從 A 產品線來做 12 億的營業額請討論有可能嗎？（請以本章管理者競爭大未來的觀點說明）今日管理者所面對的挑戰加以說明。
4. A 產品未來市場的成長率有 9.3 億，E 產品未來的市場成長率為 12 億，請加以說明原因為何？

■ 關鍵名詞

1. 管理者 (manager)
2. 組織 (organization)
3. 管理功能 (management functions)
4. 教練型組織
5. 效率 (efficiency) 與效能 (effectiveness)
6. 組織的利害關係人 (organizational stakeholders)
7. 平衡計分卡

摘要

1. 今天任何管理者的定義，必須要能反映出以往傳統的工作並加入了管理的活動，特別是在團隊內。例如，團隊成員在建立計畫、進行決策，以及監督本身的績效。在自我導向的團隊內（目前成長最快速的組織型態），並沒有人監督或者獨自負擔團隊績效的責任。

2. 今日的管理者定義為整合彼此工作的人；此人可能需要直接對一組人負責；可能需要單一地監督其下屬；可能需要與其他部門或其他組織的人聯繫；此人也可能是整合工作團隊活動的促進者或領導者。

3. 「管理者的工作」大致上會有以下幾點：

   (1)給予團體或組織工作的方向。

   (2)提供正式的領導，告訴部屬應該做什麼事。

   (3)組織中的溝通管道，負責聯絡協調所在單位與其他單位的活動。

   (4)組織為控制績效成果,指定管理者必須對績效目標之達成負起責任。

4. 組織是指 2 人或 2 人以上為達成共同的目的，以責任分工的方式作有系統的結合。組織擁有 3 個共同特徵：每一個組織都有不同的存在目的，這些目的多半是 1 個或 1 組目標，每一個組織都由人所組成，所有的組織均發展出一套系統化的結構，來釐清並限制其成員的行為。

5. 為何要有組織？因為組織比個人獨立作業的效率高出了許多。要瞭解此，可以先瞭解市場與層級二種觀念，並說明它們如何成為協調經濟活動的因素。

6. 市場是以價格為交易基礎的資源分配方法。這也說明了你平常可能用到的交易過程，例如，你想要雇用油漆工到家裡油漆 2、3 天，因為油漆工之間有競爭存在，雙方就會商談工作內容及價格，如果你和某位油漆工都覺得交易公平，那麼你們的交易算是有效率。

7. 倘若交易變得過於複雜或定義模糊時，市場成本較高，且沒有效率的情況下，此時需要如何作呢？為了將不確定性降到最低，你將需要一套精緻的資訊系統來降低交易成本。所以在不確定性高的環境下，倘

若可以藉由訂定規則以及授權方式來分配資源，則可以提升效率進而取代市場對組織的影響，於是出現了以往市場未見的層級組織。

8. 層級組織之所以出現，是因為它藉由規則之制訂，以及組織內各職位之間的協調來降低成本。

9. 組織是一個表演舞臺，管理者在其中一展長才。有效能之管理者的重要工具是能夠瞭解並預測組織成員的行為。因為管理者乃是監督他人的工作活動，如果管理主要是和他人一起工作，那麼管理者必須深入瞭解人類行為。

10. 管理的 4 個基本管理功能：規劃、組織、領導與控制。

11. 管理角色可分為三大類：人際關係角色、資訊傳遞角色、決策制訂角色。

12. 管理技巧：包括觀念性、人際關係、技術、政治等四項一般技巧。

13. 我們可以用以下六方面來觀察 50% 以上管理者的效能：

　(1)控制組織環境以及資源方面。

　(2)組織及協調方面。

　(3)處理資訊方面。

　(4)提供成長與發展機會方面。

　(5)激勵員工並處理衝突方面。

　(6)策略性解決問題方面。

14. 管理能力標準草案乃是定義管理者工作。本法以對管理功能的分析為基礎，並且注重在分析有效能的管理者應該做什麼？而不是他們應該知道什麼，管理能力標準草案依此建立了管理勝任能力的標準。

15. 幾乎每一件管理者所做的事，都涉及決策的制訂，且一些評論家也已經認定，決策工作是管理者的核心工作。

16. 不只是經濟、組織以及勞工的工作正處在變革階段，管理者的工作也正歷經著變革。然而，管理者在這方面既是施者，也是受者；管理者在因應變革的同時，也是組織內帶動變革的催化劑。

17. 今日管理者的特色：混亂中成長、成為教練、賦權予員工、分享資訊、對差異敏感、協調虛擬員工。

18. 「有效率是用對方法做事，而有效能是做對的事」，用對方法做事指的是，用最少的資源成本去完成目標，而做對的事，則是選擇適當的目標然後去達成它。

19. 管理效能和組織效能相同嗎？不，但是這兩種觀念密切相關。管理效能主要是管理者目標之達成，而組織效能指的是組織目標之達成，然而，管理者的成功是看管理者所屬部門或組織的績效而定，倘若要將兩者分開，實屬困難。

20. 組織的利害關係人是指那些和組織有利害關係的內部或外部團體。每一個利害關係團體都有一套標準來評估組織。每個團體和組織有著不同的利害關係，因此它們評定的組織效能也不相同。

21. 財務方法、產能、成長、顧客滿意度、品質、彈性、員工成長以及滿意度、社會接受度等為較常見或較受歡迎的效能評定標準。

22. 以薪資成長來評估組織效能已不再流行，但銷貨、總收入以及淨利的成長，仍常被用來衡量組織效能。在投資環境下，一個擴張或成長快速的組織，即使利潤平平的，股票價格可能很高。

23. 衡量公司效能步驟如下：

    (1)藉著該公司對於利害關係人的權力依賴程度，來瞭解利害關係人對於該公司的影響力。

    (2)確定利害關係人對公司有何期望，他們要求公司達到什麼樣的目標。

    (3)比較(2)所得到的不同期望來決定共同目標，且找出那些不相容的期望或目標，賦予不同的利害關係人相對的比重，並且依公司利益排列出不同目標的先後次序。

24. 管理者就像一位機師一樣使用一種指標——傳統的財務指標，以便量測他們如何駕駛公司。當他們只注重量測來評估組織的效能時，將會失去其他寶貴的因素，此邏輯也就是平衡計分卡概念產生的主因。

25. 平衡計分卡除了基本的財務量測外，仍包括顧客、內部企業過程、學習及成長。後面的三項評估準則非取代財務量測方法，而是給予輔助的作用，透過財務與非財務指標量測的結合，管理階層達成較具平衡

　性的組織效能。

26.財務量測專注在過去及短期績效評估，而平衡計分卡則引導管理階層
　朝往企業應該走的路前去，並確保長期之成長與成就。

複習及討論

1.組織內為何要有管理者並對管理者在組織內的重要性詳細說明之。

2.在過去，管理者以規劃、組織、命令、協調與控制等五項管理功能來
　劃分管理者的工作，然而，到了今日，管理功能已去蕪存菁僅剩下四
　項基本管理功能：規劃、組織、領導與控制，過去的五項管理功能到
　了今日縮減為四項管理功能，這是為什麼呢？請詳述之。

3.倘若我們只知道如何管理組織或人是不夠的，我們仍須要學習如何去
　執行，管理技巧指出了管理階層成功必備的能力與行為，而一般性的
　技巧有哪些呢？我們可以從哪些方面來觀察 50% 以上管理者的效能？

4.請試著比較過去管理者與今日管理者的不同。

5.何謂效率？何謂效能？我們要如何以效率與效能來評斷管理者的表現？

6.管理者受到不同團體的利害關係人的評判，且這些利害關係人所關心
　的事也不一樣，而他們對於管理以及組織是否有效能的看法，沒有必
　要一致。因此，管理者應該如何去滿足那些利害關係不同甚至互相衝
　突的利害關係團體呢？

7.請解釋以下名詞：

　⑴督導型管理。

　⑵教練型管理。

　⑶平衡計分卡。

　⑷管理功能。

　⑸組織。

　⑹組織行為學。

　⑺授權。

第 5 章
組織設計

前　言

　　由於我們處在一個動態的環境中，所以組織結構 (organization structure) 應時常隨著組織決策方向、組織規模大小、科技進步以及環境的不確定性等因素而進行調整。

　　組織結構大體上可分為機械式組織 (mechanistic organization) 以及有機式組織 (organic organization) 兩種。機械式組織是控制嚴謹的結構，其特色是高度分工、極度部門化、控制幅度窄小、高度正式化、有限的資訊網路，以及極少低階的決策人員參與決策制訂；有機式組織則是完全相反的組織型態，它的適應性高、組織設計鬆散且有彈性。有機式組織是扁平式的，團隊的組成方式跨越功能、部門以及層級，其特色是正式化程度低、有全面性的資訊網路以及積極讓員工參與決策的制訂。

　　我們要如何根據組織決策方向、組織規模大小、科技進步以及環境的不確定性等權變變素來選擇合適的組織結構呢？在這抉擇的過程中，我們需要先有「專業分工、部門化、指揮鏈、控制幅度、集權與分權、正式化」等因素作為基礎，所以本章我們將先為各位介紹設計組織前應先考慮的六項要素，再進一步探討「策略、組織規模、科技、環境不確定性程度」四項權變變素如何影響組織結構的抉擇。最後，我們會再介紹今日常見的六種組織結構的特色、優缺點並進行比較。

一、　何謂組織結構?

組織結構 (organization structure) 乃指「定義工作應該如何正式分工、分組以及協調」。舉例來說，嬌生公司 (Johnson & Johnson) 將整個公司的活動分成 168 個半自主性分公司來處理，負責所有產品的產出，而每個分公司的管理者擁有相當大的決策權。我們通常在設計組織結構時，會先列出幾個主要問題與答案來源，如表 5–1 所示，接下來將逐一探討。

表 5–1　設計組織結構常見問題及其答案來源

主要問題	答案來源
一項工作應分割為幾個工作	專業分工
工作應如何分類，以什麼作為分類基礎集中在一起	部門化
個人或群體應向何人報告	指揮鏈
管理者能有效能且有效率地管理多少人	控制幅度
決策權在哪裡	集權或分權
管理者及員工遵循規則與規定形式的程度為何	正式化

㈠專業分工

1903 年，亨利・福特 (Henry Ford, 1863～1947) 創建了福特汽車公司，並具體運用汽車組裝線而名利雙收。每位工人皆被分到特定且重複性的工作，舉例來說，有的工人負責裝上右輪胎，有的員工專門裝上右車門。藉由將工作分成數個小時的標準化工作，福特只要大約 1 分鐘就可以組裝 1 部汽車，而且員工不需要具備很高的技能。

福特的例子說明了分工可使工作的執行更有效率，現今則用專業分工 (work specialization) 或分工 (division of labor) 來描述組織內工作細分的狀態。分工的精神在於將工作區分為數個步驟，且每個步驟是由不同

的人執行，每個人僅負責部分而非全部的工作。分工與產能之間的關係如圖 5–1 所示，下文並接著以「1940 年代晚期以前」以及「1960 年代之後」兩個期間來說明。

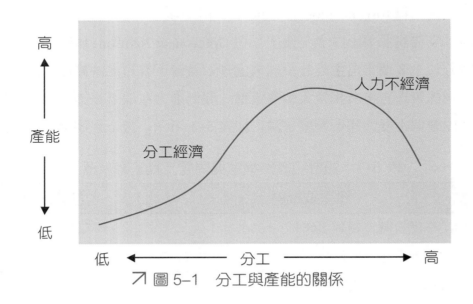

↗ 圖 5–1　分工與產能的關係

1. 1940 年代晚期以前

在工業化的國家中，大部分的製造工作皆是由高度的分工來完成，管理者認為如此才能對員工技能作最有效率的運用。大部分的組織中，工作會有難度差異，難度較高的工作需要具備專業技能，難度較低的工作則不需要。如果所有員工都要參與每項製造過程，那麼每個人都要學會高技能與低技能的工作，如此一來，除非員工一直執行高技能的工作，否則員工的技能將會被閒置；此外，通常薪資是根據員工技能的高低來支付，對組織來說，這將造成浪費。

分工的優點在於員工重複同樣的工作，成功強化該項工作的技能，進而減少準備時間。站在組織的觀點來說，訓練或尋找負責重複、特定及範疇有限之工作的員工，較為容易且成本較低，這點對於精密度或複雜性高的工作而言尤其重要。所以，在 20 世紀的前半期，管理者認為分工是增加產能的不二法門，這是因為大家未能充分利用分工，所以一旦

加以運用，產能就大幅提升。

2. 1960 年代之後

此時由於分工的運用已達到瓶頸，員工開始感到枯燥、倦怠、壓力，導致流動率及缺勤率雙高，低產能與低品質也隨之而來。當這些缺點已超過分工的優點時，組織可藉由工作擴大化 (job enlargement) 來提升產能。所謂工作擴大化是增加每一員工所執行的工作種類數目，亦即讓每個工作崗位上的員工能執行更多不同的任務。

另外，許多公司也發現，如果給予員工多樣化的任務，讓他們可以獨自或團隊的方式從事一件完整的工作，員工會有較高的產出，工作滿意度也會提升，此即所謂工作豐富化 (job enrichment) 的概念。工作豐富化正是對員工授權，使其對自己工作的計畫、組織、執行、控制、評價等環節承擔更多的責任。

在今日，大多數的管理者不認為分工一無是處，也不認為分工可無限增加產能；管理者認同分工在某些工作上確實是有經濟利益的，同時也警覺到分工太細將造成問題。

㈡部門化

分工以後，必須將各細項工作予以結合及集合歸納，如此才能協調整合所有的工作任務，這種將工作集合歸納的方式稱為部門化 (departmentalization)，部門大致上有以下幾種劃分方式：

1. 功能別部門化 (functional departmentalization)

以功能劃分部門一向都最受歡迎，管理者可將公司的人員，依照工程、會計、製造、人事以及採購等不同性質，分別組織成個別部門。主要優點是可將類似專長的人員放在一起，提高工作效率；主要缺點是功能別部門化較易形成本位主義。

功能別部門化可以用在任何形式的組織，只要功能足以反映組織的目標和活動即可，如醫院的部門可分成研究、醫療、會計等，職業足球隊公司的部門可能包括球員人事、票務、差旅和膳宿等。

2. 產品別部門化 (product departmentalization)

嬌生公司的 168 家分公司即是採這種方式，每個分公司集中生產一套系列產品，例如嬰兒油、隱形眼鏡、驗血機器設備以及繃帶等等；分公司的主管對自己所屬的產品線負起全責，亦即分公司有自己的製造及銷售部門。

採用產品別部門化的主要優點是，有人可以對產品績效負責，因為所有產品相關的活動都有專屬主管負責指導；主要缺點則是，如果組織的活動是服務而非產品，則每項服務被獨立分開，將無法提供共同的系列服務。

3. 地區別部門化 (geographic departmentalization)

組織在銷售產品時可能將市場區分為數個區域，以因應各分區的不同需要。當組織的顧客散布在廣大的範圍時，較適用這種型式的部門化。

4. 程序別部門化 (process departmentalization)

一家製造鋁管的公司可能會有鑄造、沖壓、製管、成品、檢查、包裝、運輸 7 個部門，這即是一個以加工方式或程序為部門化基礎的例子。每個部門專精於鋁管製造的特定階段，例如，鋁金屬在大熔爐中鑄造，然後送到沖壓部門，在那裡製成鋁管，然後再交給製管部門，拉伸成為各種尺寸的鋁管，再移至成品部門，切割和清潔後才到達檢查、包裝和運輸部門，因為每步驟需要不同的技術，所以可據此進行部門化。

程序別部門化也可以像處理產品一樣地服務顧客，例如，駕照申請者在監理站拿到駕照前，必須經過 3 個步驟，每個步驟都有個別部門負責，包含：(1)汽車部門負責確認駕駛能力；(2)發照部門負責製發駕照；(3)出納部門負責收款。

5. 顧客別部門化 (customer departmentalization)

以顧客為部門化的基本假設是，每個部門的顧客有其共同的問題和需求，部門化後的專業人員最能滿足各類顧客。例如，辦公室用品供應商的業務部門，可以再細分成專門服務零售商、批發商及政府機關的 3 個部門；大型法律事務所則可以依其服務的公司客戶或個人客戶來區分

部門。

　　組織並非僅能有一種部門化的劃分方式。通常大型組織可以同時採用不同基礎來進行部門化。以某家電器公司為例，它是以功能作為區分部門的基礎，但製造單位以程序作為部門化的基礎，銷售方面則根據區域進行部門化。部門化在近年出現兩個趨勢，內容如下：

(1)顧客別部門化愈來愈受歡迎，因為組織更能迎合並掌握顧客的需求。

(2)嚴謹的功能別部門化已藉由跨功能式團隊 (cross-functional teams) 予以補強。由於工作任務愈來愈複雜，需要多樣的技能才能完成工作，因此管理者已傾向採用跨功能式團隊來完成任務。

(三)指揮鏈

　　指揮鏈 (chain of command) 描繪了組織中由最高層級的權威延伸至最低層級的員工之間的條狀連續線，此線清楚劃分了誰應該向誰報告，並讓員工知道，「如果有問題，我該找誰幫忙解決?」以及「我應該向誰負責?」在談論指揮鏈前，應先瞭解職權 (authority)。它是指管理者具有下達命令以及要求遵守命令的權力。為促進聯絡協調的目的，管理者都被賦予某種程度的權威，以符合他們履行責任的需要。職權可分為兩類：

1.直線職權

　　包括發布命令及執行決策的權力，又稱為直接職權 (Direct Authority)。

2.幕僚職權

(1)個人幕僚

　　如總經理的助理，沒有獨立執行任務的職權和地位，他的工作完全仰賴所屬主管之指示與支持。

(2)專家幕僚

　　即諮詢幕僚 (advisory)，他們在直線管理人員遇到麻煩時幫助解決問題。

　　組織設計的基本原則已隨時間而有所改變，因科技進步及授權的趨

勢，指揮鏈、職權、命令統一已經變得較不重要。舉例來說，一位生產線員工看到存貨報告，發現公司存貨僅剩下 3 天的供應量，不到正常標準的 3 週半存貨量，結果他查出是某個分廠臨時在 2 天前將部分產品運出導致存貨減少，因此他馬上用電腦下令生產以供應需求。從這個例子中我們發現，問題在一天內就解決了，但是解決的人並非是管理者，而是生產線的員工。

1990 年代，一些資訊只開放給管理者知道，而現在低階員工也有管道得知。同理，電腦科技進步使員工可以經由非正式的聯絡管道和任何人溝通，尤有甚者，最底層操作型員工漸漸被賦予決策權，權威和指揮鏈的觀念已逐漸被打破。除此之外，自我管理式團隊 (self-managed teams) 以及跨功能式團隊 (cross-functional teams) 已廣受歡迎。前者是以團隊成員的自我管理、自我負責、自我領導、自我學習為特點，強調員工參與決策和控制決策的實施；後者則是結合各功能部門組成團隊，能改善工作活動或解決特定問題。這些新的組織結構容許個人聽命於數個上司，因此命令統一也變得較不重要。雖然仍有少數組織在指揮鏈觀念下運作才能達到產能最大化，但這類型組織在今日愈來愈少了。

㈣控制幅度

「一個管理者可以有效率且有效能地管理幾個部屬?」這類有關控制幅度 (span of control) 的問題很重要，因為它決定了組織的層級和管理者數量。當控制幅度大時，組織就愈有效率。以下我們舉例說明：

假設兩個組織各有 4,096 位作業員，如圖 5-2 所示，其中一個組織的控制幅度每層均為 4 人，另一組織則為 8 人，後者的組織階層較前者少了兩個層級，且兩者相差了 7 百多位的經理人；如果經理人平均月薪是 4 萬元，則控制幅度較寬的組織每月將可節省 3,200 萬元的經理人薪資。從以上敘述可知，控制幅度較大的組織在成本方面比較有效率，但在某些方面可能會減少效能。也就是說，控制幅度過大時，上司無法提供必要的領導與支援，進而影響員工績效。

　　5～6 人的控制幅度較小，可以讓管理者維持嚴密的控制。然而，其缺點有三：

1. 管理層級太多，成本太高。
2. 垂直的溝通管道過於複雜，決策速度減慢，最上層的管理者容易被孤立。
3. 嚴謹的監控將使員工缺乏自主性。

　　近年來，組織較傾向控制幅度大的組織，且幅度變大的趨勢與近年來各公司努力的方向較為一致，這些方向包括縮減成本、加速決策制訂、增加彈性、更接近顧客、授權員工等等。為了不影響員工績效，組織也投入許多成本於員工的訓練工作上；管理者已體認到，如果員工對工作的內外相關事項皆很瞭解，那麼遇到問題時就可以先找同事討論，讓管理者有餘力去管理更多的人。

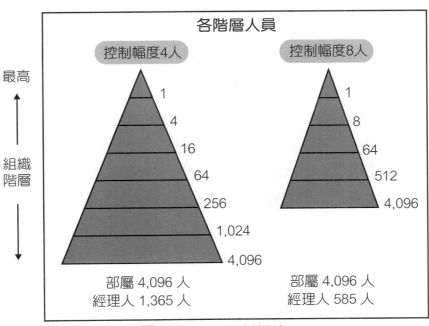

↗ 圖 5-2　控制幅度

㈤集權或分權

　　某些組織中，高層管理者制訂所有決策，再由較低階的管理者去執行；有些組織則將決策權賦予那些最接近行動面的管理者。前者屬於集權式組織，後者則屬分權式組織。

　　集權 (centralization) 是指組織中的決策權集中於少數職位。這種觀念涵蓋的只有正式權威，也就是某個職位本身具有的正式權力。分權 (decentralization) 與集權組織是截然不同的，分權組織解決問題的速度很快，有較多的人投入決策制訂，員工較不會覺得與決策者疏離。通常，如果組織中的主要決策是出自高階主管，並採用極少的低階人員意見，那麼這種組織是集權式組織；相反地，低階主管擁有愈多的裁決權去制訂決策，則該組織的分權程度愈高。

　　分權制決策的趨勢與今日管理者致力於建立具有彈性及回應性之組織的行動一致。在規模較大的組織中，較低階的管理者與行動者的階層較接近，通常也較瞭解問題的細節，舉例來說，加拿大的蒙特利爾銀行 (Bank of Montréal) 曾將它的 1,164 家分行分組為 236 個社區 (community)，亦即將地理位置較為接近者劃分為一區，而每社區大約相隔 20 分鐘的車程，並各由一位社區管理者負責指揮，因為各區的管理者對於本身區域可以說是相當瞭解，所以遇到問題時，由社區管理者來處理問題，會比由蒙特利爾總部的資深經理人處理來得更有效率。

㈥正式化

　　正式化 (formalization) 是指組織中工作標準化的程度。如果工作正式化的程度很高，在職者對於工作要如何做、做什麼以及何時做什麼等工作相關決策，僅有極少的裁決權。員工被期望以同樣的方法處理同樣的事，結果當然一成不變。這種情況下，工作的內容及定義說明得很清楚，組織規則很多；相對地，在正式化程度低的組織中，工作方式是未經設計的，員工有自由裁決權去執行工作。員工自由裁決程度與正式化

的程度呈相反關係，標準化程度愈高，員工對於工作執行方式的投入愈少；標準化不僅降低員工採用其他方案的可能性，也使員工沒有考慮其他方案的必要性。

標準化的程度依組織對工作的定義而有不同，有些工作的標準化程度極低，例如出版社的業務必須常常打電話給學校教授傳遞新書出版的消息，他們沒有標準的推銷準則；然而，在同一出版社工作的帳務人員或編輯人員，則必須打卡上班，且遵循管理者所指示的步驟。

二、權變方式的組織設計

組織的結構並非都是相同的，規模大小差異很大的兩個公司必然如此，即使規模差不多的公司，其結構也不見得相似。組織間的差異並非偶然或隨機發生的，大部分的組織結構是經由資深管理人花費很多時間去設計而成。一個組織須以「策略、組織規模、科技以及環境不確定性程度」四項權變變數來選擇合適的結構，稱為權變方式的組織設計 (contingency approach to organization design)。接下來我們將先討論兩種常見的組織設計：機械式組織以及有機式組織。

(一)機械式組織和有機式組織

1.機械式組織

機械式組織是控制嚴謹的結構，其特色是高度分工、極度部門化、控制幅度窄小、高度正式化、有限的資訊網路（大多是由上而下），以及極少低階人員參與決策制訂。如圖 5-3 (a)所示。

在機械化組織中，分工使工作變得簡單、例行化且標準化。藉由部門化的細部分工方式使組織更不具個人特性 (impersonality)，也增加了組織的層級。機械式組織嚴格遵守命令一致性的原則，每個人都只受到一位上司的監督與控制，如此一來，確保了正式層級的存在，當控制幅度小，組織最高層與最低層的距離很遠時，管理者傾向用規則和規定來管

制員工，那是因為層級太多，管理者無法直接觀察員工的表現，為確保行為的標準，必須採用高度正式化的作法。

在理想的情況下，機械式組織可視為一臺效率機器，透過規定、規格使之例行化，並以控制為潤滑劑。這種組織型態，試著將個人性格、判斷以及模糊性所造成的影響降至最低，因為那些影響被視為是無效率或造成不一致的來源。雖然實務上並無純粹的機械式組織，但在 1970 年前，幾乎所有大型組織都具有許多機械式組織的特色，而現在也有許多大型組織仍保有機械式組織的特色。

2.有機式組織

有機式組織是個鬆散且有彈性的組織設計，使用團隊方式跨越功能、部門以及層級，其特色是正式化程度低、有全面性的資訊網路（上下及橫向的溝通）以及積極讓員工參與決策制訂。如圖 5-3 (b)所示。

有機式組織沒有標準化的工作或規定，具有組織彈性，適應性高，能配合需求而改變或調整；員工受過高度訓練，並被賦予權力來制訂與工作相關的決策。有機式組織高度依賴團隊的運用，且由於員工的技能高、接受良好的訓練以及團員之間互相支援，因而使得正式化和嚴密的控制變得沒有必要。

瞭解了上述二種組織設計，我們試想：為何有些組織是依機械式組織的結構設計，有些則是傾向有機式組織呢？一個合適的結構，主要是藉著「策略、組織規模、科技以及環境不確定性程度」等四項權變變數而定。接下來，我們將進一步說明。

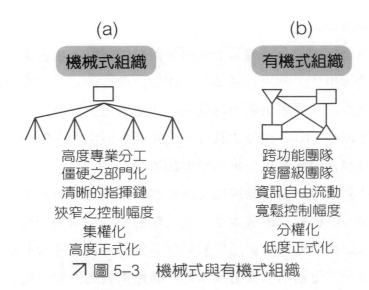

圖 5–3　機械式與有機式組織

㈡權變變數

1. 策略 (strategy)

　　組織結構是幫助管理者達成目標的手段，而目標乃是導源於組織整體策略，所以在合理的情況下，策略和結構應緊密連結，尤其結構應追隨策略，如果管理者在組織策略上作重要的改變，則在結構上也需要修正，以便於適應和支持這項改變。最近的策略焦點在 3 個構面，以下說明組織設計與這些策略的配合情況：

⑴創新 (innovation)

　　創新策略指的不只是簡單或表面的改變而已，而是重大且特別的改變。杜拉克首度將創新與創業精神 (entrepreneurship) 視為企業需要加以組織、系統化的實務與訓練，也視為管理者的工作與責任。他提出 7 個創新機會的來源，作為系統化創新及創業型管理的重心，包含：意料之外的事件、不一致的狀況、程序需要、產業與市場結構、人口統計資料、認知的改變、新的知識。

⑵成本極小化 (cost-minimization)

　　追求成本極小化的公司會嚴格控制成本、盡量減少不必要的創新或銷售費用，並且降低基本產品的價格，試圖降低風險。

⑶**模仿 (imitation)**

以模仿為策略的公司兼具上述兩種策略的特點，主要為追求利潤極大化及風險極小化。使用這種策略的組織，會在確定其他公司所創新的產品可行之後，進而模仿製造以獲利。大量製造追求市占率的公司常採用這種策略，例如 IBM 在確定其他小公司所發展出的創新組件及產品受到市場歡迎後，便跟著模仿推出類似的產品。

表 5–2 列出適合各種策略的組織結構。採取創新策略的組織需要有彈性的有機式結構；採取成本極小化策略的組織追求機械式結構的效率與穩定；採取模仿策略的組織則兼具二者的特性，亦即需要機械式結構來維持控制和降低目前工作的成本，同時也需要有機式結構去執行新產品的模仿開發。

表 5–2　各種策略下之最適組織結構

策　略	最適之結構	說　明
創新策略	有機式結構	結構較鬆散，分工較不專精，正式化程度較低，分權
成本極小化策略	機械式結構	控制較嚴謹，高度正式化，集權
模仿策略	機械與有機式結構二者之混合	對於已從事之工作控制嚴謹；對於新從事之工作控制較鬆

2.組織規模 (organization size)

郵政服務公司有萬名以上的員工，如此的規模不適合在同一棟大樓中工作，也不可能只有幾名管理者。在這種大型的組織裡必有大量的分工和部門化，並制訂許多的程序及規則以確保行動一致，故其決策制訂應是高度分權化的。相反地，一個僅有 10 名員工的傳送服務公司，業務集中於公司所在地，業務量每月只有不到百萬元，這種公司不須分權化的決策制訂，也不需正式的程序或規則。

許多證據顯示，組織規模對於結構的影響很大。舉例來說，大型組織有較大的分工及部門化，有較多的垂直層級，以及較多的規則與規定。

但規模大小與結構之間並非呈現線性關係，而是遞減關係；隨著組織逐漸擴大，影響漸小。例如，一旦公司規模達到 2 千人，它若已是相當機械式的組織，再增加 5 百名員工也不會增添太多影響；另一方面，如果一個原僅 3 百名員工的公司增加 5 百名員工後，組織可能往較機械式的結構發展。

3. 科技 (technology)

最早將科技列為組織結構因素的研究，可追溯至 1960 年代的瓊・伍德沃德 (Joan Woodward, 1916～1971)，她根據研究發現以下兩點：

⑴科技類型和組織結構之間有著不同的關係

科技是建構整體能力以克服氣候變遷、能源和資源有限等全球挑戰之基礎，是國家的競爭力來源，也是整體產業的競爭架構。在歷史的演進中，每一波創新多是以科技發展為基礎，並深刻地影響全球經濟。近年被認為是資訊和傳播技術 (Information and communication technilogies) 及其衍生技術的天下，此影響力預計會延續至 2020 年；下一波則被預期為生技的世代，包含基因工程及分子、細胞和系統生物學的領域，且在往後 10 多年還包括能源和環境技術。這些科技的演變亦將經由市場供需造成經濟型態變遷，在最後階段，利用這些技術的各項服務便將逐漸浮現。

有數個因素可影響科技的發展：轉型技術與技術性科學逐漸趨向一致性、對科技的恐懼、追趕快速科技發展的挑戰，及解決科技與全球議題之間的差異性。這些因素是研究者與政策制訂者該全力合作的重大課題，以克服空間、時間、文化和傳統習慣的阻隔，使新科技能在經濟及環境上永續發展，並為社會和公司的結構所接受。

⑵組織的效能與其科技和結構間相互配合

從效能的角度看來，在各產業裡愈是成功的公司，其階層數目愈是接近各產業的平均數，但並非所有關係都是如此。例如，「大量」生產廠商的複雜程度和正式化程度都很高，而「單項及程序」生產廠商在這兩方面的程度卻都很低。另就規則和管制來說，對「單項」生產所需的非常態性科技而言是不適用的，而對高度標準化的「程序」生產而言，確

又沒有這個必要。

　　經過仔細分析，伍德沃德認為特定的結構與科技的類型確實有所關聯，成功的公司必須能根據其科技類型而調整其組織結構。在各種生產科技類別中，其組織結構層級愈吻合平均數則效能愈佳。她發現組織一個製造廠商沒有其他更好的方法，她認為「單項及程序」生產配合有機式結構之效能最佳，而「大量」生產配合機械式結構之效能最佳。

　　區分科技差異的主要因素是例行性的程度 (degree of routiness)，也就是科技傾向例行性或非例行性的活動，例行性活動的特徵是自動化或標準化的操作，而非例行性的活動則是個別化的。

　　研究結果雖然不能明確指出組織和科技之間存在的關係，但我們可以發現：例行性的工作通常配合較多的層級且部門化程度較高的組織結構，可知科技與正式化的關係密切；另外，研究結果一致指出：例行性與規則、工作說明，以及其他正式文件的存在息息相關。

4.環境不確定性程度 (environmental uncertainty)

　　組織的環境包含了可能會影響組織績效的外在機構或勢力。為什麼組織會受到環境的影響？因為環境存在著不確定性。有些組織所面臨的環境是穩定的，有些則是多變的，具有較高的不確定性。不確定性對組織易造成威脅，因此，組織必須調整其結構以因應之。

　　許多研究證明指出組織的結構與環境的不確定性相關。基本上，少見、多變且複雜的環境，隱含著較多的不確定性，組織也需要較大的彈性，此時適合選擇有機式組織；相反地，在一個豐裕穩定且簡單的環境下，機械式組織將會是個理想的選擇。

㈢有機式組織愈來愈受歡迎的原因

　　環境的不確定性促使組織愈來愈趨向有機化，但有機式組織確實也備受爭議。因為全球競爭迫使組織必須不斷創新產品，並因應顧客對於高品質及快速服務的需求，因此今日管理者面臨瞬息萬變的環境變化壓力時，運用機械式組織已不能有效應付。

　　當然，也有其他因素促使組織傾向有機化發展。1960 年代，多數大型組織皆追求成本極小化以及模仿策略，它們將發明創新的任務交給小組織。後來有些小組織也因此而成功，並搶占了大組織的市場，最後，成功的小組織變成大組織，採取創新策略，並為了適應環境的變化及創新的需要，將大組織分成數個較小且有彈性的單位，同時創造許多自主性的新公司。最後，由於競爭愈來愈激烈，且顧客愈來愈喜歡將產品個性化，組織也愈來愈仰賴非例行性的科技技術。整體來說，更多的創新策略、較小的組織單位以及非例行性的擴大使用，加上環境不確定性，使得組織建構傾向有機式結構發展。

三、組織設計的其他選擇

　　權變方式的組織設計提供了組織的理論架構，也解釋了組織結構的差異。然而，如果僅將組織分為有機式與機械式，仍無法充分反映今日組織的差異與實際情況。我們將在此節介紹多種組織結構設計的選擇方法，首先，介紹幾乎為所有新組織最初所採用的簡單式結構，這種結構在小型公司也相當普遍。

㈠簡單式結構

　　軟體設計公司、小雜貨店以及新成立的家具製造公司有何共同點呢？它們可能都採用簡單式結構 (simple structure)。

　　簡單式結構表示部門化程度低、控制幅度大、權威集中在一人身上，以及很低的正式化程度。簡單式結構屬於扁平式組織，通常只有 2～3 個垂直的層級，員工組織較為鬆散，決策權通常集中在一個人身上。

　　簡單式結構最常被小型企業所採用，這種組織架構下，管理者就是老闆。簡單式結構的優缺點如下：

1.優　點

　　結構相當簡單，對於迅速成立的公司來說，簡單組織是理想的選擇。

2.缺　點

⑴隨著公司成長，簡單式結構的低度正式化及高度集權，會造成高階
主管的負荷過重；當組織規模漸大時，決策會變得緩慢。當組織規
模擴大至 50 人以上時，仍讓老闆兼管理者 (owner-manager) 獨自作
所有的決策是很困難的。在這種情形下，如果不改變組織結構，最
後將造成組織失去動力，導致失敗。

⑵簡單式結構在任何事情皆依賴某一個人的決策，一個人的決策即可
決定組織資訊與決策中心，風險大。

由此兩個缺點可知，簡單式結構決策若正確，就能順利執行；假使
決策錯誤，風險就很高。

㈡官僚式組織

30 年前，官僚式組織 (bureaucracy) 是大公司的標準結構，其特色是
標準化的操作型工作，它的結構特點包括高度分工、正式化的規定與規
則、功能別部門化、集權、控制幅度小等；此外，決策是遵循著指揮鏈
的順序制訂。此種組織的優缺點如下：

1.優　點

⑴能以有效率的方式完成標準化的工作。

⑵將有類似專長的人置於同一個部門，可以避免人事或設備的重複浪
費，員工和同僚較能溝通。

⑶中、低階層的管理者可以不必太有能力，公司仍可以平順運作，因
為大量的工作規則取代了管理的自由裁決權。

⑷標準化的操作加上高度的正式化，這類的組織中除了資深經理人以
外，其他的階層不需要具備太多的創新理念或工作經驗。

2.缺　點

⑴部門間衝突

功能性部門的目標常常越過組織共同的目標，事後責任的劃分模糊，
每當問題出現，官僚式組織的各部門管理者會很快將責任指向其他部門；

反之，若組織的績效良好，又可能爭搶功勞。此缺點我們以下面的故事
對話舉例說明：

　　　　　生產部總經理：你知道的，如果沒有我們製作出來的產品，公
　　　　　　　　　　　　司什麼事都無法進行。

　　　　　研發部總經理：錯了！是我們設計開發了某些東西才使公司得
　　　　　　　　　　　　以運作。

　　　　　　行銷部經理：你們在說什麼啊？是我們賣出東西後，其他的
　　　　　　　　　　　　事才得以跟著發生。

　　　受激怒的會計經理：不論你們製造、設計或賣出了什麼東西，如果
　　　　　　　　　　　　沒有我們呈現結果，沒有人知道發生了什麼事。

⑵抵制變革

　　對官僚式組織而言，只要今天和過去的情況大致一樣，原有的規則
和標準化的操作即可以暢行無阻，然而，一旦情況不適用既有規則，整
個制度就會遭到破壞。

　　所以，反對官僚式組織的人認為它無法迅速回應變化，且阻礙員工
的創意。至 1990 年代，此種組織結構已經落伍，但並非完全消聲匿跡，
正式的程序、制度以及分工等特色仍存在於組織中；然而，管理者近年
來已著手運用較不僵硬的組織結構，並使之更企業化，其方式包括分權
制訂決策、以團隊為基礎來設計工作及發展與其他公司的策略性聯盟等。

㈢矩陣式結構

　　此種結構設計是從特定的功能部門中，挑出有專長的人，讓他們在
一個或多個團隊間工作，而這些團隊是由專案領導人所帶領。基本上，
矩陣結合了兩種部門化的模式，即功能別與產品別。

　　1960 年代，矩陣式結構 (matrix structure) 主要用於航太公司，使公
司具有彈性，且不失官僚式組織之分工所帶來的經濟效益。在 1980 年代
晚期，許多國際性的公司採用修正過之矩陣 (modified matrix)，也就是要

求負責不同國家顧客的管理者，須向同區域的產品別經理報告。矩陣式結構運用於航太工業、廣告業、研發實驗室、營建業、醫院、政治機構、大學、管理顧問公司以及娛樂業。

以功能別進行部門化的好處在於將類似專長的人聚集在一起，不同產品可以共享專才的人力資源，進而避免人事浪費；它主要的缺點是很難協調各功能部門的工作，導致工作無法在預算金額內及時完成。

產品別部門化可促進專家之間的協調，以便及時完工並且符合預算，與產品相關的活動皆有明確的責任劃分，但是仍有活動或成本重複的問題。矩陣式結構就是要保留上述兩者的優點，並避免它們的缺點。

矩陣式結構最大的特色在於指揮鏈的突破，因為每個員工都有兩位上司，一位是功能部門的管理者，另一位則是產品部門的管理者，因而產生雙重指揮鏈督導系統。

圖 5–4 是一個大學商學院所採用的矩陣式結構，特殊的班別（也就是產品）被置於會計系、經濟系、行銷系等各學術系別（即功能性部門）。如此一來，矩陣式結構下的成員有雙重任務，來自各系別以及各班別的任務。例如，教大學部的會計教授，必須向負責大學課程的部門和會計系的系主任報告。

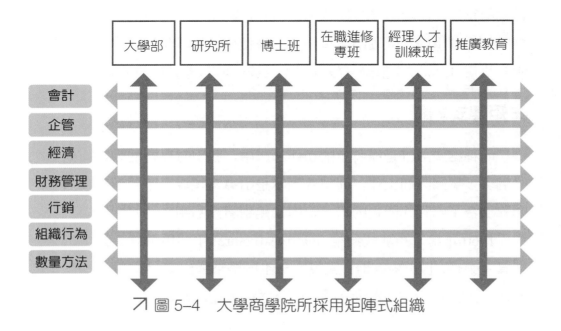

↗ 圖 5–4　大學商學院所採用矩陣式組織

矩陣式結構的優缺點如下：

1.優　點

⑴促進複雜組織中有依存關係工作間的協調

當組織規模漸大時，資料處理的負荷會變重，倘若此時在官僚式結構中，複雜程度高會導致組織更加正式化，不利工作的運行；而若在矩陣式結構中，專業部門間的接觸更直接且頻繁，溝通更容易且有彈性，資訊傳達也更迅速。

⑵有效率的運用專業

當特殊專業人才被分配到其他非本身專業的部門時，他的天分可能無法充分發揮，但矩陣式結構可以提供人力資源有效運用的管道，進而達到經濟利益。

2.缺　點

⑴易製造混淆，造成權力鬥爭

一旦命令一致性遭到破壞，容易造成模糊的狀況，並且形成衝突。例如，誰應該向誰報告規定得不夠清楚，容易播下權力鬥爭的種子。相較之下，官僚式組織因為遊戲規則分明，降低了爭權的可能性。

⑵製造個人壓力

當規則不足以避免爭權時，功能部門與產品管理者的爭戰會發生，對於一些喜愛工作保障且規避混亂的人，這種工作環境會帶給他們壓力；向一位以上的上司報告，會造成「角色衝突」，而上司不明確的期望會造成員工「角色模糊」。

整體來說，矩陣式結構的成敗參半，有些公司非常喜好矩陣式結構，因為得以資訊共享，對於市場的回應速度也較快；相對地，也有公司不喜好矩陣式結構，因為矩陣式結構使得公司決策一事拖延數年，原因在於，在別家公司正積極前進的同時，該公司的製造、工程、行銷以及其他團體仍為了這個矩陣式結構決策爭論不已。

㈣以團隊為基礎的結構

團隊方式的工作組織愈來愈受歡迎，當管理者運用團隊為聯絡協調的焦點時，即是採用以團隊為基礎的結構 (team-based structure)。以團隊為基礎的結構的主要特色在於突破了部門間的障礙，使組織更趨向水平化，並將決策制訂的權力分散至工作團隊中，而這種結構下的員工必須身兼通才與專才。

較小型的公司用團隊結構，即足以定義整個組織，團隊須對大部分的經營問題和顧客服務負全部的責任；而在大組織中，團隊可彌補官僚式組織的不足，使組織既能具有彈性，又可以達到標準化帶來的效率。

今日公司若為了改善生產部門的產能，都採用自我管理型的團隊；若需要設計新產品或協調各專案的公司，則採用跨功能型的團隊。

㈤內部自治單位

內部自治單位 (autonomous internal unit) 的主要特色是將組織分為許多不同的分權企業單位 (decentralized business units)，每個企業皆有自己的產品、客戶、利潤目標以及競爭者等。它自己建立一套市場導向的績效評量方法、獎勵制度、溝通管道等，其運作如同一個自由獨立的公司，因此可以獨立評估績效。

根據估計，約有 15% 的大型組織轉往這類型的結構發展。接下來，我們將以 Magna International 及 Dover Corp. 這兩間公司的實際案例來瞭解內部自治單位。

Magna International 是位於加拿大的汽車零件製造商，其產品從安全氣囊至保險桿幾乎無所不包，共有 88 個工廠分散在 10 個國家，每個分廠負責人有各分廠的完全控制權，且每年可以獲得利潤的 3% 作為紅利，因而受到激勵得以維持企業家精神。

Dover Corp. 是家每年營業額達 30 億美元的公司，擁有超過 70 個事業單位，因此採用內部自治單位的結構。該公司總部僅 22 位員工，他們

的任務是定義公司的策略，並且支援各單位的財務或法律事務；高層主
管希望有最大的彈性去合併或分散其他事業，並期望最小的外力介入，
而每個事業單位的運作如同一個完全自主的單位，近乎完全放手讓企業
單位主管以類似企業老闆的身分去管理所負責的單位。

㈥虛擬組織

「當你能夠以租用的方式使用一項東西時，何必去擁有它?」這問題
抓住了虛擬組織 (virtual organization) 或模組化組織 (modular
organization) 的重點，它是個小型核心組織，主要的企業功能是「外援」
而來。在結構上，它非常集權化，部門化程度很低甚或沒有。

典型的虛擬組織是電影業者，電影公司是大型的垂直結構所組成的，
像華納兄弟娛樂公司 (Warner Bros. Entertainment) 以及福斯廣播公司
(Fox Broadcasting Company) 曾雇用數以千計的專業人員，如劇本設計
師、攝影人員、編輯、導演、以及演員等；現在，大部分的電影都是集
合了一些人或小公司以專案的方式完成的，這種方式使公司得以依需要
選擇最適當的人選，而不是從公司既有的員工中硬湊出來。它降低了官
僚式的經常費用，因為它不必維持一個大型組織，也減低了長期風險和
成本，因為根本沒有所謂的長期存在，團隊完成工作後就解散了。

某家臺灣的虛擬組織，靠著老闆、助理及一位兼職員工，出版了範
圍廣泛的雜誌及行銷產品，但是這間公司僅在臺北某間老房子裡面經營
運作。這間虛擬組織的公司和臺中的某個人簽約，即可雇用當地的編輯
人員以及自由作家，它們使用網路來傳遞作業以及溝通，這些人雖然在
不同的地方工作，但是他們就如同在同一個辦公室裡上班。

當大組織使用虛擬結構的時候，通常是利用其他公司來從事製造。
以 Dell 電腦公司為例，它沒有製造廠，僅有組裝電腦的部門，而零件都
是由其他公司所製造。此外，National Steel Corp. 將它的郵件操作委託其
他公司經營，AT&T 公司將信用卡處理作業外包，Mobil 公司也委託其
他公司處理它的淨化爐維修工作。

　　以上例子皆是追求彈性極大化的最佳寫照。這些虛擬組織利用網路創造合作關係，讓它們能將製造、產品分配、行銷或者其他的企業功能，交給那些能夠以較低的成本且做得更好的公司去執行。

　　與虛擬組織正好相反的官僚式組織，則有很多垂直的管理階層，而且是經由所有權而擁有控制權，在這種組織裡面，研發都是在公司裡執行，製造也是在公司的工廠裡進行，至於銷售及行銷也是由公司的員工負責。為了支援這樣的組織，管理者必須雇用許多人事，包括會計、人力資源專家以及律師；相對地，虛擬組織將許多方面的功能委託給其他公司，本身則專注於核心能力事業。對於公司來說，核心事業主要是指設計或行銷。

　　圖 5-5 顯示了一個虛擬組織將企業主要的功能委託公司以外單位執行的例子，這個組織的核心是一個小的整合團體，主要的工作是監督公司內部活動。在圖 5-5 中，線段部分代表關係，通常是指契約關係。基本上，虛擬組織的管理者用了大部分的時間，利用網路來聯絡協調以及控制外部的關係。

　　虛擬組織的主要優點在於彈性化，允許那些有創意但是沒有很多錢的人與大公司競爭；其缺點在於管理者對企業主要功能的控制力可能降低。

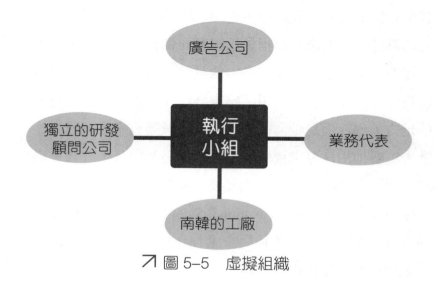

↗ 圖 5-5　虛擬組織

個案探討

　　組織設計涉及到策略性事業單位 (Strategic Business Unit, SBU) 的設計，就是責任中心制度設計，就是組織的績效制度設計。良好的組織設計會產生良好的組織文化，而良好的組織文化會產生組織的綜合效果 (synergy)，使組織更有競爭力。例如有許多服務業，均僱用工讀生，按時計價算工資，時間到就來上班，時間到就下班，根本不關心。組織的績效。以全臺約有 10,000 家便利超商而言，請討論下列的組織設計：

1. 影響便利超商損益最重要的工作內容如下：
   (1) 能提出正確的需求，使得產品銷售周轉率能順暢提高，並減少報廢的比率。請問若以 24 小時便利超商以早班、晚班、大夜班而言，如何在眾多工讀生中，進行組織設計，使得超商營運績效能提高？請加以說明之。
   (2) 咖啡第二杯半價，是超商重要營運項目，如何進行組織共識並宣導溝通，使每位工讀生均願意喊出「咖啡第二杯半價」口號，如果你是店長，如何訓練要求員工有此共識？
2. 無論是 7-11（約有 5,000 家店）、全家（約有 3,000 家店）、萊爾富（約有 1,200 家店）或 OK（約有 800 家店），為了使前線超商得到充分支援，其總部設有營業部、商品部、加盟部、配送部。請以本章組織設計內容說明何謂 line（直線）與 staff（幕僚）？並以超商加以說明之。

關鍵名詞

1. 專業分工
2. 指揮鏈 (chain of command)
3. 控制幅度 (span of control)
4. 集權與分權 (centralization and decentralization)
5. 正式化 (formalization)
6. 機械式和有機式的設計 (mechanistic and organic designs)
7. 簡單式結構 (simple structure)
8. 官僚式組織 (bureaucracy)
9. 矩陣式結構 (matrix structure)
10. 內部自治單位 (autonomous internal unit)
11. 虛擬組織 (virtual organization)

摘要

1. 組織結構乃指「定義工作應該如何正式分工、分組以及協調」。通常我們在設計組織時會考慮到以下六項主要因素：專業分工、部門化、指揮鏈、控制幅度、集權與分權、正式化。

2. 分工可使工作更有效率的被執行，現今則用專業分工或者分工來描述組織內工作被細分為數個小時的程度。分工的精神在於整件工作並非由一人獨自完成，而是將工作區分為數個步驟，且每個步驟是由不同人執行的，每個人僅負責「部分」而非全部的工作。

3. 分工的優點在於，員工重複著同一樣工作，成功地強化該項工作的技能，進而減少該項工作的準備時間。同樣的，站在組織的觀點來說，訓練或尋找重複性的、特定性的，及範疇有限之類工作的員工較為容易且成本較低，這點對於精密度或複雜性高的工作而言，尤其重要。

4. 本世紀的前半期，管理者認為分工是增加產能不變的方法。以往確實如此，那是因為大家未能充分利用分工，所以一旦運用分工，則產能就跟著提升。1960 年代以後，由於分工運用得太過，已到達某個瓶頸，此時開始造成了員工感到枯燥、倦怠、壓力、低產能、低品質，甚至高流動率及高缺勤率也隨之而來。

5. 當分工運用得太過，已到達某個瓶頸時，可藉由「工作擴大化」來提升產能；另外，許多公司也發現，如果「給予員工多樣化的工作」，讓他們可以獨自或以組成團隊的方式作一件完整的工作，員工會有較高的產出，工作滿意度也會提升。

6. 分工以後，必須將各細項、工作予以結合及集合歸納，如此才能協調整合所有的工作任務，這種將工作集合歸納的方式稱為「部門化」。

7. 以「功能」劃分部門，其主要優點是，藉由將類似專長的人員放在一起，可以提高效率；採用「產品」部門化的好處是，有人可以對產品績效負責，因為所有產品相關的活動都有位專屬主管負責指導；如果組織的顧客是散布在一個廣大範圍的情況下，則「區域」型式的部門

化可能就很有價值。

8. 組織並非僅能有一種部門化劃分方式，通常大型組織可以「同時」採用不同基礎來進行部門化。

9. 1990 年代有兩個趨勢：第一，以「顧客別」為部門化基礎，愈來愈受歡迎。許多組織為了迎合並監控顧客需求，特別注重顧客別的部門化；第二，嚴謹的「功能別」部門化，已藉由「跨部門團隊方式」予以補強。由於工作任務愈來愈複雜化，需要多樣的技能才能完成工作，管理者已傾向採用跨功能性團隊方式來完成任務。

10. 指揮鏈描繪組織中由最高層級的權威延伸至最低層級的員工之間的條狀連續線，此線清楚劃分誰應該向誰報告，它並回答員工諸如此類的問題：「如果有問題，我該找誰幫忙解決?」以及「我應該向誰負責?」

11. 「職權」指管理者具有之命令權，以及要求命令被遵守的權力，為促進聯絡協調的目的，管理者都被賦予某種程度的權威，以便符合他們履行責任的需要；「命令統一」則幫助維護指揮鏈之連續性，它認為每個人都僅該對一個上司負責，如果命令的一致性被破壞了，部屬可能會面對不同上司不同需求而發生衝突的窘境。

12. 20 年前，一些資訊只開放給管理者知道，而現在電腦科技的進步，使得員工經由不正式的聯絡管道即可以和任何人溝通。尤有甚者，操作型員工漸漸被賦予決策權，權威和指揮鏈的觀念已逐漸被打破。除此之外，「自我管理式」團隊以及「跨功能式」團隊已廣受歡迎，這些新的組織結構設計，容許個人聽命於數個上司，因此，命令統一也變的較不重要。然而，不可否認，許多組織仍在指揮鏈觀念的運作下，產能才能最佳，只是這類型組織在今日愈來愈少了。

13. 「一個管理者可以有效率且有效能地管理幾個部屬?」這類有關控制幅度的問題很重要，因為它決定了組織的層級和管理者數量，當控制幅度大時，組織就愈有效率。

14. 較寬的控制幅度在成本方面也是比較有效率的，但在某些方面，較寬的控制幅度可能會減少效能。也就是說，幅度過大時，上司無法提供

必要的領導與支援，進而影響員工績效。

15. 支持控制幅度小的人認為，5 至 6 人的控制幅度可以讓管理者維持嚴密的控制。然而，其缺點有三：

　(1)因為管理層級太多，使得成本太高。

　(2)垂直的溝通管道過於複雜，決策速度減慢，最上層的管理者容易被孤立。

　(3)控制幅度小的組織鼓勵嚴謹的監控，使員工缺乏自主性。

16. 近年來的趨勢較傾向控制幅度大的組織，且幅度變寬的趨勢與近年來各公司努力的方向較為一致，這些方向包括：縮減成本、加速決策制訂、增加彈性、更接近顧客、授權員工等等。

17. 為了不影響員工績效，組織也投入許多成本於員工訓練工作上，管理者已體認到，如果員工對工作的內外相關事項皆很瞭解，那麼在遇到問題時，會先找同事討論，如此一來，管理者有餘力去管理更多的人。

18. 集權一詞是指組織中決策權集中於某一職位的程度。這種觀念涵蓋的只有正式的權威，也就是某個職位本身具有的正式權力。通常，如果組織中的主要決策是出自高階主管制訂，並採用極少的低階人員的意見，那麼這種組織是集權式組織；相反的，如果低階主管擁有愈多的裁決權去制訂決策，則該組織的分權程度愈高。

19. 分權制決策的趨勢與今日管理者致力於建立具有彈性及回應性之組織的行動一致，在大組織中，較低階的管理者與行動者的階層較接近，通常他們對於問題的細節也較瞭解。

20. 組織間的差異並非偶然或隨機發生的，大部分的組織是經由資深經理花很多時間去設計一個合適的結構。而一個合適的結構須視「策略、組織規模、科技，以及環境不確定性程度」等四項權變變數而定。使用這些變數來選擇合適結構的方式，稱為「權變方式的組織設計」。

21. 機械式組織是控制嚴謹的結構，其特色是高度分工、極度部門化、控制幅度窄小、高度正式化、有限的資訊網路（大多是由上而下），以及極少低階的決策人員參與決策制訂。

22. 在理想的情況下，機械式組織可視為一臺效率機器，透過規定、規格使之例行化，並以控制為潤滑劑。這種組織型態，試著將個人性格、判斷以及模糊性所造成的影響降至最低，因為那些影響被視為是無效率或造成不一致性的來源。

23. 有機式組織沒有標準化的工作或規定，具有組織彈性，能配合需求而改變或調整，也有分工制，但工作並非標準化。員工受過高度訓練，並被賦予權力制訂與工作相關的決策，有機式組織高度地依賴團隊的使用，因此需要極少的規則與規定。員工的高技能、接受的訓練以及團員之間的互相支援，使得正式化和嚴密的控制變得沒有必要。

24. 組織結構是幫助管理者達成目標的手段，而目標乃是導源於組織整體策略，所以在合理的情況下，策略和結構應有緊密的連結，尤其是「結構」應追隨「策略」，如果管理者在組織策略上做重要的改變，則在結構上也需要作修正以便於適應和支持這項改變。

25. 策略結構焦點在 3 個構面：創新、成本極小化、模仿。

26. 「創新者」需要有彈性的有機式結構，「成本極小化者」追求機械式結構所具有的效率與穩定，「模仿者」則兼具二者的特性，亦即需要機械式結構來維持控制和降低目前工作的成本，同時，也需要有機式結構去執行新產品的模仿開發。

27. 許多證據顯示，組織規模對於結構的影響很大，就像大型組織有較大的分工及部門化，有較多的垂直層級，以及較多的規則與規定，但規模大小與結構間，並非呈現線性關係，而是遞減關係；即是隨著組織逐漸擴大，影響漸小。

28. 科技類型和公司的結構之間有著不同的關係；公司的效能與其科技和結構間有著配合的關係。

29. 特定的結構與科技的類別確實有所關聯，成功的公司必須能為其科技類型而調整其組織結構。在各種生產科技類別中，其組織結構層級愈吻合階層數目的平均數則效能愈佳。

30. 單項及程序生產配合有機式結構之效能最佳，而大量生產配合機械式

結構之效能最佳。

31.區分科技差異的主要因素是「例行性」的程度，也就是科技傾向例行或非例行性的活動，例行性活動的特徵是自動化或標準化的操作，而非例行性的活動則是個別化的。

32.愈少見的、多變的以及複雜性的環境，隱含著愈多的不確定性，組織也需要較大的彈性；相反的，在一個豐裕穩定且簡單的環境下，機械式組織將會是個理想的選擇。

33.更多的創新策略、較小的組織單位以及非例行性的擴大使用，加上愈來愈多的環境不確定性，使得組織建構傾向有機式的結構發展。

34.簡單式結構表示部門化程度低、大的控制幅度、權威集中在一人身上以及很低的正式化程度。簡單式結構最常被小型企業所採用，這種組織架構下，管理者就是老闆。

35.官僚式組織的特色是標準化的操作型工作，它的結構包含了「高度分工、正式化的規定與規則、功能性的部門化、集權、控制幅度小」，另外，決策則是遵循著指揮鏈的順序制訂。

36.矩陣結構最大的特色在於「指揮鏈」的突破。矩陣式結構中，員工有兩位上司，一位是功能部門的管理者，另一位則是產品部門的管理者，因而產生了雙重督導系統。

37.當管理者運用團隊為聯絡協調的焦點時，即是採用團隊結構。團隊結構的主要特色在於，它突破了部門間的障礙，使組織更趨向水平化，並將決策制訂的權力分散至工作團隊中，而團隊結構下的員工必須是通才也須是專才。

38.在大型企業中，團隊基礎的組織結構經常是官僚式，這種方式其實給予大型公司同時獲得標準「官僚式的效率」及「團隊基礎的彈性」。

39.在今日，公司若為了改善生產部門的產能，都採用自我管理團隊方式；若需要設計新產品或協調各專案的公司則採用跨功能性的團隊。

40.內部自治單位其主要特色是將組織分為許多不同的分權企業單位，每個企業皆有自己的產品、客戶、利潤目標以及競爭者等。它自己建立

一套市場導向的績效評量方法、獎勵制度、溝通管道等，其運作如同一個自由獨立的公司，因此可以被獨立評估績效。

41. 「當你能夠以租用的方式使用一項東西時，何必去擁有它？」這問題抓住了「虛擬組織」或「模組化組織」的重點，它是個小型核心組織，主要的企業功能是外援而來。在結構上，它是非常集權化的，部門化程度很低甚或沒有。

42. 虛擬組織創造出一種網路的關係，這種關係能夠讓他們將製造、產品分配、行銷或者其他的企業功能，交給那些能夠以較低的成本且做得更好的公司去執行。

43. 與虛擬組織正好相反的是典型的官僚式組織，官僚式組織有很多垂直的管理階層，且是經由所有權而有控制權，而虛擬組織則將許多這方面的功能委託給其他公司執行，虛擬組織本身則是專注於它自己的核心能力事業。

複習與討論

1. 何謂組織？通常我們在設計組織時需考慮到哪些主要因素？一個合適的結構需考量哪些權變變數？

2. 請試著以圖形來分析解釋分工與產能兩者間的關係。

3. 請分別對有機式組織及機械式組織兩種通用組織設計的特色詳細說明之，並說明為什麼有機式組織會成為現今較受歡迎的組織？

4. 請以最近決策結構焦點的 3 個構面：創新、成本極小化、模仿來分析說明決策對結構的重要性。

5. 請簡述「簡單式結構、官僚式結構、矩陣式結構、以團隊為基礎的結構、內部自治單位、虛擬組織」六種組織的特色。

6. 請試想虛擬組織與官僚式組織的最大不同處。

7. 請解釋以下名詞：

(1)控制幅度。

(2)指揮鏈。

(3)正式化。

(4)分工。

(5)集權與分權。

(6)跨功能型團隊。

(7)自我管理型團隊。

第 6 章
計畫程序

前　言

　　現代企業營運的環境是個高度動態的環境，因此，企業需要審慎制訂目標，並有系統地研擬達成目標的計畫。事業機構層次較高的經理人，應多注意長程計畫或策略計畫，較低層次的經理人則應多重視作業計畫。

　　在觀念上，策略計畫非常簡單。所謂策略計畫是分析現在和預測未來的形勢，以決定公司的方向，並發展達成任務的方法。但事實上，此類計畫的過程非常複雜，因為它需要以系統的方法，辨識並分析企業外在環境，並且使之與公司的能力相配合。然而，今日的高階層經理人並未對策略（長程）計畫給予必要的重視；相反地，他們多將時間花在訂立短程目標及營運成果方面。甚至許多最高管理者認為組織的綜合計畫可以授其部屬擬訂，一等到部屬擬訂完成，他們便如釋重負，但問題是這樣一來容易疏忽組織的長遠發展。

　　所謂綜合計畫是一種程序，組織的每個部門均須認定自身的目標及如何達成目標。在此程序中，各部門的目標均須分別與其上級與下級單位的目標相互配合，使組織的全部群體均向同一基本目標邁進。

　　時至今日，不但大型企業採行了綜合計畫，中、小型企業也已在推行綜合計畫。事實上，規模較小的公司也開始瞭解這一層道理：儘管資源有限，但它們也需有與大型企業相類似的計畫工作。這種態度今後仍將繼續擴散。

一、策略計畫

策略計畫 (strategic planning) 是什麼？策略管理學家史丹勒 (George Steiner) 的定義是：

所謂策略計畫，是一種機構決定其主要目標的一套程序；並為了達成此一目標，釐訂各項政策及策略，以規範所需資源的取得、使用及處置。

組織的策略計畫為組織發展提供了長程導向。策略計畫為下列三大基礎的產物：

1. 組織「基本的社會經濟目的」(social economic purpose)：包括組織的「生存需要」（利潤）及其「社會需要」（社會功能）。
2. 組織「高階管理人員管理的價值和信念」：說明高階管理人員對待顧客及員工的態度，其必影響該機構的策略計畫。
3. 組織對「內外在環境的優勢和弱點的評估」。

上述策略計畫的三大基礎彼此相互關聯，如圖 6-1 所示。

↗ 圖 6-1　策略計畫之三大基礎

㈠基本的社會經濟目的

近年來，企業重新檢討其「存在」宗旨者，已日益增多。舉例來說，福特 (Ford) 早期進入汽車事業時，認為其基本使命乃在為大眾提供「交通」這項基本需要：也就是供應車輛，讓社會大眾順利從甲地前往乙地。但 1990 年通用汽車 (General Motors, GM) 將這觀點擴大，認為汽車不只是必需品，同時也是奢侈品。結果通用汽車推出了更廣泛的產品線，為顧客提供了更多價格更高的超級產品。

尤有甚者，許多事業不僅檢討其產品線，更進而從市場定義的觀點來認定自身業務。茲將常見的幾類事業重新認定後的業務列如表 6–1。

表 6–1　各業別之基本社會經濟目的

公司業別	自認從事的業務（市場定義）
複印機業	多功能事務機的事業
石油業	能源事業
化妝品業	美的事業
電視機製造業	教育育樂事業
電腦業	資訊處理事業
百科全書業	資訊開發事業
肥料業	減少世界飢餓人口

凡為經理人者，皆應認清的事實是：一個組織的產品會因時而異地加入新產品／新市場，但該組織的基本市場則必維持不變。例如產品原為汽車，盡可改為電動車，但該組織仍處於運輸市場。由此乃可制訂組織的基本任務。茲再舉若干公司的實例如下：

1. 福斯 (Volkswagen) 國民車：以對民間交通提供一種經濟的交通方式為任務。
2. AT&T：以提供快速和有效的通訊能力為任務。

3. IBM：以配合企業界解決問題的需要為任務。

4.殼牌石油公司 (Royal Dutch Shell)：以解決人類的能源需要為任務。

5.國際礦業及化學公司：以提高農業生產力，解決世界飢餓問題為任務。

　　一個組織惟有明訂其社會經濟目的，並在情勢變動時配合修訂，才能確定其基本任務，研究策略計畫也才不致有重大的困難。

㈡高階管理階層的價值與信念

　　近十年，社會責任的課題極受重視，機會平等、生態問題及消費者運動等等，均已成為管理階層考慮和行動的焦點。為什麼這類問題會受到重視？部分原因是外在力量的促使，例如政府立法；但更重要也常遭忽略的一項因素，即是企業界本身自動採行了種種社會方案，因為事關高階管理人員的「價值與信念」問題。

　　在組織中，管理者必然會將其價值一併導入。每一個世代，均有其不同的價值，1980 年代的經理人大部分出生於 1930～1945 年，還沒忘記 20 世紀早期的經濟大蕭條以及第二次世界大戰，更沒忘記 1950 年代和冷戰。這些都是恐怖的往事，也正是他們價值之來源。他們的價值與過去世代有何不同呢？一般來說，1980 年代經理人的社會意識較為強烈，他們較關切生活品質，領導作風也更富參與性。可以想見，他們的這些價值必將影響他們經營組織的策略計畫。相較之下，現階段的經理人更重視獨立自主、自我實現的能力，以本身特殊的觀點主動影響未來趨勢，並持續對未來的高度投入。

㈢企業環境的評估

　　檢討環境有助於管理階層認清組織的優缺點，並以此結果為基礎來制訂目標。組織在評估其外在環境時，主要是運用預測。

1.外在環境預測

　　外在環境預測有多種不同的方法，以何種方法為宜，當視管理階層希望知道什麼而定。但有一點是非常明確的：環境愈經常變動，變動愈

大，則組織愈需要蒐集有關環境的資料。

外在環境是指組織範圍外會影響組織的任何面向，包括經濟、法律、政治、社會文化、國際以及科技力量。

一般環境	組織周遭的一套廣博的構面與力量，創造了組織整體的環境
經濟構面	指組織所營運的經濟系統，其整體之健全與活力
科技構面	指可取得之將資源轉換成產品或服務的方法
任務環境	影響一個組織的特定外部組織或群體 ⑴競爭者：通常是那些與其爭搶資源的其他組織 ⑵顧客：任何花錢取得組織產品或服務的人 ⑶供應商：指提供資源給其他組織的組織 ⑷立法者：乃指具有潛力去控制、立法、或影響組織政策與經營的團體 ⑸合作夥伴或策略聯盟：指一個組織與一個或多個其他組織，以合資或類似方法合作

如果說頂尖的大公司必須挺得住外在環境變動，那麼這也正可推斷：較小的企業僅因為規模較小，財力不夠雄厚，因此必須更能夠挺得住大變動。較小的企業也因此更需要預測未來的變動。但不論推斷為何，我們誠懇的奉勸各位讀者，務必記住知名的經濟學者端納 (Robert Turner) 的一段話：

企業預測是無可避免的。每一項企業決策，均或明或暗的牽涉一項預測；蓋因所謂決策，原即係針對未來。一位決策人，雖然不會深信預測而不疑，也不會完全依賴預測，但他必然應該對一項預測在他的計畫中給予應有的分量。

⑴經濟預測

經濟預測 (economic forecasting) 是最常見的一種外在環境預測。經濟情勢上揚時，許多企業的情況可以改善，銷貨及投資報酬率均將提高；反之，當經濟趨劣，則將出現不良情勢。總之，諸般情況均將視經濟情

勢而定，而經濟情勢可由國內生產毛額 (GDP) 或國民生產毛額 (GNP) 等
衡量經濟成長的指標來推測。

①外推法預測

外推法 (extrapolation) 是經濟預測中最簡單的方法，也就是將當
前的情勢延伸於未來。例如，某公司 2016 年、2017 年及 2018 年的
銷貨情況如下：

年	銷貨金額
2016	$100,000
2017	$200,000
2018	$300,000

我們根據上表運用外推法，其後 10 年內該公司的銷貨成長率很
可能每年增加 $100,000。一般說來，外推法不太可靠，蓋因這樣的
預測並未考慮經濟循環中的環境變動。不過，人口成長預測或國民
壽命預測之類的某些課題，外推法可能相當準確，不失為可用的預
測方法之一。

②領先指標與落後指標預測

依美國國家經濟研究所 (National Bureau of Economic Research,
NBER) 的研究，每逢經濟發生上揚或下趨的變動時，某些指標會更
早就出現變動，某些指標則與經濟變動相合，而另一些指標則較為
落後，因此可分為領先指標 (lead indicators)、同步指標 (coincident
indicators) 及落後指標 (lag indicators)。其中領先指標為預測者最感
興趣者，因為這些指標是提供未來情勢的最好線索；不過，落後指
標也有助於呈現變動的情況。

領先指標	● 平均每週工作小時數 ● 新企業設立數 ● 新建築執照核發統計

	• 產業普通股股價指數 • 公司稅後盈餘指數 • 耐久性商品新訂貨統計 • 消費者商品分期付款信用統計
同步指標	• 工業生產指數 • 電力（企業）總用電量 • 實質製造業銷售值 • 批發零售及餐飲業營業額指數 • 非農業部門就業人數 • 實質海關出口值 • 實質機械及電機設備進口值
落後指標	• 企業界對工廠及設備支付費用 • 失業率 • 銀行短期貸款利率 • 製造業存貨 • 普通貸款及產業貸款未還本金額

藉由領先及落後指標進行預測，事實上只不過是將某一批數字放進一個數學方程式，因此若要確定某一指標變化的衝擊，還得有質的研判。舉例來說，當住宅用建築執照的核發數增加、耐久性商品的訂貨增加、平均每週工作時間也增加，則一國的 GNP 可能隨之增加，可是這就表示某家公司的股價會上揚嗎？若照指標推斷，答案應是肯定的，但實際情況如何，誰也沒有把握。因此需要牢記的是，相關指標的預測僅是一種較為合理的猜想，僅可以作為參考之用。

③計量經濟學預測

計量經濟學 (econometrics) 也是今天普遍應用的一項預測技術，它將相關的重要變數容納在一系列的數學方程式中，然後經由這些方程式，以各項假定為基礎進行預測。這樣的預測技術可使預測者獲得不同情況下的數字。情況大致可分為三種：樂觀 (optimistic)、最可能 (most likely) 及悲觀 (pessimistic)。

預測結果經由適當分析後，當能用於產業界。舉例來說，假如

通用汽車公司估計，在悲觀情況下汽車銷售量為 120 萬輛，在樂觀情況下為 140 萬輛，而該公司的市場占有率將分別為 46% 及 51%；則該公司的銷售量，當在 552,000 輛 (= 1,200,000 × 46%) 至 714,000 輛 (= 1,400,000 × 51%) 之間。有了這樣的資料，通用汽車便可預擬一份公司的損益表，估算不同銷售量下的損益，並能據以估算生產成本及推銷成本。而且，預測者還可以視其需要，假定其他因素不變，而將某一因素作適當的變動，以估測可能的影響。例如提高 15% 的廣告費，對公司的銷貨將有怎樣的影響？總之，計量經濟學模式之價值所在，乃在於其不但有助於公司預測將來，還可以假定策略改變時，預測可能發生的影響。

⑵**技術預測**

　　許多公司常運用所謂的技術預測 (technical forecasting)。技術預測有兩種方式：一為探索式預測法 (exploratory forecasting)，一為規範式預測法 (normative forecasting)。

探索式預測法	1.探索式預測法係以現有的知識為起點，考量技術進步，據而推斷未來；這是一種比較消極性的預測。運用探索式預測法的人士通常有一項基本假定：認為未來的技術進步必與當前進步的速度相同，且認定此一趨勢不致受其他外在情勢的影響。倘有必要，他們寧願在預測後，另行揣測其他非技術環境對預測的可能影響 2.一般而言，探索式預測法實施較為容易，也可以幫助公司發現是否可打入某一市場、是否可能遭遇某項競爭，以及是否易於擴充某一業務等等的跡象
規範式預測法	1.規範式預測法通常是先認定某項未來的技術目標，例如未來目標認定應建立第一間連鎖店。確定目標後，再由目標向前推，推至目前為止，逐步認明其發展路程中可能遭遇的障礙。而所謂障礙，應注意兼及技術上及非技術上的因素 2.舉例來說，建立一個連鎖店，可能有些什麼科技困擾？公司的撥款在時間進度上是否能一如我們的估計？倘若與「探索式預測法」相比較，我們可發現規範式預測法顯然較為積極而有效、明確

⑶政府措施的預測

　　任何公司均逃不出政府管制的影響。舉凡企業機構，均必須面對眾多法令，有的是防止獨占，有的是促進競爭，有的是鼓勵企業的道德責任。此外，企業界也相當關心政府的金融措施。

⑷銷售預測

　　企業機構預測一般經濟的情況，是為了預測本身的銷售。有些公司採用計量經濟學的方法來作銷售預測，但計量經濟學需要人才，不是每一家企業都能輕易執行。企業為了取得實在的銷售預測，包含能夠銷出的產品或服務數量、銷售對象、時間及方式等，第一步是先查看自己的銷售記錄，獲得第一手資料，例如什麼類型的貨物銷售狀況最佳、銷售的對象、地區及顧客等。此外，企業亦能從國發會、經濟部、外貿協會及各公會和商會等處，獲得銷售預測的參考資料。

　　此外還有幾項輔助性的方法：

銷售預測委員會	由企業各相關部門的主管組成,有時委員單獨作業,有時大家齊聚一堂共同研究。無論以哪種方式進行,均須提出各人認為可能達成的銷售數字。此外，公司也可能由市場研究經理提出預測，再由銷售預測委員會委員審核、修改
草根法 (grass-roots method)	對公司推銷員之調查。公司的銷售團隊站在銷售的戰場上，對於什麼貨物適合銷售應有一套看法。公司的銷售經理蒐集他們的看法，整理後遞呈上級，再將其與公司幕僚人員的銷售預測對照。最後再予以必要的修正，才算是銷售預測的定案。其主要的優點是融合了從事實際銷貨作業銷售員的意見
用戶期望法 (user expectation method)	公司派人出去實地詢問，以期得到客戶的看法。當然，有的客戶口頭說的是一回事，實際做的又是一回事，但倘若能蒐集到數量足夠的客戶樣本，應可抵銷部分客戶口是心非的反應

2. 內在環境的評估

外在環境的預測為組織提供極重要的計畫資料，有了這類資料後，尚須加上內在環境的評估，尤其是有關「公司內在優勢和弱點」的評估。在作這項評估時，管理者必須注意兩層因素，即物質資源 (material resources) 與人力才幹 (personnel competence)。

(1)物質資源

公司的產能及現金、設備及存貨等固定資產，乃是釐訂策略計畫的工具，常能成為公司某種特殊策略的依據。舉例來說，某公司擁有龐大的產能，則其固定費用必大；但倘使能夠充分利用產能，則此項成本雖大，當也能分攤於各項產品，使平均單位成本降低。如此一來，該公司仍可制訂低價策略從事競爭。反過來說，規模較小的製造業，固定費用雖小，但分攤此項成本的產品數也小，便不可能在價格上與對手作面對面的競爭，因此必須另訂策略。例如，其產品價格雖高，但是同時兼採高度的個人推銷 (personal selling) 策略，增加對手與他對戰的難度。

評估內在的物質資源還有另一個理由，就是為了確知公司本身的財務能力。但另一項問題是：一家公司對於某一策略計畫，究竟應該維持多久的時間呢？答案很簡單，當該項策略無利可圖或不敷其成本的時候，便該收手。不幸的是，許多公司制訂的策略計畫，多未配合其內在的物質資源；因此我們時常看見這些公司不斷修改計畫。所以，我們須知道一項策略計畫必須切合其內在的物質資源狀況。

(2)人力才幹

每一個組織機構的人員，均必有其特殊領域的才幹。換言之，在某些業務方面，他們能表現得極為優異。大家都知道，真正出色的人才為數不多，若能延攬晉用，對公司長期競爭力必然大有助益。易言之，即使整體人力供需呈現買方市場，但在金字塔上層，卻依然是賣方市場。因此，設法使這些優秀人才覺得公司有吸引力，是極具策略意義的任務。

待遇、前程、公司的績效與遠景，乃至於股票分紅的可能性，都是吸引人才的重要因素。然而，組織文化與各級主管的領導風格也不可忽

略，對一些志向較遠大、更有理想的年輕人而言，這些比待遇或分紅更重要。因此，一項策略計畫既然須以公司實力為基礎，則有關人力才幹的評估，便確是一項重要考慮。

二、開發適當的利基

作了外在環境變動和內在環境情況的評估後，企業機構可進而建立其管理哲學、社會經濟使命以及遠程目標。但在研討這些課題之前，我們應該注意：任何一項策略計畫的制訂，均必須針對某項特定利基 (niche) 的發展或利用。

利基是指一個組織必須找出其最有成就之處，從而建立實力。以臺灣三大報與蘋果日報為例，蘋果日報登臺後，一連串的行銷策略使得全國三大報不得不繃緊神經應戰。如中國時報、聯合報將零售價從每份新臺幣 15 元降為 10 元以為因應；自由時報則以贈送汽車的方式吸引讀者。在另一方面，蘋果日報的編輯方式與內容呈現更是衝擊著臺灣的報紙，使得臺灣報業不斷創新改版。在美伊戰爭發生後，臺灣的三大報不約而同的採用大圖片、大標題及多表格的編排方式來報導美伊新聞，便可見一斑。

儘管蘋果日報的登臺，引發了另一場戰爭，擾亂了臺灣原有的報業生態，但從尼爾森 (Nielsen) 的調查也發現，自從蘋果日報加入戰局後，臺灣一些綜合性大報均銳意改革，開發新的發行市場，使得整體的閱報率一改下跌現象，呈現上升趨勢。良性競爭啟動臺灣報業邁向新紀元。2003 年，蘋果日報來臺創刊，以著重圖片以及視覺化之圖表作為最大賣點，採用全彩印刷，打破當時臺灣讀者的閱報習慣。而這兩大媒體係屬香港「壹傳媒集團」旗下，在臺發行數年來，仍能維持一定的發行量。也因此，國內媒體在備感壓力的情況之下，主流大報漸漸趨向「蘋果化」，而每週三出刊的《壹週刊》也成為該週是否有重大爆料的媒體參考指標。遺憾的是，本應作為主流媒體典範的正派大報，也因市場遭到瓜

分，漸漸地失了身為主流大報的風範。就是所謂「實力領導」(leading form strength)。臺灣三大報應找到本身最有成就之處，走出利基市場，任何產業須知每一個組織的策略計畫，均應由「該組織的實力」出發，依其實力而定成功的策略。

然而，今日許多企業機構卻並不是憑實力領導的；它們沒有發揮本身的實力，卻反為環境所困，對環境作防禦性的因應。事實上，常見許多經理人整日忙著解決各項小問題，而沒有勇敢利用自身實力；他們沒有策略性或長程性的計畫。就像某些棋友，但求眼前能吃到一塊地盤，而沒有注意到棋勢的長遠發展。

一個組織瞭解了本身才能所能有效發揮的利基後，便應集中注意力於若干目標。杜拉克曾說，成功的經理人不會把利基範圍擴大得太廣，一旦找到了適當的利基，就該徹底發揮。杜拉克在《管理者的挑戰》這本書並提出了下列幾點原則：

1. 經理人必須針對少數幾項產品、產品線、服務、顧客、市場、配銷徑路以及產品用途等，集中力量，以期最大收益；對於耗用成本較高的產品，由於產品價值小，因此應盡可能少花心力。

2. 幕僚人員的努力也必須集中用在少數真正有效果的業務上，始能獲致經濟成果；對於其他業務所耗用的時間與人力能省則省。

3. 欲求有效控制成本，須將時間和精力集中用在少數幾項一針見血的問題，其改進也對企業績效產生最大的作用。換言之，雖然效率增加小，但經濟效果的增加卻最大。

4. 經理人必須將各項資源，尤其是高級的人力資源，分配於最能產生高度經濟成果的業務上。

許多公司即成功運用上述基本原則，開發公司適當的利基。例如奇異電器公司 (General Electric Company, GE Company) 採用策略事業單元 (strategic business units, SBU) 的方式來處理策略計畫：管理階層首先為公司認定了若干項策略事業單元，再根據系統化分析的結果，放棄賠本的業務，並加強成功的業務。策略事業單元應具有下列特性：

1. 應為一項單一性的業務，或是若干項相關業務的集合。

2. 應有一項特殊的使命。

3. 應有其本身的競爭對手。

4. 應有一位經理人主持。

5. 應由一項或數項方案及職能構成。

6. 公司推行策略計畫，此一策略事業單元應能受益。

7. 此一策略事業單元應可單獨規劃，不受公司他項事業的影響。

　　公司認定的策略事業單元，可能是指某一事業部或某一事業部中的某一產品線，也可能只是某一單獨的產品。但是，一家公司不論其認定的策略事業單元如何，認定的過程中均必須檢討其現有及預期的績效。例如奇異電器的業務多達 40 餘項，每項業務都得考慮許多因素，如銷貨、利潤、投資報酬率等計量因素，以及市場占有率、科技需求、員工忠誠度、競爭同業的情勢、社會需要等難以數字表達的因素構面，要一一檢討相當困難。因此，奇異電器為每年一度檢討公司的計畫，建立了一項策略規劃評估格式 (strategic planning grid) 的方法，如圖 6-2 所示。此項格式有兩項座標：一為產業吸引力 (industry attractiveness)，一為企業實力 (business strength)。公司根據這兩項因素組合的評估（高、中、低），決定某一業務：(a)應予投資及求其成長；(b)應予減少投資；(c)應續行蒐集較多資料再作研究。

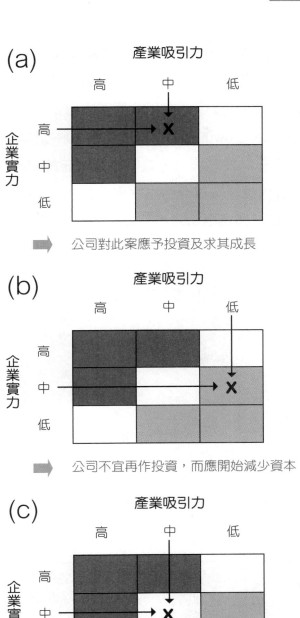

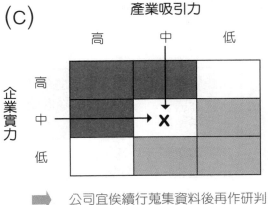

⤴ 圖 6-2　策略規劃評估格式 (strategic planning grid)

除此之外，波士頓顧問群 (Boston Consulting Group, BCG) 也有類似的分析方法，係將公司認定的各項策略事業單元分別歸類於 BCG 矩陣 (BCG matrix) 中。在圖 6-3 中，此矩陣的縱座標為各策略事業單元的年度市場成長率 (market growth rate)，以成長率 10% 為分界，分為高成長率及低成長率兩部分；橫座標為各策略事業單元的相對市占率 (relative market share)，乃針對該事業單元的市占率相對於同業中最大競爭對手而言，以 1.5X 為分界，將相對市占率分為高、低兩部分。

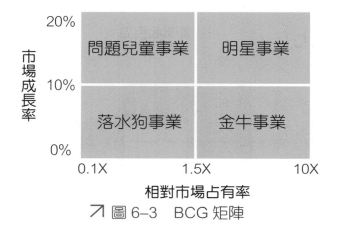

↗ 圖 6-3　BCG 矩陣

矩陣中的 4 個象限，分別表示策略事業單元的不同現金流量情形，茲說明如下：

明星事業 (stars)	此類事業單元有賴大量現金的支持,以因應其快速成長的需要。將來成長率降低後，事業單元將演進為金牛事業
金牛事業 (cash cow)	此類事業單元常可流出大量現金,以支持其他策略事業單元及供應公司資金之需
問題兒童事業 (problem children)	此類事業單元需要大量現金，始足以維持其市占率；倘若欲提高市占率，則需要的現金更多
落水狗事業 (dog)	此類事業單元或能產生現金維持其本身的營運,但是公司不能盼其成為大量現金的來源

　　經過此項檢討，管理階層必須對每一個策略事業單元分別訂定一項策略。一般來說，如果是問題兒童事業，市占率有上升的希望，則公司應採扶植 (build) 的策略，冀其成長為明星事業；如果是金牛事業，則公司應採堅守 (hold on) 的策略；如果是力量較弱的金牛事業，或前途欠佳的問題兒童事業，則公司應採收割 (harvest) 的策略；如果是落水狗事業，則公司可能採轉移 (divest) 或收割 (harvest) 的策略。

三、長程目標及中程目標

　　組織應釐訂一項長程目標，其基礎在於組織的社會經濟目的、高階經理人的價值觀、對內外在環境分析的結果。試以一製造業公司為例，請參考圖 6-4，其中某些較常見的目標，應與製造、財務及行銷等相關；但是在釐訂長程目標時，這類目標的項目有欠明確。

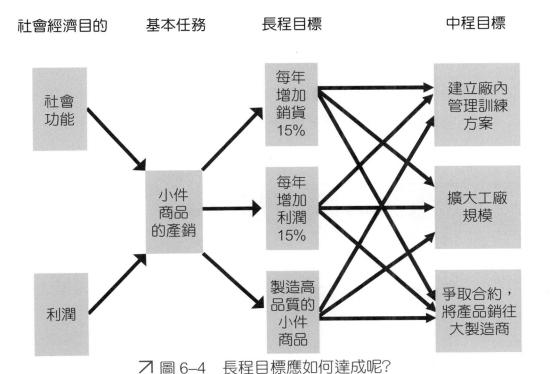

↗ 圖 6-4　長程目標應如何達成呢？

　　舉例來說，假定公司將建新廠列為中程目標，此時應將此一目標具體化，俾使之具備行動導向。例如⑴選派調查小組，前往勘查工廠廠址；⑵選定最佳地點為廠址；⑶招標建廠等。

　　圖 6–4 長程目標，有一項「每年增加銷貨 15%」。試問此一目標應如何達成呢？⑴明訂中程目標。例如，爭取某一大製造公司的推銷合約；擴大工廠規模及建立廠內管理訓練等；⑵長程目標均與公司的基本任務相關聯；而該項基本任務，又與公司的社會經濟目的相關聯。換言之，小件商品的產銷（基本任務）一方面能帶來利潤；一方面也能達成某向社會功能（社會經濟目的），滿足社會對此一商品的需要。因此，我們看到的是整套的「目標的相互關聯的層級關係」(interrelated hierarchy of objectives)。公司有了策略計畫，則自能認定其長程目標，從而由長程目標推演出中程目標來。

四、作業計畫

　　作業計畫 (operational planning) 是短程的，是公司最基層及中層主管花費大部分時間來執行的計畫。作業計畫與策略計畫的關係請參見圖 6–5。我們不妨將策略計畫看成一份長程目標的清單，而作業計畫只是一項執行方案。

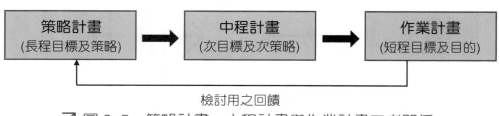

↗ 圖 6–5　策略計畫、中程計畫與作業計畫三者關係

　　作業計畫自其釐訂階段至執行階段間的時程，有長達 10 年者，但通常以 5 年最為普遍。輔仁大學應用統計研究所曾作過一項調查，在接受調查的 420 家公司中，作業計畫涵蓋的時程如下：

無總體計畫者	16%
有 5 年以內的計畫者	6%
有 5 年計畫者	53%
有 5～10 年的計畫	8%
有 10 年計畫者	11%
有 10 年以上的計畫者	6%

　　大多數作業計畫均分解為各項職能方面的計畫。舉例來說，如果是一家製造業公司，則其職能作業計畫也像圖 6-6 所示的結構。作業計畫遠較策略計畫更為具體，目標與目的均更為詳細。一項計畫沿指揮鏈而下，其抽象程度減低，具體程度則增大。行銷計畫、生產計畫、財務計畫等都是作業計畫。

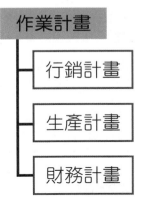

↗ 圖 6-6　依指揮鏈作分解的作業計畫

㈠行銷計畫

　　行銷計畫的主要目標有二：

1. 推銷現有產品

　　推銷現有產品有賴訂定配銷額和市占率。透過廣告預算、推銷人力、配額派定及產品訂價的決定等手段，再將這些目標轉化為作業計畫，然

後在一定週期結束後，例如每半年之末或每年年底，再行檢討實績，修正目標。

2. 協助開發新產品

行銷計畫還得考慮新產品的開發計畫。舉凡企業機構，都知道產品有一定的生命週期 (life cycle)，有些產品能夠多年維持其市場地位不墜，但是也有許多產品可能始終無法在市場上占有一席之地。正因為此一緣故，才有產品計畫 (product planning) 的必要。

針對產品生命週期的不同階段，應該訂定相應的行銷策略：

上市期	行銷策略重點為如何成功進入市場，例如低價滲透策略、創造產品知名度與提供試用、成本加成定價、選擇性配銷等
成長期	行銷策略重點在如何建立有規模經濟的市占率，例如增加服務與保證、密集式配銷、廣告以建立更大的知名度等
成熟期	行銷策略重點在於如何重新定位、擴大利潤效果以延伸生命週期，例如品牌與產品多樣化、以廣告強調品牌差異、以促銷活動來鼓勵品牌轉換
衰退期	行銷策略的重點在於如何調整明確之衰退產品線，例如觀察產品衰退徵象、轉向非使用者、找出更多的產品使用場合、發掘並告知產品的新用途
淘汰期	行銷策略重點在於採取明確之剔除策略

產品計畫的基礎在於激發新產品的構想，新產品構想可由研究發展部門產生，但也能來自高階管理人員、推銷員、顧客或顧問的建議。輔仁大學應用統計研究所曾作調查，不論新產品的構想來自何處，平均每 100 項新產品構想，只有不到 2 項能夠發展成為有盈利能力的產品，另 95 項構想皆由於技術、經濟或市場而遭剔除，剩下 3 項則屬於最初估計良好，但最後卻滯銷而被迫放棄。例如，布朗福曼製酒公司 (Brown-Forman Distiller Corporation) 推出白色威士忌 Frost 8/80，根據當初的市場研究，這種威士忌必能暢銷，可是僅僅在推出後 2 年便因為銷售狀況

不理想，迫使公司停產，並因此賠了 2 百萬美元。

㈡生產計畫

生產計畫是為了生產「適量」的產品，以滿足顧客的需要。有時產能大於估計的需要，但有時候又產能不足。這兩種情況，均顯示出行銷計畫與生產計畫是相互關聯的，如圖 6–7 所示。

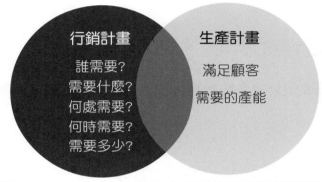

↗ 圖 6–7　行銷計畫與生產計畫是相互關聯的

生產計畫的基本目標，通常包括各項生產要素的獲得、協調及維繫，尤其是機器、原物料與人工三者。製造某一產品所需的成本，須視原料、零件、物料、人工及裝備等等的成本而定。職是之故，生產計畫應該從生產數量（目標）開始，向後推算，從而決定所需的裝備和人力。

㈢財務計畫

財務計畫與行銷、生產計畫也是相互關聯的，請參考圖 6–8。但組織通常較為重視財務計畫，是因為財務計畫含有計量資料，較易作為決策和控制依據。無論在執行哪項作業計畫時，惟有財務資料可以告訴管理者執行成績的好壞。舉例來說，生產主管密切注意產品的單位成本，而行銷主管卻經常注意銷售曲線圖，因為一旦他們的績效不良，就會如實反映在財務資料上。

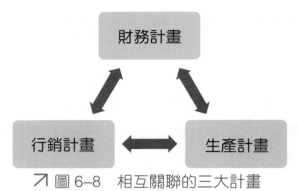

↗ 圖 6-8　相互關聯的三大計畫

㈣各項職能計畫的調和

前述三種職能計畫有賴管理者加以調和。以下介紹兩種常用的調和手段:

1.預　算

管理者大多認為預算是一種控制技術,也是一種計畫工具,因為預算提供了行動的基礎。在預算中,期望的結果可用數字表示,包括現金流量、人力工時、產量等,若各項計畫均能與預算連接,則計畫的準確性將高於沒有預算的情形。

2.制訂財務目標

財務目標包括投資報酬率目標、市占率目標、成長率目標、利潤目標等。事實上,倘若行銷計畫、生產計畫及財務計畫三者能獲協調,則財務計畫必為其他兩項計畫的支點。請參考圖 6-9;如果行銷計畫與生產計畫不平衡,則必將在財務資料上反映出來,因而可據以採行改善的措施。

↗ 圖 6-9　財務計畫為行銷、生產計畫之支點

五、計畫部門的運用

前文曾經說過，許多組織的管理者最關切日常方面的問題，他們主要專注於作業計畫的執行，沒有時間構想策略計畫。正因此一緣故，各部門常自行擬定其預算，再對預算所列的資本支出附上理由，然後送呈高層人員，最後再送至最高層人員審核、修改和核定。

然而，制訂綜合計畫需要花費相當多的時間協調各部門與層級，因此，許多企業機構便特別設置了計畫部門 (planning organization)。一般來說，從設立計畫部門開始，以至於能順暢遂行其職能，通常需要 5～8 年的時間。不過，雖然耗費的時間與成本如此龐大，卻還是值得去做。設立計畫部門至少有以下兩項優點：

(1)對於某些公司而言，最高層人物往往不大能瞭解計畫的意義。設置計畫部門可克服這一項弱點，得到對「計畫的承諾」。

(2)許多管理者根本沒有計畫的概念，有了計畫部門，當可彌補此一缺點。

㈠計畫部門的蛻變

依計畫研究專家梅森 (R. Hal Mason) 的報告，計畫部門的組成通常包含以下 5 個階段：

第一階段	通常是由高層組成委員會,負責蒐集有關公司及公司在業界中地位的資料。這就是計畫部門的第一階段,其主要應該注意如何建立「長程計畫的架構」
第二階段	公司的第一個正式長程計畫應可成形。但這時釐訂的長程計畫缺乏廣度和深度,至多只能作為一項粗略的指導。此一階段的計畫只是由一位高級計畫幕僚擬具,對於其下的各級組織只屬「顧問」性質

第三階段	通常約起始於計畫部門誕生 3 年之後。在此一階段中，計畫部門可以釐訂公司的第一個 5 年綜合計畫，那是「由下而上」的方式，各事業部的下級單位或部門擬妥後向上呈送。因此，計畫工作絕大部分落在事業部身上。在此一階段中，各事業部往往設置計畫委員會，一面協助各作業單位，一面也協助計畫部門。這樣的事業部計畫委員會，負責報告制度的評議及有關產品、顧客及同業資料的審閱
第四階段	每年一度的釐訂長程計畫應已成為例行作業，各營業事務部幾乎養成了習慣，研擬計畫時自能與其他部門協調
第五階段	計畫部門終於發展成熟

梅森曾有這樣的一段說明：

　　各階層計畫人員的業務，似有逐漸轉移其注意力於公司總體發展的趨勢，例如：公司應如何掌握機會，以因應機會的能力之發展等是。在某些方面，有關計畫資料的處理已成為例行作業，每一事業部均瞭解需要蒐集何種資料，以供計畫之用。在此一階段，各項計畫之統合成為總體計畫已經制度化了，公司的行動方向也將以此項總體計畫為依據而檢討。計畫的發展已有制度，總體計畫的功能也已能順暢遂行。因此，計畫部門人員大可不必像過去那樣忙碌，從此可以花費更多時間與精力來從事企業環境的研究、瞭解公司的優勢和弱點以及發掘公司成長與利潤改進的機會。

　　上述的計畫部門已有許多企業相繼採行。各企業皆已明瞭妥當的計畫，必不可缺少管理階層協同的努力。一個組織在其計畫制度的演進過程中，每一計畫週期各有不同的重點，初以目標制訂（策略計畫）為重點，其後則漸以計畫的執行（作業計畫）為重點。

六、計畫有些什麼利益？

計畫能帶來的重要利益如下：

1.促使公司預測環境

管理者不能再抱著「等著瞧」的態度，反之，必須衡量各項情勢，並對各項情勢採取適當的反應。

2.有目標及方向

一個組織知道今後中、長期目標應做的事與不能做的事時，自然能訂定一個目標。於是，公司便不至於整日忙著日常作業，也可以分一部分精力和時間考慮長遠的計畫。

3.為公司打下團隊工作的基礎

目標既明確訂定，則工作的分派便能決定，每一工作人員便可以為達成目標而盡其所能。如此士氣乃得以提高，管理才能也才易於發展。身為管理者也因而能授權部屬，並考核部屬的績效。假如沒有計畫，則凡此種種均為空談。

4.促使管理者懂得如何面對含混

長程計畫及中程計畫尤其含混，既複雜又充滿不確定性。管理者必須瞭解含混中自有其意義，如果事事均明確不移，則只要有作業計畫便足夠，其他計畫均可不提。

七、計畫不是成功的保證

長程計畫的制訂及長、短程計畫的統合，確實對組織有益。可是，一個組織的計畫做得好，並不能保證成功。執行中處處都可能出錯，而且任何差錯都將影響計畫制訂的前提。以下介紹常見的問題：

1.來自工作現場的資料未能反映事實全貌

這正是行銷研究上最令人頭痛的問題。舉例來說，公司根據顧客的

片面意見修改某一產品，但依意見修改產品後仍銷不出去。

2.預測不符現實

假如某公司過去 5 年享受了銷貨年增 25% 的好景，計畫人員實在很難由此預測下年度的增加率只有 15%，更不可能認為會減到 10%。因此，在好的時期，許多公司用外推法來推測未來；而在不好的時期，他們的預測大抵都是將趨勢拉平，亦即運用經濟預測來配合計畫，而並非調整計畫來配合經濟預測。

3.財務狀況不符理想

公司的計畫若過分依賴強大的廣告和個人推銷，則一旦財力不足以支持時，整個計畫將有如洩氣的皮球。事實上，那將是一種惡性循環螺旋狀地下降：削減個人推銷費用將影響銷貨目標之達成，銷貨目標無法達成又影響個人推銷的努力。這樣的現象在出版業中最常出現，例如出版一本教科書的核算訂價應為 4 百元，估計可銷 5 千冊。該書的廣告預算預定為第 1 年 10 萬元，第 2 年 5 萬元。當公司財務情況欠佳須削減預算時，計畫自當修改廣告預算，但是這樣一來，市場需要可能減低至 3 千 5 百冊，導致收益減少，於是公司又再減少廣告預算。由此可知，一旦原計畫發生了困難，因果循環，一切步驟都亂了，要想重建平衡，又可能出現別的問題。

4.缺乏協調

目標雖然非常明顯，但是各職能部門執行時的步調不一。有時因為幕僚人員對他們自擬的計畫失去了興趣，有時是因為較高階層管理者更改了他們的計畫。不論是什麼原因，顯然這是人性因素促成，致使計畫不能按原訂進度進行。

總之，計畫工作絕不是因應未來的萬靈丹。任何想不到的問題都可能發生。不過，有計畫的公司，其成功的機會必大；有計畫的管理者，可預期較能獲得好處。

個案探討

　　臺中有兩家知名的豆干，一新豆干以做硬式豆干為主，萬益豆干則以做軟式豆干而出名。一新豆干只以臺中市為主要的經營範圍，且抵擋不住食安風暴導致的銷售量大跌，最後選擇歇業。另一方面，萬益豆干不僅產品組合多元，經營的通路也由臺中市擴展到其他縣市，包括直營店的開設與百貨公司的專賣店。請討論：

1. 事實上臺灣有很多的地方品牌，其產品均很有在地特色，但因缺乏轉型的計畫程序，故經營會陷入困境，請以本章計畫程序，說明為何臺中名店一新豆干為何選擇關店 (shut-down, close)，萬益豆干在經歷食安風暴後卻仍可以生存發展？
2. 事實上以計畫程序的觀點，一新是做硬豆干，萬益當然必須做軟豆干，日後萬益也是以軟式千層豆干而聞名。請以企業使命觀點說明為何要做如此的區隔？
3. 假設每月萬益豆干銷售 1 萬包，定價每包 80 元。若要增加銷售額，萬益將 80 元降為 70 元，讓銷售量成為 1.5 萬包，請問此計畫程序正確與否？

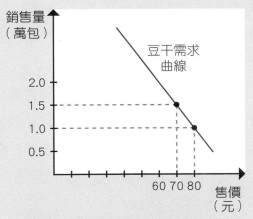

↗ 圖 6-10　豆干需求曲線

關鍵名詞

1. 策略計畫 (strategic planning)
2. 外推法 (extrapolation)
3. 領先指標 (lead indicators) 與落後指標 (lag indicators)
4. 探索式預測法 (exploratory forecasting) 與規範式預測法 (normative forecasting)
5. 草根法 (grass roots method)
6. 利基 (niche)
7. 策略事業單元 (strategic business units)
8. 策略規劃評估格式 (strategic planning grid)
9. 事業規劃矩陣 (business portfolio matrix)

摘要

1. 現代企業營運的環境，是一個高度動態的環境，經常變動。因此，企業機構更需要審慎策訂目標，並有系統地研擬達成目標的計畫。這已成為每一個事業機構的一項持續性程序。

2. 事業機構較高層次的經理人，應多注意長程計畫或策略計畫；較低層次的經理人則應多重視作業計畫。

3. 所謂綜合計畫，是一種程序，組織的每一個部門均須認定其本部門目標及如何達成目標。在此一程序中，各部門的目標均須分別與其上級與下級單位的目標相互關聯。其結果，遂產生了一份綜合計畫，使組織的全部群體均向同一基本目標邁進。

4. 策略計畫為下列三大基礎的產物：
   (1) 事業機構基本的社會經濟目的。
   (2) 事業機構高階層管理的價值和信念。
   (3) 事業機構對外在及內在環境的優勢和弱點的評估。

5. 近年來，企業機構重新檢討其存在宗旨者，已日益增多。尤有進者，許多事業還不僅檢討其產品線，更進而從市場定義的觀點來認定他們

的業務。

6. 一個事業機構的產品會因時而異，但該事業的基本市場必維持不變。

7. 一個組織惟有明訂其社會經濟目的，並在情勢變動時配合修訂，才能確定其基本任務；研究策略計畫也才不致有重大的困難。

8. 近年來，社會責任的課題極受重視，且亦成為管理階層考慮和行動的焦點。但為什麼這類問題會忽然受到重視？部分原因，當是由於外在力量的促使，以及更重要且常被忽略的一項因素，即是企業界本身也自動採行了種種社會方案。企業界為什麼會這麼做？──這是事關高階層管理的價值與信念的問題。

9. 在組織中，經理人來到工作場地，也必將其價值一併帶來。每一個世代，均有其不同的價值。

10. 組織在評估其外在環境時，主要是運用預測。而外在環境預測有多種不同的方法。採何種方法當視管理階層希望知道什麼而定。但有一點是非常明確的：環境是經常變動的；變動愈大，則組織便愈需要蒐集有關環境的資料。

11. 企業預測是無可避免的。每一項企業決策，均或明或暗的牽涉一項預測；蓋因所謂決策，原即係針對未來。一位決策人，雖然不會深信預測而不疑，也不會完全依賴預測，但他必然應該對一項預測在他的計畫中給予應有的分量。

12. 所謂領先及落後的預測，只不過是給預測者一種參考而已。依此法所作的預測，也只能說是一種較為合理的猜想。誰也不能保證預測得對。

13. 所謂計量經濟學的模式，其價值在於其不但有助於公司預測將來，且還可以假定策略改變時，預測可能發生的影響。

14. 所謂探索式預測法，係以現有的知識為起點，按技術的進步，據而推斷未來，是一種比較消極性的預測。運用探索式預測的人士，通常有一項基本假定：認為未來的技術進步必與當前進步的速度相同，且認定此一趨勢不致受其他外在情勢的影響。倘有必要，他們寧願在預測後，另行揣測其他非技術環境對預測的可能影響。

15.規範式預測法：第一步通常是先認定某項未來的技術目標；確定目標後，再由目標向前推，推至目前為止，一一認明其發展路程中可能遭遇的障礙。

16.內在環境的評估，最主要是進行有關本公司內在優勢和弱點何在的評估。在做此項評估時，經理人須注意兩層因素，即物質資源與人力才幹。

17.今日許多經理人，整日忙著解決各項小問題，卻沒有勇敢地利用他們本身的實力。他們沒有一項策略性的或長程性的計畫。他們的時間大多浪費在日常事務上。就像某些棋友，但求眼前能吃到一塊地盤，而沒有注意到棋勢的長遠發展。

18.所稱策略事業單元，應具有下列特性：

(1)應為一項單一性的業務，或是若干項相關業務的集合。

(2)應有一項特殊的使命。

(3)應有其本身的競爭對手。

(4)應有一位經理人主持。

(5)應由一項或數項方案及職能構成。

(6)公司推行策略計畫，此一策略事業單元應能受益。

(7)此一策略事業單元應可單獨規劃，不受公司他項事業的影響。

19.公司認定的策略事業單元，可能指某一個事業部，可能是某一事業部中的某一產品線，也可能只是某一單獨的產品。但是，一家公司不論其認定的策略事業單元為何，在認定的過程中均必須檢討現有的及預期的績效。

20.如果是問題兒童事業，市場占有率有上升的希望者，則公司應採扶植的策略，冀其成長為明星事業；如果是金牛事業，則公司應採堅守的策略；如果是金牛事業、但力量較弱，或是問題兒童事業、而前途欠佳者，則公司應採收割的策略；如果是落水狗事業，則公司可能採轉移的策略。

21.該如何達成長程目標呢？一方面，中程目標應予明訂。另一方面，長

程目標均與公司的基本任務相關聯；而該項基本任務，又與公司的社會經濟目的相關聯。

22. 公司有了策略計畫，則自能認定其長程目標，從而由長程目標推演出中程目標來。

23. 大多數作業計畫均分解為各項職能方面的計畫。這樣的作業計畫，遠較策略計畫更為具體，目標與目的均更為詳細。一項計畫沿指揮鏈而下，其抽象程度減低，而其具體程度則增大。

24. 行銷計畫除了考慮推銷現有產品外，還須考慮新產品開發的計畫。大凡企業機構，皆知道產品有一定的生命週期。有些產品能夠多年維持其市場地位不墜；但是也有許多產品可能始終扶不起來。正因為此一緣故，才有產品計畫的必要。而產品計畫的基礎，則在於激發新產品的構想。

25. 財務與行銷、生產計畫是相互關聯且相互影響的。我們願指出，通常對於財務計畫，總是看得較其他計畫為重。那是因為財務計畫含有計量資料，較易作為決策和控制依據的緣故。

26. 行銷、生產、財務三種職能計畫，公司當局必須予以調和。預算、制訂財務目標便是一種調和手段。

27. 經理人大多認為預算乃是一種控制技術，同時也是一種計畫工具。因為預算提供了行動的基礎。在預算中，期望的結果可用數字表示；現金流量亦可預示出來；當其所需人力的工時可以具體算出；產量也可以訂定。而且，依一般研究，如果各項計畫均能與預算聯接起來，則計畫的準確性當比沒有預算時為高。

28. 倘若行銷、生產及財務計畫三者能協調，則財務計畫必為其他兩項計畫的支點。如果行銷計畫或生產計畫不平衡，則必將在財務資料上反映出來，因而可據以採行改善的措施。

29. 設置計畫部門，至少有兩項優點：第一，對於某些公司而言，最高層人物往往不大能瞭解計畫的意義。設置了計畫部門，當可克服這一項弱點，得到對計畫的承諾。第二，許多管理者根本沒有計畫的概念，

有了計畫部門，此一缺點當可彌補。

30.一個機構的計畫組織其蛻變的過程大致如下：

(1)建立一項長程計畫的架構。

(2)公司的第一個正式長程計畫應可成形。

(3)可釐訂公司的第一個 5 年綜合計畫。

(4)每年一度的釐訂長程計畫應已為一項例行作業。

(5)各階層計畫人員的業務，似有逐漸轉移其注意力於公司總體發展的趨勢。

31.計畫能帶來的重要利益如下：

(1)因為要計畫，故而一家公司不能不預測環境。

(2)有了計畫，公司才有目標，因而能有方向。

(3)計畫為我們打下了團隊工作的基礎。

(4)可促使管理人士懂得如何面對含混。

32.計畫工作絕非是因應未來的萬靈丹。任何想不到的問題都可能發生。不過，有計畫的公司，其成功的機會必大；有計畫的經理人，預期較可能獲得好處。

33.妥當的計畫，必不可缺少管理階層協同的努力。且一個組織在其計畫制度的演進過程中，每一計畫周期各有不同的重點：初以目標制訂（策略計畫）為重點，其後則漸以計畫的執行（作業計畫）為重點。

複習與討論

1.事業機構較高層次的經理人，應多注意「策略計畫」；較低層次的經理人則應多重視「作業計畫」。試問策略計畫分別為哪三大基礎下的產物呢？並請分別簡述此三大基礎。

2.組織在評估外在環境時，主要是運用預測。我們時常會對經濟、技術、政府措施、銷售等項進行預測，而通常會運用探索式或規範式來進行技術預測。試請問此兩種預測方法是如何進行預測的呢？你覺得哪一

種預測方法較積極呢？

3. 組織進行內在環境的評估時，通常經理人須注意物質資源以及人力才幹此兩層面，請問這是為什麼？請詳述之。

4. 我們在進行銷售預測時，通常可運用銷售預測委員會、草根法、用戶期望法三種輔助方法。試分別簡述如何運用此三種方法。且你覺得哪一種方法對於銷售預測來說準確性較高？請說出你的觀點。

5. 生產、財務、行銷等三種計畫，為什麼經理人通常較會去注意財務計畫？其原因為何？又此三種計畫，公司當局必須予以調和，且通常會運用預算、制訂財務目標兩種方式來進行調和。試問為何須進行調和呢？且我們該如何運用此兩種方式進行調和？

6. 請說明為何一企業組織需要有計畫？計畫可能為一企業組織帶來哪些利益呢？又有計畫保證會成功嗎？

7. 「企業機構在作任何一項策略計畫的制訂，均必須針對某項特定的利基發展或利用」。請試著說明該如何找出利基？以及找出本身的利基對企業機構有何助益？

8. 試請問一策略事業單位 (strategic business units, SBU)，其特色為何？且 SBU 對一企業機構的未來發展有何影響呢？

9. Boston Consulting Group 提出了一個「事業規劃矩陣」。試請問該如何運用此矩陣才能使此矩陣發揮它的作用呢？

10. 企業機構訂定了一個長程目標，而此企業機構該如何運用社會經濟目的、基本任務、中程目標此三要素，以使長程目標得以順利達成呢？

11. 請解釋以下名詞：

(1)領先指標。

(2)新聞廣度 (news coverage)。

(3)實力領導 (leading form strength)。

(4)利基 (niche)。

(5)調和。

(6)含混 (ambiguity)。

第 7 章
規劃制度

前　言

　　規劃是在不確定的環境下所作成的，沒有人可以知道未來的環境將會如何，所以人們常對未來的環境作假設與預測。制訂一規劃制度應由定義組織目標開始，而一個好的組織目標應該簡潔、清楚且容易瞭解。我們通常引用使命聲明 (mission statement) 來說明一個組織的定義，以及事先回答可能遇到的問題，如此一來，即可使組織目標更加明確、清晰。

　　明瞭企業的組織目標後，接下來即是建立與執行策略。建立策略時，我們可運用 SWOT 分析來瞭解自身的優勢、劣勢、機會與威脅，進而知道該執行何種策略。

　　倘若組織建立了良好的策略卻不能順利執行，豈不是失去其意義了嗎？因此在執行策略時，我們可試著運用麥肯錫顧問公司 (McKinsey & Co.) 所提出的 7S 模型 (7S Model)。而長期性的策略要能成功執行，必須要能維持其競爭優勢，唯有如此，組織才有能力去抵抗競爭者的挑戰或是整個產業發展狀況的改變。

　　近年來，組織常需要面對非經常性的事件、具特定截止日期，及處理一些複雜且相互關聯、需要特殊技巧的測試或是短暫性的計畫工作，於是愈來愈多組織開始使用專案管理 (project management)。專案管理是在特定預算、時間以及特定需求的限制下完成工作的，需要具備高彈性以及即時迅速的反應，所以在現今的環境裡，專案管理對於企業組織是實屬相當重要的。

　　另外，目標管理 (management by objective, MBO) 亦是今日相當重要的課題。目標管理可將組織全面性的目標落實到各部門甚至個人身上，採用此種管理，在組織內會形成目標的層級，使各層級的目標一致。最後，在極為忙碌的當代社會中，時間常不知覺地流逝，若沒有良好的時間管理，則計畫、決策可能無法如期完成，或是只能倉促地完成，再好的計畫或決策也僅能空談。

一、什麼是規劃?

　　規劃包含了定義組織的目標、評估為完成這些目標所需建立的全面性決策，並建立一個階段性的規劃過程，以整合及協調組織內部的活動。我們可以進一步將規劃區分為正式與非正式，管理者平時所作的規劃都屬於非正式的。舉例來說，當問及管理者是否有作工作規劃時，他回答：「有啊! 當工作在執行時，我的心中對於下一步就有個概略的想法了。」這就是非正式規劃的例子。

　　正式規劃與非正式規劃的主要差別在於「是否用正式文件呈現」以及「是否作出 1 年以上的時間規劃表」。正式規劃通常會有文件，並且至少涵蓋未來 3 年以上。在本章，我們所提及的規劃即是指正式規劃。

二、計畫的種類

　　管理者最常將計畫依其寬廣度，分成「策略性」與「作業性」計畫，並依其時間長短，分為短、中、長期計畫。但我們可以發現，上述分類彼此之間並非完全獨立的，舉例來說，在策略性計畫與長期計畫之間就存在許多重疊的部分。

㈠策略性計畫與作業性計畫

　　計畫若是能適用於整個組織,且其目的是在建立組織的全面性目標,以及尋找該組織在整體環境中的定位時，就稱為策略性計畫 (strategic plans)。至於逐一完成組織全面性目標而作的計畫，即是作業性計畫 (operational plans)。

　　策略性計畫與作業性計畫的差別在於「時間的長短」以及「該計畫所涉及的範圍」。一般而言，作業性計畫所涵蓋的期間較短，舉例來說，公司的逐月、逐週、甚至逐日計畫，皆屬於作業性計畫；而策略性計畫

所涵蓋的期間通常是 5 年或更久。此外，策略性計畫所涉及的範圍較為寬廣、處理細節的部分較少；相對地，作業性計畫所涉及的範圍就有較多的限制。

一般而言，職位愈高的管理者，處理策略性計畫的機會愈多；相對地，層級愈低的管理者，處理作業性計畫的機會較多。不過，對於以上所謂的階級及計畫分類還仍須考慮組織的規模大小，舉例來說，對於屬於獨資的小型企業而言，策略性計畫與作業性計畫僅是學術上的差異，兩種計畫通常是同時進行的。

	執行時間	涉及範圍	主要執行人
策略性計畫	長	寬	職位較高者
作業性計畫	短	窄	職位較低者

㈡短期、中期及長期計畫

在傳統財務分析時，會將投資報酬的評量分成短、中、長期。短期者是期間少於 1 年，中期則是 1～5 年，至於超過 5 年以上的就稱為長期。管理者也可以同樣的方式將計畫進行分類。

為什麼時間架構的考量對於規劃分類很重要呢？我們可以說是在於一個「承諾觀念」。當欲執行的計畫影響未來工作的承諾愈長久時，則管理者需要更長期的計畫，所以承諾觀念是在說明計畫應將時間擴展到足夠完成未來的執行工作。所以，時間太長或太短的計畫都是無效的。

為什麼如核能電廠等大型公共事業計畫，其涵蓋的期間都超過 50 年？而便利商店的管理者所作的計畫卻是非正式的，且涵蓋期間僅 1～2 年呢？主要的差別在於該計畫是否要考慮「品質管理」以及「對於未來的影響程度」等因素。如核能電廠所需要的資金高達幾億甚至幾百億新臺幣，且需要分好幾十年去償還，而便利商店的存貨每 2 星期就周轉 1 次，且通常只要 1 年租約就更新 1 次。

　　我們也可以從「承諾」的概念去解釋為什麼愈高階的主管愈趨向作長期的計畫。因為愈高階的主管，其所作的決策與較低階的主管相較下，不確定性比較高，要減少不確定性，高階主管必須作長期性的計畫；反之，較低階主管所作的決策，與組織未來的營運關連性較低，所以其所作的計畫就是屬於短期性的。

三、不確定環境下的規劃

　　American Images (AI) 公司從事航空影像攝影的工作，它成立於 1980 年，在 1986 年時面臨破產危機，但到了今天，AI 公司的員工有 54 人，每年的銷售額接近 500 萬美元，且每年的利潤也超過了 30 萬美元。這是發生了什麼事呢？根據 AI 公司的老闆 Harlan Accola 表示：「在 1986 年，我們公司成長的速度太快了，且幾乎沒有作規劃的工作。」由此可知，現代的公司首當為公司作市場定位，並召開正式的規劃會議，以訂定每年的銷售目標；此外，應開始實施每月一次的規劃會議，並每週提出廣泛性的工作表現報告書。

　　Harlan Accola 開始將規劃工作制度化，但並非所有管理者都熱衷此事。事實上，這種強調正式化的規劃，近年來廣受批評。在這一部分，我們首先概要提出規劃的潛在利益，並提出批評者的論點，最後將檢視規劃是否能加強組織的績效。

(一)為什麼管理者要作規劃?

　　為什麼管理者需要作規劃？我們至少可以提出四項理由：
1. 提供公司未來的方向。
2. 減少變革所帶來的影響。
3. 避免資源重複及浪費。
4. 建立一套標準，讓控制的工作更容易完成。

　　規劃可以發揮協調的功能，為管理者提供未來的方針。當所有影響

組織營運的相關事項揭露後，管理者就必須藉此找出組織目標，並整合整個組織的活動、協調彼此關係以利工作小組的運作。

規劃可以讓管理者有遠見，能預先發現環境的改變，以及評估改變帶來的影響，並做出適當處理。所以，規劃可以減少不確定性，且同時預測管理者作出反應後的影響。規劃亦可同時減少資源的重複浪費，部門之間可資源共享。

最後，規劃提供了目標或標準，以促進控制工作順利進行，如果我們不能確定組織到底想完成什麼，又如何能決定必須完成些什麼呢？規劃能建立目標，而在控制的程序中，我們運用這目標與真實營運結果相比較，找出重要的差異點並藉此作出適當的矯正工作，所以我們可以說，「沒有了規劃，就沒有所謂的控制。」

㈡有關規劃的批評

在 1960 年代，正式化及策略性的規劃開始盛行，至今依然如此。然而，也產生了許多關於規劃的批評，以下提出幾個主要觀點：

1.規劃使組織太過僵硬

正式化的規劃會限定組織單位及組織內的成員，必須在特定期間內完成特定的目標，但這必須假設在該期間中，組織內的一切都相當穩定、沒有什麼變化，但事實上這種情況幾乎不可能發生。

2.在混亂、浮動的環境下，將無法作規劃

大多數組織所面臨的環境都隨時在改變。當遇到問題時，如果能靈活把握，將可讓混亂成為一種機會。但如果事前已經擬定了正式的計畫，一旦面對無法預知的改變時，就會成為一個頭痛的問題。

3.制度不能代替直覺及創造力

正式的策略規劃試著在執行管理的工作，而科學管理 (scientific management) 則是試著讓生產的工作程式化及正規化。然而，決策的過程是相當複雜的，需要更多的直覺與創造力來測試。大多數成功的決策都是經由觀察力，而非僅是單純的計畫而已。如果僅僅依循系統性的決

策架構，將很難讓規劃者的思考模式變得深入及透徹。

4.忽略未來的競爭性

策略規劃過度專注於如何在目前的產業結構下，為該產業及其產品作最有效的安置；但事實上，規劃者應注意的是「產業規則的改變」以及「創造未來的新興產業」。

5.對於造成其成功的主要原因過度自信

在一個成功組織中,管理者常會因為個人偏好而希望組織維持原狀，不願意作太多變動，只有在面臨問題時才重新評估及修正。但是在一段很長時期的成功後，管理者將因而自信滿滿，更加鞏固原已設定好的決策，使得他們沒有機會再去為策略架構作重新評估及改變。

㈢規劃提高了組織的績效嗎？

已有不少學者正從事分析規劃與組織功能之間的關係，他們與批評者所持的論點完全不同，他們認為規劃通常能帶來正面效果。相關結論如下：

1.一般而言，正式的規劃可以促進銷售及盈餘的成長、提高資產報酬率以及其他正面性的財務效果。

2.要求規劃程序的品質以及對規劃採適當的方式，都將比未作規劃來得有效益。

3.管理者若能學習如何彈性建立一個能成為替代方案的臨時性計畫，以及試著讓規劃的工作持續 1 年以上,將可以解決規劃過度僵硬的問題。

4.沒有任何一種規劃系統或架構可以完全代替創造力以及直覺的洞察力，然而，若不預作規劃也不保證決策就具有創造力。

5.正式的規劃若無法帶來較高的效益，罪魁禍首有可能就是環境。當政府政策強而有力、勞工工會有力量時，管理者規劃可行方案的選擇可能更少。例如，通用汽車若為了降低成本，考慮在亞洲生產一些主要產品，但是假設美國明確禁止該公司在美國以外的地區從事生產，則該公司的規劃效果就大打折扣了。

四、規劃由哪開始：定義組織目標

　　一個好的組織目標應該簡潔、清楚而且容易瞭解。舉例來說，加拿大新力唱片公司 (Sony Music) 的組織目標：「我們酷愛音樂；成就每個歌星是我們的承諾；我們的重點是服務顧客；創新是我們的利基；我們的成功來自於態度。」而 Haworth 設計公司的目標為：「讓公司的工作環境有效率、活潑，並有良好的工作設計，以達到顧客心目中的世界等級。」

　　根據輔仁大學應用統計研究所 2010 年的調查發現，有超過 50% 的大型公司設有正式性的使命聲明，且有愈來愈多小型企業開始願意花時間去研究如何寫出一份使命聲明。組織內的重要幹部也試圖去定義：公司在做些什麼？正面臨什麼問題？公司的價值在哪裡？和其他公司有什麼不同？當這些問題完成時，使命聲明能指出組織的焦點中心以及未來發展方針。

　　沒有任何一個組織，可以為所有的人去做所有的事。好的管理者會善用組織的優勢，來創造更大的效能。明確的任務目標將使得創造更大效能時更為順利。舉例來說，加拿大新力唱片公司的管理者非常清楚該公司的優勢在於創新，因為管理階層不相信抄襲另一家成功公司的作法就可以成功。

五、建立策略

　　三洋及夏普兩家日本公司的企業規模大小差不多，生產線也有部分重疊，但因為這兩家公司在全球行銷上有不同的組織策略，因而有不同的績效表現。

　　三洋公司一直到 1980 年代中期，在海外市場所銷售的低層產品很成功，但三洋公司從未讓消費者感受到高品質的印象，而且對於新產品的引進相當遲緩，於是三洋公司試著讓產品走向低價位，但往往其產品的

價格仍是高過於其他競爭對手。相較之下，夏普公司比較重視策略訂定，並強調關鍵策略，例如生產液晶顯示裝置等，使得夏普公司在成熟的市場下得以占有一席之地。最後，若以職員銷售量來比較，則我們可以發現夏普公司每一個職員的銷售量皆比三洋公司高出 30%。所以，我們根據以上三洋及夏普兩家公司的對照分析中可發現，策略是相當重要的。

㈠策略的種類

Rent-A-Car (RAC) 租車公司、Patagonia 服飾製作公司以及 Marion Merrell Dow (MMD) 藥品製作公司等都是相當成功、具高報酬的企業，近年來，這三家公司開始有了不同的經營方向。RAC 公司迅速擴張業務，並成為當時全美第一大公司；Patagonia 公司則滿足目前現況，希望維持不變；MMD 公司則考慮裁員並縮減業務。這三家公司之所以會有不同的經營方向，是因為選擇了不同的策略方針。以下針對四種策略種類作一介紹：

1.成長型 (Growth)

這種追求成長性目標的決策相當吸引管理者，如果擴大對組織來說是好的，則應盡可能的擴張到最大。成長型策略是指增加組織的業務量；一般而言，對於成長性的衡量，是指收益增加、員工增加以及市占率擴大等。通常完成了成長性工作，即是指包括了對產業擴展的進取心、發展新產品或新服務、併購和收購、結合冒險事業以及擴展全球性市場等等。

Enterprise 公司正積極從事業務擴充計畫，它在低預算的保險賠算市場作適當資本化工作。此外，Barnes & Noble 公司的發展則是去建立超級商店，而該超級商店會提供娛樂設備、咖啡以及書籍；當英國通訊科技公司併購 MCI 公司後，便開始朝向成長性方向發展；而 Union Carbide 公司的資金有限，但在「共同合作」(multi-opperation) 的方法下，創造了高資本的產業。所謂共同合作，舉例來說，臺灣合夥人和日本及科威特的合夥人合作，在加拿大及科威特建廠；又如 Bausch &

Lomb 公司擴大眼鏡業規模，投入於中國大陸、印度和波蘭等新興市場
等。

2. 穩定型 (Stability)

有些管理者認為組織若採用穩定型策略，將可使其未來發展達到最
佳。穩定型策略最大的特色在於「組織很少作重大改變」。

為什麼管理者會選擇穩定型策略呢？以 Patagonia 公司為例，其經營
理念為：

Patagonia，地球上最酷的公司，自從 1972 年成立以來，Patagonia 便
以生產最高品質的攀岩、滑雪、衝浪、慢跑等非機械動力的戶外用品為
職志。以環境保護、尊重自然為品牌精神的 Patagonia 旗艦專賣店於
2009 年繽紛進駐臺北東區 SOGO 商圈。旗艦店採用天然、溫暖的原木色
調和材質設計為主軸，並規劃氣氛舒適、動線流暢的豐富商品陳列。自
在溫馨的購物環境，讓你能夠隨意地流覽其中，自由選購你所喜愛的商
品。就如同 Patagonia 的品牌個性一般，輕鬆快意享受絕佳商品的樂趣。
我們想再度改寫商業行為和環境保護之間的關係，期望以保護地球的觀
點出發，提供完美卓越品質。

Patagonia 公司管理者因為環境的理由，所以選擇維持即可。該公司
表示：

任何的活動，我們都將造成了汙染，舉例來說，聚酯纖維是從石油
提煉而成，有明顯的汙染問題，但若單考慮棉或羊毛等布料也非最佳選
擇，因為在種植棉花時，為了撲滅棉花的害蟲，大量噴灑有毒的殺蟲劑，
將造成土地變得貧瘠，也使得生產出來的棉布含有化學物質；在另一方
面，羊毛來自一大群的綿羊，將使地球變得脆弱，甚至成為不毛之地。

所以，Patagonia 公司開始減少 30% 到 40% 的產品，它們目前產品
的顏色只有過去的一半。此外，顧客亦願意接受公司一年只出二次目錄，
而非過去的每季皆印出目錄。

　　WD-40 是一間美國公司，旗下的凡士林、潤滑油等產品銷售長紅，且沒有所謂的競爭者可言，所以該公司決定不作任何的改變，維持這兩條生產線的營運。

3. 精簡型 (Retrenchment)

　　我們常發現許多組織，尤其是大型企業，常進行營運業務精簡 (downsizing)。精簡型策略專注於降低公司的規模及多樣化的事業。以 MMD 公司為例，在 1980 年代，MMD 公司的成長性相當高，但此時出現了一些問題，首先，一些高利潤產品的市占率開始下滑，像是 Seldane 這種原本相當受歡迎的過敏藥品，被大眾質疑可能帶來負面效果；其次，NicoDerm 的戒菸藥膏需求開始下滑。為了更具競爭力，MMD 管理者選擇裁減了 1 千 3 百名員工。

4. 混合型 (Combination)

　　所謂混合型決策是指同時考慮上述兩種或兩種以上的策略，通常是指在一個大型組織內，不同的單位執行不同的策略。舉例來說，Raychem 公司是全球材料科學的領導者，尤其航太、航空、核技術領域的成就獲得世界公認。Raychem 公司曾重度依賴國防工業，當國防工業面臨衰退，則 Raychem 公司的管理者開始考慮關閉電子部門、賣出一些事業單位，以及減少 80% 的勞動力；但在另一方面，Raychem 公司也可能因為在商業塑膠產品上發展出新技術，而得到相當多的利益。

(二) SWOT 分析

　　在作決策規劃時，SWOT 分析是不可或缺的工具，可讓管理者評估組織的優勢 (strengths)、劣勢 (weaknesses)、機會 (opportunities) 以及威脅 (threats)，並作出最佳的策略。成功之決策必須考量環境因素，我們在此假設管理者能正確掌握不同環境的影響，並知道這些變動將影響到組織的整體營運，之後管理者就可以開始定義組織內部的優勢及劣勢，找出外部的機會與威脅，這些都將有助於評估組織未來的適當發展。

表 7-1　SWOT 分析

	對達成目標有幫助的 Helpful to achieving the objective	對達成目標有害的 Harmful to achieving the objective
內部（組織） Internal attributes of the organization	Strengths 優勢	Weaknesses 劣勢
外部（環境） External attributes of the environment	Opportunities 機會	Threats 威脅

1. 外部機會與威脅

　　管理者需要審視整體環境後，評估組織未來可以開發的機會，以及可能面臨的威脅。在同一環境下往往同時存在著發展的機會以及同業的威脅。舉例來說，假設對於歐洲電腦市場作評估後，發現新增了許多競爭者，彼此削價競爭，此時一些有效率的廠商，如 Motorola、Matsushita 及 Compaq 等，就會採用縮減成本結構，重點式地擴增歐洲市占率；相反地，諸如 Olivetti 及 Ball Group 等公司，在沉重的成本負擔下，歐洲的市占率縮小，面臨了巨大的營運損失。所以說，決定一項因素為組織的機會或威脅，應該取決於能否有效控制資源。

2. 內部的優勢及劣勢

　　在分析完外部環境後，管理者應開始審視組織的內部問題：如員工具備有哪些技術及能力？組織的資金運用情況如何？是否已經成功開發新產品？顧客對於組織的印象如何？經過上述步驟，管理者將瞭解，任何組織無論勢力是否龐大，其未來的發展都將受到可利用資源或技術所影響。舉例來說，相較於克萊斯勒 (Chrysler)、福特 (Ford)、豐田 (TOYOTA) 等大型汽車製造商，Porsche 所擁有的技術與資金較少，雖然它看出跑車在未來市場將大受歡迎，但它卻不能冒然生產；又以微軟公司為例，因其具備充足的銷售通路、技術、品牌知名度以及財務資源，

得以有能力去觸及電腦即時連線服務的市場，進而發展出微軟網路系統。

　　分析組織的資源有助於管理者明確地評估組織的優勢與劣勢，並找出組織在市場的核心能力、特殊資源及技術。舉例來說，Black & Decker 公司購併了 General Electric 公司的一個小型部門，該部門主要生產咖啡機、烤麵包機、熨斗等電器用品。Black & Decker 公司重新為這些產品命名，並投入資本來提升品質及耐用性，經過以上過程，該部門的獲利已遠超過在 General Electric 公司旗下時的狀況。

3.選擇利基

　　從圖 7–1 中可以看出 SWOT 分析的目標在哪裡，一個成功的分析應該確認組織的利基點，使其產品及服務具備相對的競爭優勢，並藉此找出能配合組織資源的市場機會。

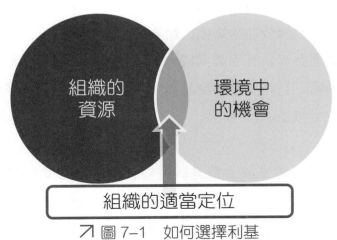

↗ 圖 7–1　如何選擇利基

㈢策略的架構

　　管理者該如何為組織選擇特定策略呢？例如，管理者應該如何讓組織達到成長型策略呢？通常管理者會事先設好一個架構 (framework)，然後再依照該架構去執行。最廣為人知的架構是由哈佛大學的麥可‧波特 (Michael Porter, 1947～　) 所建立。

　　波特認為，沒有一家公司可以在滿足所有人的情況下，還讓營運達

到平均水準以上，所以管理者必須選擇其中一個能為組織帶來競爭優勢 (competitive advantage) 的策略。所謂競爭優勢是指讓組織有足夠能力或是環境優勢來領先群雄。舉例來說，Home Depot 公司在自身涉足的各個市場都相當具有競爭力，主要原因是其產品或服務的品質相當受到顧客肯定，導致競爭者很難與其抗衡。

波特指出三種可以讓管理者選擇的策略，分別是成本領導 (cost-leadership)、差異化 (differentiation) 以及集中化 (focus)。管理者根據組織本身的優勢以及競爭者的相對劣勢作為選擇決策的依據。根據波特所述，管理者應該避免在其所屬產業下，對其他競爭者採取正面攻擊，管理者的目標應該以該組織的優勢、其他競爭者所沒有的部分作為著眼點。

1. 成本領導

成本領導策略是藉由降低成本以獲取利益。一般而言，組織可從有效率的營運、具經濟效益的規模、創新的生產技術、低成本的勞工或原料產品的優先通路等來著手降低成本。這種策略不僅要使組織成為同業中的成本領導者，且其生產的產品或服務也應該不亞於競爭者，或是至少能被消費者所接受。

2. 差異化

如果公司的目標是讓消費者感覺該公司在其產業內屬於獨一無二的，其所依循的就是差異化策略。差異化是指一個組織能與其他相關公司具差異性，如具備高品質、高效率、運用最新技術的設計、專業技能、專家意見、便利性、具彈性的選擇、特殊的服務或是正面的商標形象等。差異化策略執行成功與否的主要關鍵，在於是否能提出與競爭者有明顯差異的屬性，而這些差異化所帶來的收入必須能超過所需成本。

許多公司至少可以找出一項與其他競爭者具差異性的優勢部分，舉例來說：Intel 公司的技術、Maytag 公司的可靠性、Mary Kay 化妝品公司的配銷過程、L.L.Bean 公司的服務品質、Armani 公司的品牌聲譽、McKesson 藥品公司的派送系統、Porsche 公司的高利潤及 Nike 公司的創新等皆屬之。

3.集中化

上述兩種策略是為了在廣大產業市場中獲得競爭優勢；然而，集中化策略 (focus strategy) 則是將成本優勢（成本集中）與差異化優勢（差異化集中）瞄準在一個小範圍內，即管理者僅從整個產業中選擇一個或數個小部分來考量，如就產品種類、消費者型態、配給途徑或是根據消費者地理區域等來考慮適合的策略為何？有什麼因素該考量與捨棄？集中管理即是僅就市場上值得或適合的部分去做開發。當然，集中管理可行與否，須視各單位的大小以及成本是否能夠配合。

舉例來說，Stouffer 公司將成本集中策略放在瘦身食品的生產線上，可以讓顧客在重視食物熱量的考量下，同時得到高品質又便利的產品；相同地，美國的鳳凰大學曾經在 13 州內設立 51 個院區，準備吸納 5 萬名以上的學生，這些學生大都是在職的，每星期只能上數個小時的課程，期限最長是 5～6 個星期，這種因應學生需求的策略手法不同於其他學校。

六、策略的執行

設計良好的策略如果不能順利執行，就失去了意義，所以在這一章節，我們簡單提出幾點能夠成功執行的要素。

㈠策略執行成功的特色

麥肯錫顧問公司發展了一份能夠成功執行策略的清單，提出了麥肯錫 7S 模型 (McKinsey 7S Model)，請參圖 7-2。

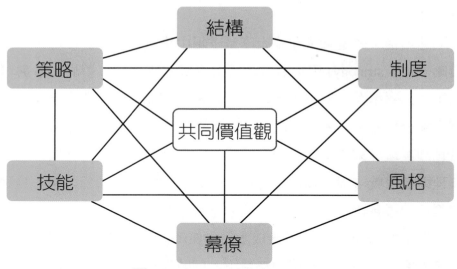

1. 策略 (strategy)

　　管理的開始一定要有好的策略，它應包括對環境作精確的評估，特別是對於競爭者現在或未來的舉動應有所注意。

2. 共同價值觀 (shared value)

　　此乃解釋在組織的一般宗旨下，有關全面性方針的相關策略，而這些策略應該和組織的使命聲明是連貫一致的。

3. 技能 (skills)

　　這涉及到了組織的核心能力。組織所選擇的策略必須和內部技能相配合。

4. 結構 (structure)

　　藉由決策來決定組織的內部結構應該如何，再經由具有結構性的計畫，成為完成組織書面目標的一種媒介，一旦組織的決策改變了，結構也將跟著改變。

5. 制度 (system)

　　組織的制度要能支持策略所提出來的工作，所謂制度包括了所有正式的政策以及程序，例如資本預算、會計以及資訊系統等。

6. 風格 (style)

高層主管的行為反應就如同一規章模型，無論是實質上或象徵性的行為都可以傳達給大眾有關組織優先重視的事情，以及組織對於書面策略的承諾。

7. 幕僚 (staff)

幕僚是指執行策略的人，組織需要雇用具備能力及技術的員工，來確保有關組織的選擇程序及作業流程能與既定決策相配合，並能讓決策持續進行。

㈡維持競爭優勢的重要性

一個長期性的策略要能成功執行，必須要能維持其競爭優勢，唯有如此，組織才有能力去抵抗競爭者帶來的挑戰或是整個產業發展狀況的改變；然而，想維持競爭優勢並非易事。

有時候顧客會發現組織的相關技術正在改良中，這時候，避免被競爭者模仿是相當重要的，管理者應該設下障礙以增加模仿的難度，減少競爭機會；許多的環境管理技巧也都趨向為競爭者設下障礙。舉例來說，申請專利及著作權即可減少被仿效的可能，而強勢經濟規模下，藉由減價來增加獲利空間，或與上游獨占事業的供給者簽下契約，限制他們將原料供給其他競爭者，或是支持政府課徵國外競爭者的關稅等都是有效的戰術。

西南航空就是一個維持競爭優勢的最佳例證。該公司所處的航空業曾在 5 年內損失超過 120 億美元，但它卻能在成本領導的策略下維持獲利。西南航空在飛機上不提供餐點、沒有保留席與頭等艙、也沒有電腦預約系統、沒有跨航線的行李轉運；它僅使用標準化飛機和採用可循環使用的登機證等等，這些措施讓該公司在可利用座位下，平均每英里僅須花費 7.1 美元，低於其他競爭者。西南航空的成功引來競爭者的模仿，這時候西南航空如何做呢？它開始說服旗下 2 千名飛行員簽下史無前例的契約，約定將來 5 年的薪資不會變動，之後則只增加 3 個百分點。這個契約幾乎可以保證西南航空維持相當大的成本優勢，但飛行員為什麼

會同意呢？因為西南航空公司承諾讓飛行員在契約期限內，每年有權獲得西南航空的股份。

七、專案管理

位於美國加州的 Chrysler 汽車公司對於迷你旅行車的生產製造管理，與密西根州的 Chrysler 技術中心的設計小組有著完全不同的管理方式；前者採取「持續進行」方式，後者則為「專案管理」的最佳例子。

以下我們將簡述專案管理 (project management) 的意義，並提出為什麼近年來專案管理如此熱門，並成為專案規劃過程的焦點以及管理者面對挑戰的工具。

㈠什麼是專案管理？

專案是指僅進行一次的一組活動，有明確的開始及結束時間。每個專案的大小與範疇不同，如美國太空總署的火箭發射計畫或一場美麗動人的婚禮，都是專案的例子。至於專案管理則是在特定預算、時間以及需求的限制下，完成工作。

現今並不缺乏專案管理的擁戴者，例如：Price Waterhouse Coopers 的合夥人 William Dauphinais 如此說道：「專案管理在未來 10 年將會更受歡迎。」至於 Bell South 的經理 Michael Strickland 說道：「專案管理是商業世界未來的方向。」

專案管理其實在建築、電影等行業早已存在，之後擴散到近乎每個產業，主要原因在於它適用於效率高的環境，而且具備高彈性以及即時迅速的反應。近年來，組織愈來愈需要面對非經常性的事件、具特定截止日期及處理一些複雜且相互關聯、需要特殊技巧的測試或是短暫性的計畫工作，這類工作並不適合採用僅依循慣例及持續性組織活動的標準化營運程序來完成。

典型的專案規劃過程中，工作小組成員的工作是臨時分配並得向專

案主管報告，而這個主管負責協調所有與該專案相關的活動，並直接向更高主管報告。這種專案是暫時性的，它存在的期限就是目標完成的那一天；專案結束後，工作小組成員再移向其他新的專案，或是回到原有的工作崗位上，甚至就離開該組織。

㈡專案規劃程序

以下幾點是專案規劃程序 (project planning process) 的基本特徵：

1.定義專案的目的

程序的規劃首先應明確定義專案的目的，讓管理主管及工作小組人員對於未來工作有所預期。

2.找出完成專案所需的資源及相關活動

對於完成專案需要的相關活動及資源必須事先找出來，例如需要具備什麼技能的員工與原料等。這些前置準備工作往往都相當耗時且複雜，因為每個專案通常都是獨一無二的，所以沒有相關的歷史資料以及經驗可依循。

3.評估執行上述活動的優先順序關係

當這些相關活動已被找出後，則要開始決定這些活動的順序。我們通常會利用流程圖來解釋這些步驟。

4.決定專案完成的日期

專案活動應該設有時間表，管理者應評估每一項活動所須花費的時間，然後再根據這些評估，建立全面性的計畫時間表以及應該完成的日期。

5.比較專案程序表的目標

評估計畫時間後，就可以和原先訂的目標作比較，並適度修正。舉例來說，假設某一計畫的時間設定太長，則管理者可以多分配一些時間、資源在關鍵性的活動上，使得整個專案較快完成。近年來，已有許多的電腦軟體可以用來協調計畫，例如利用工作表軟體計算每個產品生命週期中所需要的人數。

㈢專案經理的角色

由於專案是暫時性的，所以有執行方式上的不同，好像監督一條生產線及每星期進行帳單的整理。這種「及時作業」的專案經理是組織的槍手，他們就是要完成組織的工作。

儘管目前有許多先進的電腦軟體及專案的管理工具，但是專案經理還是面對相當困難的環境，這是因為人們還是習慣有聯繫、權勢及歸屬永久性的部門。Chase Manhattan 銀行的副總裁 Ian Benson 說道：

你必須學會與不同傾向的人工作，並且曉得哪些人與你的想法不一。

AT&T 全球企業資訊系統的專案經理 Janine Coleman 解釋道：

我們的公司告訴顧客說：「我們安排一位專案經理給你，他將負責此事。」如果做不好，這就是我的錯。然而，這有關係到權勢嗎？答案是沒有。如果副總裁不在場，那麼專案經理將負責。

團隊的成員通常在同一時間內被委任執行 2、3 個專案計畫，因此，專案經理經常需要與別的專案經理競爭。

八、企業家精神

「領導者是夢的推銷者，和幸福環境的塑造者。」奇美董事長許文龍曾說道。這位 87 歲的溫和長者，不常進辦公室，開會喜歡簡單的口頭報告，不准同仁記筆記，無為而治的建立起奇美的精神——簡單、平等。許文龍決策時力求簡單，授權讓同仁充分發揮。對於善意的錯誤，許文龍總是找答案，不追究責任，為的是讓同仁不怕犯錯；但若出差錯一定在第一時間回報，所以在奇美，部屬和主管的透明度是臺灣企業少有。許文龍重視平等，他曾在新廠量產慶祝時拒絕與幹部合照，「這裡每個人都一樣重要，要照應該全部的人一起照。」在奇美，找不到台塑總管理處

開會的戒慎，也不像鴻海幹部會議有如軍官團的森嚴，卻處處留下許文龍簡單、平等的精神。

霖園集團創辦人蔡萬霖雖為臺灣巨富，然而一生簡樸、低調、重紀律，時至今日，國泰仍然秉持低調的精神，「有恆心、有耐心、一直做下去。」蔡萬霖就是用這句不起眼的秘訣，創造臺灣首富的傳奇。蔡萬霖紀律嚴明的管理風格，有「不靠背景、不講人情、不情緒化用事」的三不原則。在國泰凡是觸犯挪用保費公款，以及在辦公室搞不正常男女關係兩項「天條」者，一律革職。國泰的員工都知道：「跟他做事，不該拿的，一毛錢也不能拿。」

大同集團前總裁林挺生，和黑手出身的創業家不同，大同的員工與學生都稱他「教授校長董事長」。每天工作 16 小時，1 週工作 7 天的林挺生，不抽菸、不喝酒、甚至不喝茶及咖啡。每週一晚上為員工及大同大學的教授們上經營學，教授《論語》及亞當‧斯密的《國富論》，一站 2 小時，數十年如一日。

林挺生曾對員工說：「企業人只有目標 (goal)，沒有高爾夫 (golf)。」嚴謹的工作態度，一生工業報國，正誠勤儉，奉獻建教合一研究發展的夢，精神長存每個大同人的心中。

成立 38 年的長榮集團，給人的印象是保守又大膽。從海運跨行投資航空、甚至投資觀光飯店，毫無經驗卻能做到最好，靠的是綿密的市場調查與說到做到的執行力。這樣的長榮精神，源於總裁張榮發。

長榮決定投資空運業時，張榮發從日本買了許多空運專業書籍，翻閱到紙張幾乎翻破；當時只要搭飛機，他就拿出隨身攜帶的皮尺丈量座椅間距等資料，作為日後參考。調查詳盡、凡事立即執行是張榮發的精神與意志。他曾說：「人最重要的，就是精神和意志力，凡事用不用心，盡不盡力，結果有很大的差別，但決定永遠在自己。」

中國鋼鐵創辦人趙耀東，絕對是中鋼綿密執行力的締造者。1970 年代，國營事業普遍存在吃大鍋飯的心態，趙耀東創立中鋼，同時建立起管理制度，把國營事業經營得卓有績效。為了避免只講求形式或者鄉愿

作風，趙耀東要求制度設計之後，就要執行。他在任內一共開除違反公司規定的 182 個員工，其中有些員工只是比規定時間提早去餐廳吃飯或早退，但趙耀東含淚開除。

他說，「要確立規定的效力，唯有嚴格執行。」1985 年，中鋼發生火災，燒燬了價值 6 千多萬元的設備。中鋼從董事長、總經理、副總經理、廠長、控制室、現場等，每個人都爭著承認是自己的錯。不怕犯錯，勇於認錯。中鋼的員工從進入公司開始，就被灌輸趙耀東式「多做不錯、少做多錯、不做全錯」的觀念，塑造中鋼充滿精力、鬥志與幹勁的風格。

能將一個幾乎領不到薪水、搖搖欲墜的公司，整頓到變成業界老大，員工年終獎金可以領到十幾個月，創造「汽車界艾科卡」傳奇的，正是中華汽車工業前副董事長林信義。在中華汽車一路從工程師、廠長晉升到總經理、副董事長。從基層到高位，林信義的領導具威嚴，工作上力求賞罰分明，因為在競爭激烈的企業體運作，「錯罰一個人，只有一個人恨你；但錯賞一個人，很多人恨你。」建立公平的獎懲制度，對所有員工一視同仁的衡量，是不可或缺的。執行力從公平的制度開始，林信義為中華汽車奠定制度為先的基礎。

筆記型電腦之王林百里奉行烏龜哲學。他常對員工說：「烏龜如果和兔子比，一定贏不了；但是烏龜只跟自己比，一步一步往前走；而兔子跟別人比，一定會懈怠。」林百里深知執行力的重要。廣達成立前 10 年，林百里不參展、不受訪，全心全意進行電腦研究。1997 年，廣達擊敗當時參與角逐的 10 幾家公司，拿到戴爾公司的大額訂單，一鳴驚人，可以歸因於廣達具備前瞻性研究的硬底子功夫。當時戴爾委託生產的機種，其實日本已領先開發數年，但是廣達在數個月內就趕上日本的技術水準，隔年即出貨 100 萬臺筆記型電腦。林百里的策略向來簡單，訂好了就計畫、分工，「最難做的是清茶淡飯，最好做的其實是糖醋排骨」，看起來不厲害，往往才是真正高明的。

製造拖鞋、雨鞋起家的寶成集團，從中臺灣的「拖鞋大王」到生產全世界五分之一運動鞋的製鞋霸主，總裁蔡其瑞的經營哲學僅有「靠制

度及信任感」淡淡的一句話。說來容易做起來難，從前製鞋業代工有項不成文規定，只要代工一家品牌，就無法再代工其他品牌。為打破客戶的顧忌，蔡其瑞將不同品牌代工的生產線完全分開，爭取顧客的信任，也讓寶成邁向製鞋業代工的龍頭地位，不論消費市場偏好哪一個品牌，寶成總是贏家。隨著科技的進步，新產品的生命週期因流行化而大大縮減，不單單只有新產品的問世要快，就連製造廠的生產速度都要快。

寶成從精進電腦化技術做起，投入大量經費改良設計，讓生產更精準、流程更快速外，傳承 know-how，不斷緊抓市場潮流，革新生產流程與效率，正是寶成稱霸製鞋業的關鍵。

許多人認為策略規劃僅適用於大型企業，因為穩固的組織才具有較豐富的資源。但事實上，有些人才的主要興趣並非在管理大型且穩固的組織，而是運用企業家精神來設立符合自身理念的公司。所以我們接下來要論證企業家精神這個策略規劃中的特殊例子。❶

㈠什麼是「企業家精神」(entrepreneurship)？

企業家精神的定義相當多，舉例來說，有人認為任何創立新企業的人即富有企業家精神；也有人認為企業家精神是指對於財富的追尋。常常有人將企業家形容成大膽、創新、勇於冒險的人，並將這類型的企業家與小型企業管理者連結。綜合以上幾點，企業家精神是指「個體藉由創新的方式運用手中資源，尋求機會以及滿足需求與欲望的過程」。

值得注意的是，並非所有小型企業的管理者皆屬於企業家，因為有很多小型企業管理者並不重視革新，他們如同那些身在大企業或政府機構裡的保守主義者，僅追求穩定而已。

至於大型、穩固的組織內有企業家嗎？這就取決於如何為企業家定義。彼得・杜拉克認為具備企業家條件的管理者對於自身能力都相當有自信，而且隨時把握在創新中產生的機會；他們不但能預期未來可能發

---

❶ 以上摘錄自：經理人月刊編輯部 (2007)，〈成功企業家的 4 種典範〉，《經理人月刊》。

生的變化，且能好好利用這些變化。相較於企業家，彼得·杜拉克將另一種類型的管理者稱為信託型 (trustee type) 管理者，這種管理者通常把變化當成是威脅，且常因為不確定而感到惶恐；他們喜歡一切都在預料之中，所以希望能維持現況。

在現今大企業的環境下，entrepreneurship 已經成為最常使用的字眼，但仍無法表達企業家精神的真正意涵，因為幾乎所有的風險都是由母公司承擔。此外，母公司更會設定所有的規則、政策以及其他的限制，使得企業家必須向母公司高層報告；若經營成功，回報不將是財務上的自主，而是事業上的成長。

㈡你是屬於企業家型的人嗎？

你未來是否有機會成為企業家？是否具備企業家的特質？本節將探討企業家的人格特質以及其他相關因素。

1.企業家的人格特質

企業家是否具有共同的心理特質？經研究發現，他們的共同特色包括努力工作、自信、樂觀、堅定以及充滿活力，而最重要明顯的特質是追求成就感，相信命運操之在己，並且承擔中等程度的風險。

企業家喜歡負責解決問題、設立目標，且靠自己的力量達成所設的目標；他們喜歡獨立，不喜歡受限於他人；他們不怕冒險，但是也不會冒然行事；他們在作決策前計算風險的程度，並覺得形勢可控制時，才會進一步行動。

研究企業家的人格，讓我們產生兩項結論：

⑴具有企業家人格的個人不易安於現狀；大組織或政府機構裡的規章限制只會讓企業家有更多的挫折感。

⑵創業所須具備的人才特色恰好符合企業家的特質；創業可以展現企業家操控自己命運以及冒險的意願。

2.其他成為企業家的因素

除了人格因素外，能否成為企業家尚取決於其他的因素。一個「鼓

勵個人成功」的文化環境裡，較容易培養出企業家。例如美國，它強調要成為自己的上司，這也說明了為何美國有那麼多的企業家。父母也是重要因素之一，通常企業家的父母會鼓勵他們上進、獨立以及為自己的行動負責。再者，企業家通常會有榜樣可以學習，看到別人因創新而成功的例子，會使人們更相信藉由創新獲致成功是可行的。最後，以前的企業家經驗讓人鑑往知來，可持續企業家的精神與活動，出現第一次之後，第二、三次就輕鬆容易多了。

㈢傳統管理者與企業家的不同

我們可以從表 7–2 中看出，在大型組織中傳統管理者與企業家的不同。大體來說，傳統管理者比較趨向守成，而企業家比較積極尋找成功的機會，但是在尋找的過程中，企業家往往得用自己的財務做擔保，面臨一些財務風險。所以一般大型的組織通常設有完整的制度鼓勵管理者，同時也可降低風險。

表 7–2　傳統管理者與企業家之比較

	傳統管理者	企業家
主要激勵方式	給予升遷、辦公室幕僚、權力作為獎勵的方式	給予更高的獨立性、提供機會與錢財
時間觀念	短期目標	5 至 10 年之成長目標
活　動	授權並監督	直接投入
風險承受度	低	高
對失敗與錯誤的看法	盡量避免	接受

此外，從表 7–3 中可以看出，企業家在處理決策時，與傳統管理者不同，雖然同樣重視資源、結構、控制和機會，但是卻著眼於不同的重點，使得在考慮相同的問題時，企業家與傳統管理者有著不同的優先處理順序。

　　企業家所提出的策略是來自於「機會探索」的結果，而不是考慮組織是否充分運用資源。企業家無時無刻不致力於探索環境中的機會，他們認為應優先發掘各種可利用的概念，然後處理單純的資源分配工作。

　　一旦發現機會，企業家會思考如何藉由機會為組織帶來利益。他們不會因為害怕面對財務風險、其他工作機會、家庭關係破裂或是精神福利被剝奪等，而放棄新的冒險活動。2012 年約有 60% 未超過 6 年的新企業，他們傾向於忽略那些阻礙成功的繁複統計數字，自信地認為他們所找到的機會將會指向成功。

　　企業家直到確定機會可行後，才會開始關心資源的問題；他首先考慮組織需要什麼樣的資源，然後再開始考慮該從何處獲得。相較於傳統管理者，企業家比較重視資源的處置權，更常考慮如何有效利用有限的資源。

　　最後，一旦資源獲得的問題可以克服，企業家將可以整合組織結構、員工、系統及其他要素，完成全面性的策略工作。

表 7-3　傳統管理者與企業家在處理決策時有著不同著眼點

傳統管理者	企業家
我控制了什麼資源？	機會在哪裡？如何讓它變成我的資產？
什麼官僚組織結構決定市場與組織關係？	我需要什麼資源？
如何降低他人對我執行能力的衝擊？	我如何取得資源的控制？
適當的機會是什麼？	最佳的組織結構是什麼？

九、目標：在規劃中的善用與誤用

　　一般而言，組織的策略往往是由少部分高階管理者所制訂，相同地，企業的規劃通常也是由那些創業老闆所執行。但有一種規劃工作無論是

高階主管或基層主管都需要參與，那就是「設立目標」。所謂目標 (objective, goal) 是指個人、團體或整體組織欲達成的成果。接下來我們將提出目標的觀念，期望能有效地運用目標。

㈠組織需要多重目標

或許有人會認為每一個組織只需要單一目標即可，舉例來說，營利事業希望獲得利潤，而非營利事業則希望提供有效的服務。但事實上，所有的組織都需要多重的目標，例如企業往往希望同時能擴充市占率、開發新產品、發掘新市場、提升員工福利以及承擔社會責任。

舉例來說，Haworth 是專門製造辦公室傢俱的公司，它除了追求合理的投資報酬率外，也希望增加顧客的滿意度、追求高品質以及對員工的教育訓練。再舉教堂為例，教堂不但提供了一條「通往天堂之路」，同時也讓人群聚集在教堂內，提供一社交場所。

沒有任何一種方法可以非常有效地評估出組織是否成功，因此組織為了獲得各種不同對象的擁護，必須提出多重的目標。

㈡書面目標與陳述目標的誤用

美國保險公司 Allstate 表示：「我們的目標就是讓顧客知道，全美最佳的保險公司就在這裡。」美國南伊利諾州立大學的學校簡介中寫著：「重視教學品質。」

以上所看到各種不同的聲明 (statement) 可以在組織的設立許可書、年度報告、使命說明、手冊、公共關係通告或是管理人共同制度的聲明書等中找到，這些聲明就是書面目標 (stated objectives)。這種書面目標可獲得擁護者的支持，但是也常受到社會大眾的期望所影響。

書面目標與陳述目標產生衝突的原因是，組織背後有著一大群形形色色的顧客或是利害關係人，利害關係人對於一個組織的評價好壞，往往是站在不同的角度，因而使得管理人被迫對不同的人說不同的話。舉例來說，1995 年的夏天，美國努力想在日本打開美國產品市場，於是當

時的美國總統柯林頓開始對日本輸入的 13 款高級轎車課徵百分之百的
關稅，這使得諸如 Lexus、Infiniti、Acura、Mazda 及 Mitsubishi 等汽車
公司的經理為了尋求解除關稅，對柯林頓、其官方貿易代表及國會議員
表示，關稅的設立將使得許多美國員工喪失工作，並造成許多經銷商紛
紛倒閉。但同時，這些經理人又向美國顧客與經銷商聲明，他們不會放
棄美國市場。這些日本經理人對不同對象講不一樣的話，他們的兩套說
法皆沒有錯，但存在著衝突。

㈢目標的價值

全面性組織目標重視表面勝過實質，但是個別員工以及各單位的目
標，則重視實質勝過表面。舉例來說，許多證據證明員工在有目標時，
表現得更好。

最早有關目標價值的研究，是目標設定理論 (goal-setting theory)：美
國馬利蘭大學管理學兼心理學教授愛德溫‧洛克 (Edwin Locke) 和休斯
在研究中發現，外來的刺激（如獎勵、工作反饋、監督的壓力）都是通
過目標來影響動機的。目標能引導活動指向與目標有關的行為，使人們
根據難度的大小來調整努力的程度，並影響行為的持久性。於是，在一
系列科學研究的基礎上，他於 1967 年最先提出「目標設定理論」(Goal
Setting Theory)，認為目標本身就具有激勵作用，目標能把人的需要轉變
為動機，使人們的行為朝著一定的方向努力，並將自己的行為結果與既
定的目標相對照，及時進行調整和修正，從而能實現目標。這種使需要
轉化為動機，再由動機支配行動以達成目標的過程就是目標激勵的價值。
目標激勵的效果受目標本身的性質和周圍變數的影響。

目標設定理論主張：⑴特定的目標設立能夠增加效能；⑵愈是困難
的目標，所能增加的效能愈多；⑶具備回饋 (feedback) 的系統亦比缺乏
回饋的系統更有效能。從證據上可以明顯看出，以上三個主張都是合理
的。

特定的目標如同刺激物，鼓勵並刺激員工為達到目標而努力。目標

分成基礎水準與成長率水準，基礎水準適合讓基層員工維持，但成長率水準較適合由高層員工提供策略規則方針指導。如果我們將目標的能力及接受度維持固定，可以證明愈困難的目標，可以得到較高層級的表現。當然，較容易的目標比較容易被員工所接受，但是一旦員工接受較困難的目標，他們會更加努力去發揮效能，直到目標完成。最後，當員工在為目標努力時，如果能得到回饋，他們將做得更好，因為他們可以從回饋中看出「已經做到的」與「希望做到的」之間的落差。

㈣觀念到技能：目標管理

要如何應用目標設定理論呢？我們可以運用彼得·杜拉克在 1954 年所提出的目標管理 (management by objective, MBO)，其內涵包括目標共同制訂、過程中人員共同參與、事後的績效評核與修正。雖然它是目標導向，但卻更重視透過良好的程序運作與全員參與，因而不同於傳統的「以目標為管理手段」。

下列為 MBO 的 8 個步驟，管理者可以將其用來協助員工設定目標，進而提高員工績效。

Step 1 指出員工的主要工作任務	根據組織目標定義希望員工完成的事情；當每位員工達成任務時，組織目標也隨之完成
Step 2 對每項主要任務設立特定且具挑戰性的目標	這個步驟必須同時考量質與量，例如：預算誤差不超過 3%、24 小時內處理完所有的電話訂單、維持退貨率低於 1% 等
Step 3 為每項目標設立完成期限	設定一個可行的完成期限，可以減少模糊程度
Step 4 讓員工積極參與	讓員工參與定義目標，可以提高他們對目標的接受度；管理者必須誠心地邀請員工參與，並讓員工相信管理者尊重他們的投入與貢獻
Step 5 排定優先順序	員工通常有多重的目標需要完成，所以排定優先順序將有助於員工根據目標重要性的比重，來取決努力的程度與範圍

Step 6 評定目標的難度與重要性	設定目標時,不可因為目標達成容易而選定。藉由評定目標的難度與重要性,有助於獎勵個別員工嘗試困難的目標
Step 7 設立回饋系統以評估目標的進度	藉由回饋系統讓員工知道他們努力的結果是否充分達到目標,所以回饋的次數應該要頻繁
Step 8 將報酬與目標結合	想要加強目標進展並順利完成,需要一套以績效為基礎的獎勵制度,而且獎勵應充分反映出目標的難度及產出結果

㈤目標的負面作用

　　特定目標之設定經證明與員工績效呈正相關,然而並非每個人都贊同目標的價值。品質大師戴明 (W. Edwards Deming, 1900～1993) 認為特定的數量化目標弊大於利,理由如下:

1. 數量化的目標容易誤導員工把重點放在產出的數量,而不重視品質。
2. 員工往往把特定目標視為目的地,而非起點,因此特定目標反而限制員工進步的潛力。
3. 要求過高的目標會造成員工壓力,可能引導員工虛構事實,表現出達成目標的狀況。例如,管理者受到總裁訂定之銷售成長壓力,如果未能達到成長目標,即可能遭革職,因而強迫中盤商承購公司的產品,進而膨脹公司之銷貨。

　　上述有關目標訂定之批評是事實,然而這些缺失是可以克服的。方法如下:

1. 管理者可以替員工訂定多重目標,兼顧質與量。例如:以產品數量與品質來衡量生產部門員工或團隊的績效。同樣地,觀察顧客的回饋可以評估員工的服務品質。
2. 把目標設定當作持續性的活動,隨時檢討並修正目標。
3. 完成高難度目標的員工應該給予應有的獎勵。倘若員工因為無法達成

困難目標而受到懲罰，則目標之設定反而限制了員工的能力。因此，應該鼓勵員工訂定充滿野心的目標，而且不應該讓員工有害怕失敗而遭到責罰的恐懼，才能讓員工發揮長才。

十、個人規劃：建立時間管理技巧

管理者的工作是充滿壓力的，對他們而言，時間總是不夠，因此若能掌握時間管理的技巧，對他們來說將會受益無窮。在此節，我們將建議一些時間管理的技巧，管理者只要善於利用時間，將知道哪些工作需要根據時間及重要性循序來完成。

時間管理的技巧真的有用嗎？執行時間管理的學生於測驗中可獲得平均以上的成績；此外，也可說明更高的工作績效與滿意度，可從有效的時間管理而來。雖然良好的時間管理技巧並無相同的說法，但是大部分人都贊同有效的時間管理技巧能幫助人們完成較多及較好的工作。

㈠時間是稀有的資源

時間是非常稀有的資源，浪費了就不可能替代；且並不能夠被儲存，如果消失就不復返。無論是對於管理者或其他人而言，時間的數量都是一樣的，差別只在於誰以較為聰明的方式去分配。

㈡焦點放在可控的時間上

管理者不可能完全掌握時間，他們總是面對各種干擾及預想不到的事情；因此，有必要區分出回應時間 (response time) 及可控時間 (discretionary time)。

管理者花在回應他人的需求及問題的時間，稱為回應時間，而管理者是無法控制這種時間的；相對地，若是管理者能夠自由掌握，則稱為可控時間。想要改進時間管理，就得在可控時間中著手。

然而，根據作者的實務經驗，大部分管理者的可控時間只占工作時

間的 25%，特別是中下層的管理階層；此外，可控時間總分割得很零散，很難有效管理。因此，管理者的挑戰就是如何在那些可控時間內做有意義的事情，若能善於組織可控時間，將能提高工作的績效。

㈢有效的時間管理技巧

時間管理的重點在於時間的有效性，也就是你必須懂得哪些目標需要完成、哪些工作能夠達成目標，以及每項工作的重要性及迫切性，並記在隨身的手機或小冊子上，以便有效運用時間。以下我們介紹時間管理的 5 個步驟，以及一些如何有效管理時間的建議：

1.時間管理五步驟

⑴列出目標

清楚條列必須完成的目標。

⑵根據重要性及迫切性來排序

依重要性與迫切性將目標作排序，如表 7–4。

表 7–4　有效善用時間的方法

重要性	A. 非常重要：必須要完成 B. 重要：應該要完成 C. 不十分重要：可能有用 D. 不重要：無益
迫切性	A. 非常迫切 B. 迫切：應該馬上完成 C. 不迫切：可以再等候一些時日 D. 時間不是問題

⑶列出哪些工作能夠達成目標

可透過採行目標管理確認這些工作。

⑷根據每個目標，優先循序地執行工作

這個步驟是根據第二階段的優先順序作安排。如果某些工作並不重要，你可先處理其他的事情；對於非迫切的問題，你可以暫緩處理。這

個步驟主要讓你知道哪些工作是必須、哪些是應該、哪些是能夠，以及哪些是替代?

⑸排序你所設定好的工作

最後的步驟是建立工作日誌。每天上工之前，寫下你在當天需要進行的五大要事；倘若超過十項，那將不可能有效完成。

2.跟隨 10-90 原則 (10-90 Principle)

大多數管理者只用 10% 的時間來產生 90% 的成果；管理者若要善於利用時間，必須確保此 10% 是用於最迫切重要的事情。

3.知道你的生產力週期

每個人都有其體力的週期，這與生產力有相當大的關連。在你體力最佳的時段解決最需要處理的大問題，因為那時候的你最敏銳、最具生產力；相反地，將不重要的事留到體力最差的時段來進行。

4.記住帕金森定律

帕金森定律 (Parkinson's law) 是指，在足夠的時間內，工作量可以增加而不影響原本的工作。時間管理的結果就是你可以排列很多工作；如果你給自己超量的時間來進行一項工作，你可能會允許自己使用所有的時間去慢慢完成，但事實上你不需要那麼多時間，而那些多餘的時間可以去進行別的工作。

5.將不重要的事情組合起來

每天設定一個固定的時段來撥電話、回覆信件、追蹤訊息以及處理瑣碎的事情。這些事情最好是在體力減弱的時段進行，可避免浪費心神，並讓自己全力因應重要的事情。

6.減少干擾

最好設定一個私人的時間來阻擋別人的干擾，以便在自己生產力最佳的時段進行最須專心解決的事情。

↘個案探討

　　慈悲藥局是一家傳統的藥局，由夫妻兩名藥師搭配工讀生經營，原本維持穩定方式經營。但隨著屈臣氏、康是美等藥妝店的崛起，慈悲藥局被動式的經營方式已無法穩定生存下去，必須主動改變競爭趨勢，而不是被競爭者牽著鼻子走。因此，慈悲藥局轉成複合式的經營方式，引進保健食品的經營（針對毛利較高的產品），引進化妝品的經營（針對年輕人的市場）。請討論：

1. 制度化是企業管理的基本精神與架構，慈悲藥局的夫妻老闆若要面對屈臣氏、康是美的競爭，必須有店長、組長的組織設計，並規劃制度，誰負責化妝品的經營成效，誰負責保健食品的經營成效，請以本章規劃制度的重點內容加以說明上述的精神。

2. 針對引進化妝品使得慈悲藥局必須改名為漂亮藥局，而面對屈臣氏經常做促銷活動，負責化妝品醫美的組長，如何規劃制度來面對競爭？請以本章的內容重點加以說明之。

3. 假設慈悲藥局之前的管銷費用，在薪水方面用 4 位員工，每位員工月薪 2.5 萬元，共 10 萬元，現引進職務津貼的制度，店長職務津貼 1 萬元，2 位組長職務津貼各加 5,000 元，薪水比原本共多 2 萬元，請問這樣的制度是對或錯？請以本章的精神為內容加以說明之。

■ 關鍵名詞

1. 規劃 (planning)
2. 策略性計畫 (strategic plans) 與作業性計畫 (operational plans)
3. 使命聲明 (mission statement)
4. 成長型 (growth) 策略
5. 穩定型 (stability) 策略
6. 精簡型 (retrenchment) 策略
7. 混合型 (combination) 策略
8. SWOT 分析 (SWOT analysis)
9. 利基點 (niche)
10. 競爭優勢 (competitive advantage)
11. 成本領導 (cost leadership) 策略
12. 差異化 (differentiation) 策略
13. 集中化 (focus) 策略
14. 麥肯錫策略成功之 7S 模型 (The

7S model)

15.專案管理 (project management)

16.企業家精神 (entrepreneurship)

17.組織的多重目標

18.目標設定理論 (goal setting theory)

19. 10-90 原則 (10-90 principle)

20.帕金森定律 (Parkinson's law)

摘要

1. 規劃包含了定義組織的目標、評估為完成這些目標所需建立的全面性決策、並建立一個階段性的規劃過程，以整合及協調組織內部的活動。

2. 所訂定的計畫，若是能適用於整個組織，且其目的是在建立組織的全面性目標，以及尋找該組織在整體環境中的定位時，我們就將其稱之為策略性計畫。而至於如何去逐一完成組織全面性目標而作的計畫，我們就謂之作業性計畫。

3. 職位愈高，其處理策略性計畫的機會愈多；相對的，層級愈低的主管，其處理作業性計畫的機會愈多。不過，對於以上所謂的階級及計畫分類還仍須考慮該組織的規模大小。

4. 為什麼將規劃分類時，時間架構的考量很重要呢？我們可以說是在於一個承諾觀念。當欲執行的計畫影響未來工作承諾愈長久時，則管理者需要更長期的計畫，所以承諾觀念是在說明計畫應將時間擴展到足夠完成未來的執行工作。

5. 為什麼管理者需要作規劃？

   (1)提供公司未來的方向。

   (2)減少變革所帶來的影響。

   (3)避免資源重複及浪費。

   (4)建立一套標準，讓控制的工作更容易完成。

6. 當所有影響組織營運的相關事項揭露後，管理者就必須藉此找出組織目標，並整合整個組織的活動、協調彼此關係以利工作小組的運作。

7. 在規劃時，我們建立了目標，而在控制的程序中，我們運用這目標與

真實營運結果相比較,找出重要的差異點並藉此作出適當的矯正工作,
所以我們可以說:「沒有了規劃, 就沒有所謂的控制。」

8. 對正式化及策略性規劃的批評如下:

　⑴規劃將使組織太過僵硬。

　⑵在混亂、浮動的環境下, 你將無法作規劃。

　⑶制度不能代替直覺及創造力。

　⑷將使得管理者僅注意到目前產業面臨的競爭, 而忽略了未來可能的
　　競爭性。

　⑸規劃往往促使這些成功的組織, 對於造成其成功的主要原因心不在
　　焉, 這將會造成該組織走向失敗。

9. 有部分學者認為規劃通常能帶來正面效果, 其所提出的結論如下:

　⑴一般而言, 正式的規劃可以增加銷售及盈餘的成長、提高資產報酬
　　率以及一些其他正面性的財務效果。

　⑵要求規劃程序的品質以及對規劃採適當的方式, 都將比未作規劃來
　　得更具效益。

　⑶管理者必須去學習如何有彈性的建立一個能成為替代方案的臨時性
　　計畫, 以及試著讓規劃的工作持續一年以上, 這將可以解決規劃過
　　度僵硬的問題。

　⑷沒有任何一種規劃系統或是規劃架構可以完全代替創造力以及直覺
　　的洞察力, 然而, 不預作規劃也不保證決策具有創造力。

　⑸正式的規劃若無法帶來較高的效益, 環境可能是主要的罪魁禍首,
　　如果政府政策強而有力、勞工工會有力量等環境下, 將會限制管理
　　者所作的選擇, 因為在限制條件多的環境下, 管理者對於規劃後可
　　行方案的選擇將減少。

10. 一個最好的組織目標應是簡潔、清楚且容易讓人瞭解的。並試著引用
　　使命聲明的觀念, 來說明並觀察一個組織目標的定義及回答可能遇到
　　的問題。舉例來說, 我們正處於何種商業環境下? 有什麼事情我們要
　　試著去完成? 使命聲明同時亦可成為管理者和員工的指引依據, 並能

指出組織的焦點中心以及未來發展方針。

11. 一個好的管理者會善用組織的優勢部分，來創造組織的更大效能。此外，明確的任務目標將可使創造組織更大效能的程序更為順利完成。我們該如何做呢？首要工作就是考量該組織能帶來競爭優勢的有利點為何？

12. 決定是否為組織的機會或威脅，應該是指對資源是否做有效的控制；分析組織所擁有的資源，有助於管理者明確的評估出組織的優勢與劣勢，並找出組織在市場的核心能力、特殊的資源、以及技術。

13. 一個成功的分析應該確認組織的利基點，使其產品及服務具備相對的競爭優勢，並藉此找出能配合組織資源的市場機會。

14. 沒有一家公司可以在滿足所有人的情況下，還能讓營運達到平均水準以上，所以管理者必須選擇其中一個能為組織帶來競爭優勢的策略。所謂競爭優勢，是指讓組織有足夠能力或是環境優勢來領先群雄。

15. 管理者應避免在所屬產業下，對其他競爭者採取正面性的攻擊，管理者的目標應該就該組織擁有的優勢，而其他競爭者所沒有的部分作為著眼點。

16. 麥可·波特指出三種可以讓管理者選擇的策略，分別是成本領導、差異化以及集中化三種策略。管理者根據組織本身所擁有的優勢，以及競爭者所處的相對劣勢作為這三種決策選擇的依據。

17. 麥肯錫顧問公司發展了一份能夠成功執行策略的清單，它提出了策略成功的 7 個要素，分別為：策略、共同價值觀、技能、結構、制度、風格、幕僚。

18. 一個長期性的策略要能成功執行，必須要能維持其競爭優勢，唯有如此，組織才有能力去抵抗競爭者帶來的挑戰或是整個產業發展狀況的改變。

19. 愈來愈多的組織開始使用專案管理，為什麼呢？因為近年來，組織愈來愈常需要面對非經常性的事件、具特定截止日期及處理一些複雜且相互關聯、並需要特殊技巧的測試，或是短暫性的計畫工作，像這類

的計畫就不適合採用僅依循慣例及持續性組織活動的標準化營運程序來完成。

20. 以下幾點是有關專案規劃程序的基本特徵：

(1)定義該專案的目的何在。

(2)找出欲完成該計畫所需要的資源以及相關活動。

(3)評估執行上述活動的優先順序關係。

(4)決定專案完成的日期。

(5)比較專案程序表的目標。

21. 團隊的成員很少只進行一個計畫，他們通常在某個時間內被委任執行2、3個專案計畫。因此，專案經理經常需要與別人競爭，而比較注重團隊成員在本身的計畫案的努力。

22. 具備企業家條件的管理者對於他們的能力，都相當有自信；且隨時把握在創新中產生的機會；他們不但能預期未來可能發生的變化，且能好好利用這些變化；而相對於企業家，信託型管理者通常會把變化當成是一種威脅，他們常因為不確定而感到惶恐，他們喜歡一切都能在預期中，所以希望能維持現況。

23. 傳統管理者比較趨向守成，而企業家比較積極尋找成功的機會，但是在尋找的過程中，企業家往往得用自己的財務做擔保，而面臨一些財務風險。

24. 企業家所提出的策略，是來自於機會探索的結果，而不是考慮組織是否有充分運用資源，企業家無時無刻不致力於探索環境中的機會，他們認為：去發掘各種可利用的概念，優先於處理單純的資源分配工作。

25. 一直到企業家找到了機會且確定可行後，才會開始關心有關於資源的問題；而相較於傳統的幕僚管理，企業家比較重視資源的處置權，他們最常考慮的就是如何有效利用有限的資源。

26. 根據調查，所有的組織都需要多重的目標。企業往往希望同時能擴充市場占有率、開發新產品、發掘新市場、提升員工福利以及承擔社會責任。

27.書面目標產生衝突的原因是，組織背後有著一大群形形色色的顧客或是利害關係人，利害關係人對於一個組織評價好與壞，往往是站在不同的角度，也因為這個原因，使得管理人被迫對不同的人說不同的話。

28.目標設定理論主張特定的目標設立，能夠增加效能，並且認為愈是困難的目標所能增加的效能，比起較容易達成的目標來得多；而且具回饋系統亦比缺乏回報系統更有效能。

29.下列為目標管理的步驟，管理者可用來協助員工設定目標，進而提高員工績效：

(1)指出員工的主要工作任務。

(2)對每項主要任務設立特定且具挑戰性的目標。

(3)為每項目標設立完成期限。

(4)讓員工積極參與。

(5)排定優先順序。

(6)評定目標的困難度與重要性。

(7)設立回饋系統以評估目標的進度。

(8)將報酬與目標結合。

30.時間管理的五步驟：

(1)列出你的目標。

(2)根據重要性及迫切性來排序所列出的目標。

(3)列出哪些工作能夠達成所要進行的目標。

(4)根據每個目標，優先循序的分配某些工作去執行。

(5)排序你所設定好的工作。

複習與討論

1.請試比較「策略性計畫」與「作業性計畫」兩者有何不同？請由時間長短、計畫所涉及的範圍以及經理人的階級來說明。

2.為什麼管理者要作規劃呢？以及在每次進行規劃時及規劃後須注意些

什麼，才不致使規劃產生負面的效果？

3. 規劃是要由定義組織目標開始，而一個最好的組織目標應該是簡潔、清楚、且容易讓人瞭解的，但如何可使一個組織目標簡潔、清楚、容易讓人瞭解呢？

4. 在作決策規劃時，SWOT 分析是一項不可或缺的工具，管理者可如何從中瞭解自己的組織，以作出最佳的策略呢？

5. 波特認為，沒有一家公司可以在滿足所有人的情況下，還能讓營運達到平均水準以上，所以管理者必須選擇其中一個能為組織帶來競爭優勢的策略。於是，波特指出三種可讓管理者選擇的策略，請問此三種策略分別為何？以及該如何運用？

6. 何謂專案管理？且為什麼愈來愈多的組織開始使用專案管理呢？請說明之。

7. 什麼叫做企業家精神呢？以及試比較企業家與傳統管理者有何不同。

8. 請問何謂目標管理 (Management by Objectives)？以及目標管理對一企業組織的影響為何呢？會帶來負面的影響嗎？

9. 在現今如此忙碌的社會中，你會如何進行時間管理呢？

10. 請解釋以下名詞：

　(1)利基點。

　(2)競爭優勢。

　(3)集中化策略 (focus strategy)。

　(4)目標。

　(5)帕金森定律 (Parkinson's law)。

　(6) 10-90 原則。

第8章
人力資源管理

前　言

　　近年來，由於國際化、自由化、全球化的趨勢，使得臺灣的產業結構被迫由勞動密集與低技術產業，轉變到以高技術與知識密集為主的產業。在全球化的經濟裡，企業發現不能再利用降低勞動成本的方法來提升產品在國際市場上的競爭力，而是要從產品、生產程序、顧客與市場等方面的創新來著手。然而，這些創新的主要來源是「員工」，因此臺灣的企業近年來開始注重人力資源管理與開發的問題，但人力資源管理的重視要由高階主管推動，若高階主管不重視，則再能幹的人力資源管理部門也沒有辦法發揮其功能。

　　所謂的人力資源管理 (human resource management, HRM) 是由「人力資源規劃」作為開始，之後公司即可決定是否裁員或招募人才。倘若公司最後決定招募人才，則接下來即是對所有應徵者進行甄選，而公司的管理者大約每隔一段時間即須對員工進行績效評量，人力資源管理中的訓練將出現在甄選與績效評量兩個程序之間。舉例來說，某位候選人有能力執行某項工作，但需要一些額外的訓練，則此為甄選後所需的訓練。又如人力資源評估報告指出某人需要一些特別的訓練以提升他的績效，此即為績效評量後的訓練；而在績效評量後，有效能的管理者必須給予員工適度的激勵。

　　我們瞭解整個人力資源管理程序是由「人力資源規劃、招募、甄選、訓練、績效評量、獎勵」所組合而成的。接下來我們要知道在整個人力資源管理的運作上，法律環境常是影響企業組織運作及發展最直接的環境因素，例如美國在 1980 年的《反托拉斯法》嚴格禁止壟斷經營事業；我國的《公平交易法》於民國 80 年在立法院三讀通過，對於事業間的聯合行為亦有若干約束。該法第 25 條規定，為處理本法交易事項，行政院並設置公平交易委員會，其職掌包括：關於公平交易政策及法規的擬定、關於審議本法有關公平交易事項、關於事業活動及經濟情況的調查、關

於違反本法案件之調查、處分事項、關於公平交易之其他事項等。

　　在今日，隨著科技快速發展、產業結構改變、勞工與環保意識高漲、企業日趨國際化，使得企業經營益加困難。所以企業欲在競爭市場中脫穎而出，並達到永續經營的組織成長，必須有效運用各類資源，而人力資源可以說是企業最重要的資源，其重要性甚至於超過了資本資源。另外，在企業一般的管理活動中，也都是以人力資源管理為核心。所以，我們更能瞭解到人力資源管理的成功與否，是企業經營成敗的關鍵。

一、管理者與人力資源部門

有人認為：「人力資源的決策很重要，且大部分相關的決策皆是由人力資源部門所制訂。」但事實上，小企業管理者必須自行負責人員的雇用，而非藉助於人力資源部門；而大公司雖然有人力資源部門負責許多人事相關的業務，但管理者也必須參與員工之招募、瀏覽應徵人員資料、面試新人、評估員工績效，以及制訂員工訓練之相關決策。所以不論組織是否有人力資源部門，每一位管理者皆應該參與其所在單位之人力資源相關決策。

二、人力資源管理程序

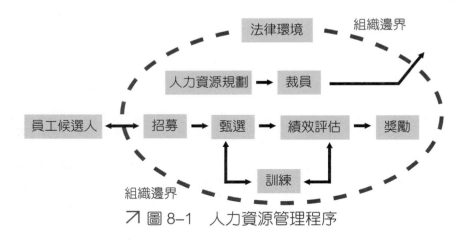

↗ 圖 8–1　人力資源管理程序

圖 8–1 繪出人力資源管理的程序。圖中指出所有的 HRM 政策與執行必須遵循著組織所在的國家與都市之法規。

HRM 的程序始於人力資源規劃 (human resource planning)，管理者藉此可以知道公司的人力是否充裕。若須雇用新人，則公司須進行招募 (recruitment)；反之若人員過剩，則須進行裁員 (decruitment)。

人員訓練 (training) 出現在兩個程序：一是甄選程序 (selection)，譬

如，某位應徵者有能力執行某項工作，但需要一些額外的訓練；二是績效評量程序，例如，HRM 的評估報告指出某人需要一些特別的訓練以提升績效。最後，有效能的管理者則須以員工的績效作為回饋員工的基礎。

從管理者的角度來說，HRM 的主要論點可以回答下列問題：

所面對的問題	答　案
何項法律與規定會影響 HRM 的執行？	對法律與規定的瞭解
對 HRM 需求是什麼？	具備人力資源規劃的知識
我要從哪裡找到合格的工作候選人？	招募程序
我要如何選擇合格的新員工？	甄選技術
我如何能確定員工具備最新的技能？	員工訓練程序
什麼是評估員工績效的最佳方法？	績效評量
如何處理員工過剩的問題？	裁員的選擇方法

本章將仔細說明上述問題的答案。另外，我們將討論當代有關 HRM 的議題，例如，性騷擾、員工生涯規劃以及工會等。現在，我們先檢視影響組織中有關 HRM 之執行的法律環境。

三、法律環境：什麼法規影響 HRM 之執行？

每個國家都有不同的法律規範著 HRM 的執行，有時即使在同一國家裡，各地的規定也可能不同。因此，要詳細描述所有有關 HRM 的法律環境是不可能的。我們僅能提醒讀者注意組織所在地的相關法律。為了說明法規如何影響 HRM 之執行，我們將以臺灣、美國、加拿大以及德國為例：

㈠臺灣： 勞資爭議到形成制度的演變史

為避免勞雇雙方結清舊制年資而引發勞資爭議，勞委會（現為勞動部）於 94 年 2 月 22 日以勞動四字第 094008153 號函釋示：「勞工退休金條例關於勞雇雙方得合意結清勞工適用勞動基準法工作年資之規定，係於勞動契約存續之情形下為之，而『非勞工重新受僱方式辦理』。」

1. 給付年資的定義

事實年資與給付年資的觀念因勞工工作年資所產生的權利與事實有二： 一為勞工自受雇日起算至勞動契約終止前之事實，稱為事實年資；二為因年資所產生之雇主給付義務，有資遣費、退休金等稱為給付年資。勞資雙方合意約定結清舊有年資，係指在勞資關係存續期間，本於雙方之合意，用一個契約，將過去的年資予以結算，稱為結清年資。由以上的解釋，可知勞資雙方結清掉的只有因年資所產生之退休金或資遣費的給付年資，至於事實年資還是存在，只要勞動契約存續，不容以任何方式否認勞工之事實年資。且依民法第 258 條規定，勞動契約存續期間如無另行表達終止之意，則契約並不當然終止，故此時如約定勞工之特別休假及將來契約終止時之預告期間重新起算，則構成違反勞基法第 38 及 16 條。

2. 自由原則的法律規範

基於契約自由原則勞資雙方合意要結清年資，法律並無禁止規定，勞委會不能加以干涉。顯然誤解了契約自由的真諦，契約自由除應該包含他方當事人（勞工）是否有權決定要不要締約的自由外，尚包括決定與誰締約的自由及決定契約內容的自由合意終止勞動契約，當然目的也是為了結清年資，此合意終止契約是附帶條件的，是用 2 個契約以上達到結清年資的目的。雖然目的與一個契約的結清年資一樣，但過程不一樣、法律依據大不相同，法律效果更不相同。既然是「合意」，勞工如認為條件不好，當然可以拒絕，雇主亦不能以詐欺或強暴脅迫的方式讓勞工簽署同意書或聲明書。所以，勞工在簽署時要經過深思熟慮，雇主也

必須與勞工充分溝通且讓勞工在自由的意願下簽署契約，才不致產生後
遺症。

3.工資內涵的調整

　　企業因工資產生的二次費用諸如勞保費、健保費、勞退提繳、退休
準備金提撥、資遣費、職災補償等，占企業人事成本支出甚鉅，為有效
降低勞退提繳金額，當然也會重新調整薪資裡工資與非工資之比例。基
於勞動基準法第 21 條第 1 項前段的規定，「工資由勞雇雙方議定之」，且
法律並無明文禁止（草案階段曾有明文禁止），如果經過勞工同意，勞資
雙方之約定當然有效。工資結構調整看似簡單，其實工程浩大，因為勞
動基準法對工資的定義相當的保障勞工，只要是勞工因工作而獲得的報
酬不管任何名義，或只要是經常性的給付就是工資。企業一旦決定調整
工資結構內涵時，還是要委由信用良好且專業的顧問公司規劃，才能杜
絕因此所引發的勞資爭議。 ❶

(二)美　　國

　　在美國，一長串的聯邦法律告訴管理者如何將法令應用在 HRM 上，
這些法令影響了雇用的程序、工作環境、薪資給付、請假、裁員通知、
退休政策，以及對工會的反應等等。我們將舉幾個法案來說明：

1.《國家勞工關係法》(1935)

　　雇主必須認同由大多數員工所選擇的工會和勞資談判程序。

2.《年齡歧視法案》（1967，1978 及 1986 修正）

　　禁止歧視年齡40～60 歲的員工，且限制強制退休之行為。

3.《美國身障人士法案》(1990)

　　禁止雇主歧視有身心障礙或慢性疾病的員工；雇主須提供身障人士
合理的工作設備。

4.《薪資平等法》(1963)

---

❶　以上摘錄自：周建序 (2004)，〈勞退新制對社會的影響及企業因應對策〉。

禁止依性別不同支付不平等的薪資。

5.《公民權利法案》(1964，1972 修正)

禁止種族、性別、國籍方面的歧視行為。

上述法案說明了法規會影響 HRM 的執行。若進一步檢視，不難發現法規會隨著時間或其他外在因素而不斷修正、增刪。但無論法規如何變動，它的訊息皆很明顯：在美國，有關人事的規定必須確實執行，而相關法規很多且經常修改，所以管理者有責任瞭解最新的法規。

(三)加拿大

加拿大的人力資源相關法規大致與美國類似，但這兩國的法律環境稍有不同。加拿大的工會組織較為強大；在美國，非農業勞工中只有不到 15% 的人加入工會，但在加拿大卻是 37%；加拿大的人權法案禁止種族、宗教、年齡、婚姻狀況、性別、身心障礙、出生地等方面的歧視，此法律原則上通行全國，但亞伯達州和西北地區卻不受性別歧視相關法律的限制。所以我們可以瞭解，即使是在同一國家裡，各地的規定也可能不同。

(四)德　國

西歐各國幾乎都有法律要求公司採用代表參與制 (representative participation)，這種法律號稱是世界上允許最多員工參與的法律。它的目的在於分配組織中的權力，使勞工與管理當局以及股東的地位更趨平等。代表參與制最常見的形式是工作顧問團體 (works councils) 以及董事會代表 (board representatives)：

1.工作顧問團體

被提名或選出的員工代表須負責聯繫員工與管理者；當管理者做任何人事相關決策時，則必須詢問該團體的意見。

2.董事會代表

由部分員工出席董事會；在某些國家裡，法律要求員工代表和股東

代表要有相同的席次。

在德國，工會力量相當強大，其所能爭取的員工權利並非其他國家所能相比。舉例來說，每名員工每年享有 6 個星期的有薪假期，以及每星期 30 個工時的福利。即使員工過剩，法規也不允許公司任意資遣。此外，德國可說是享有全球最高的平均薪資水平。

德國在過去，曾經有 2/3 的高中畢業生參加為期 2 年的實習生計畫，涉及至少四百種職業，從電子技士到牙醫助理都有，而公司須負擔這些訓練計畫 80% 的成本。過去德國的企業曾因為經濟起飛及勞工短缺，非常看重這種計畫；但現在許多企業都往勞工成本低廉及法規不甚嚴厲的國家發展，導致這樣的訓練計畫大幅減少。

四、人力資源規劃：我們的 HRM 需求是什麼？

人力資源規劃是一種程序,管理者可藉此確定公司有無適合的人才，並將合適的人才擺在合適的地方，才可以有效能且有效率地達成公司整體目標。因此，人力資源規劃可以根據公司的需求，決定所需的員工數量以及組合。人力資源規劃的程序可分為三：

1. 評估目前的人力資源。
2. 評估未來人力資源的需求。
3. 發展因應未來人力資源需求的計畫。

㈠現況評估 (current assessment)

管理者通常以工作分析 (job analysis) 作為開始，定義組織內的工作以及必要的工作行為。例如，排在第三職等的採購專業人員有何工作任務？他們需要具備何種知識與技能，才可以適當執行任務？諸如此類的問題，皆可在工作分析中得到解答。

經由工作分析取得的資訊，可讓管理者提出工作說明 (job description) 及工作規範 (job specincation)。前者說明工作人員應做什麼

事、如何執行，以及為什麼要做該項工作；它通常描繪出工作的內容、環境以及雇用條件。工作規範則指出工作執行者至少應具備的條件，包括知識、技能等。

　　工作說明與工作規範在管理者開始招募及甄選員工的時候，都是重要的資訊。工作說明可用來向應徵者描述工作內容，工作規範則可以讓管理者注意到應徵者應具備的條件，也可以協助管理者判斷應徵者是否合格。

㈡評估未來 (future assessment)

　　未來的人力資源需求是依公司的目的和策略而定，依對產品、服務以及產能水準的需求而得。基於公司對於收入的預估水準，管理者可以決定人力資源的數量及組合，而這些資訊也將會依科技對產能的影響而有所修正。例如，大公司可能因為引進新科技而須裁減人事；自動化設備、電腦化、組織再造以及重新設計程序等，使公司可以用較少的人力創造較大的產出。

㈢發展未來計畫 (developing a future program)

　　對目前人力及未來需求作過評估之後，管理者便能預測人力短缺的情形以及找出組織中將會人力過剩的部門。接著便可發展一套計畫，以配合未來的人力供給。因此，人力資源規劃不僅可以提供資訊引導當前之用人需求，也能提供未來人力需求與來源的評估。

五、招募: 管理者要在何處找到合格的工作人選?

　　管理者一旦發現人事短缺，便須開始尋找合適的人選來填補空缺。招募即是尋找、確認並吸引適任者的程序。2012 年小型企業的管理者面臨最大的挑戰就是「招募合格的員工」。

　　管理者要從哪裡招募潛在的適當人選呢? 表 8-1 提供了一些方向。

採用何種來源，須視工作種類、層級、社會經濟情況而定。職位所需的技能愈多或在組織內的層級愈高，招募的範圍就更需要擴充至地區性或全國性的規模。2012 年曾經為了招募有經驗的電腦工程師，許多軟體及電腦零件公司甚至進行全球性規模的招募。另外，我們亦可發現，當失業率高的時候，較容易尋找合適的應徵者；而失業率低時，通常需要更多的招募來源以補滿缺額。

表 8-1　招募來源及其優點

來　源	優　點
目前員工	• 低成本 • 建立員工士氣 • 應徵者熟悉組織
員工推薦	在任的員工對組織較認同
離職員工	• 瞭解組織 • 組織有他們過去的績效資料
廣告	• 廣泛徵才 • 可以針對特定團體徵才
人力銀行	• 廣泛接洽 • 小心嚴格篩選 • 提供短期性的幫助
校園徵才	• 大量 • 應徵者集中 • 招攬初階及組織未來發展之人才
顧客與供應商	• 特殊產業知識 • 對組織有認識 • 已預先接觸，早已經瞭解應徵者所具備的技能及能力

1980 年代後期以來，出現了以下 3 個招募的趨勢：

1.招募方法更創新，來源更廣

以往大家認為公司內部員工介紹進來的人是最佳人選，因為他們對於組織和工作較為瞭解。再者，員工可能只會推薦那些能做好工作，且

不會讓員工本身沒有面子的人。然而，愈來愈多研究指出，比起其他來源，員工推薦的人並無較高的生產力，也沒有更穩定。因此，公司招募人才愈來愈不顧慮應徵者是經由何種管道前來應徵，來源因而更加寬廣。

此外，組織為了尋找更多樣的應徵者，方法變得較創新，且採用更多的招募來源。舉例來說，美國科羅拉多州的 Alpine 銀行，為了雇用更多拉丁人，用西班牙文刊登求才廣告；另有些公司選擇在少數族群閱讀的報紙上刊登廣告。

2.對於短期人力公司的依賴

藉由雇用人力派遣公司的臨時員工，公司可增加用人的彈性，且有機會評估作為正式員工的人選。舉例來說，美國 Robertshaw 控管公司的所有正式員工皆選自有經驗的臨時員工，其人力資源部門已不作雇用的工作，每當有人前來求職時，該部門便請應徵者先申請加入人力公司。現在愈來愈多組織視短期勞工為員工的試用期。

3.網路的運用

今日網路招募的時代已來臨，大多數公司都採用此種方法，並於公司首頁增加了人員招募的環節，發布招募相關的資訊，包括應徵者的能力需求、經驗、所提供的福利等。此外，也可能提供公司的產品、服務、組織理念及目標聲明等，以利招募適合的人選（因為求職者多半會先自我評估是否符合資格）。網路招募的成長促進了商業化的電子招募廣告及網站的形成，也使得一些公司能降低招募成本，並接觸全球的應徵者。

相對而言，積極的求職者也可透過網頁推銷自己，展現自身的履歷、相關文件，甚至可以製作影片向未來雇主作自我介紹。這類求職者一旦發現適當的工作，便能建議雇主瀏覽相關網頁。

六、甄選：管理者如何選出最合適的工作人選？

假設你已經找到一組應徵者了，接下來你便要決定誰才是最佳人選，這不是件容易的事。還好，許多相關的研究可以提供你過濾及甄選人才

的參考。

㈠甄選的基礎：預測

　　甄選是一項預測的活動，要預測哪位應徵者錄取後會做得成功。「成功」的意義是指「在組織評估人員的標準下，順利執行工作」。例如，在應徵銷售人員時，甄選程序應該能預測哪一位應徵者會達成較高的銷售業績；對軟體設計師的職位而言，該程序應能預測哪一位應徵者會寫出最多程式且最少錯誤。

　　任何甄選決策都會產生四種結果，如圖 8-2 所示。這些結果中有 2 個是正確的決策，另外兩個則是錯誤的。當我們拒絕了日後會有成功表現的應徵者，或是接受了日後表現不佳的應徵者，問題便會產生。例如，接受錯誤的人選會增加組織的成本，包括員工的訓練、員工能力不足所減少的利潤，以及資遣費與再次招募和甄選的費用。任何甄選活動的主要目的，就是減少錯誤率，以提高正確決策的機會。

甄選決策

↗ 圖 8-2　甄選決策將產生的結果

1.甄選工具效度 (validity)

　　管理者使用的考試、面試等甄選工具，必須和某些重要的標準之間

有明確的關係存在。例如，除非有明顯的證據顯示在某種測驗中高分者的工作表現比低分者為佳，否則管理者便不應該使用這種測驗。舉例來說，分析一個人的字體並不是有效的甄選工具，因為其結果與工作績效的標準並不相關。

2. 甄選工具信度 (reliability)

除了有效度之外，甄選工具還須具有信度。信度是指該工具能否對相同事物有一致性的衡量，也就是穩定性。舉例來說，如果測驗是可靠的，則在人的性格是穩定的假設下，任何人的成績在一段時間內都應該維持穩定。

信度的重要性很明顯。如果信度低，甄選工具就沒有效果，就像你使用一個不準確的體重計一樣，如果每次你站上去都會產生幾公斤的隨機變動，那麼秤出來的結果就沒有意義。

㈡甄選工具

管理者可以同時使用多種甄選工具來降低甄選決策的錯誤率。以下簡單討論各種常用的工具，包括申請表、紙筆測驗、績效模擬測驗、面試等，並特別指出各種工具測量工作表現的效度及適用時機。

1. 申請表

幾乎所有組織都要求應徵者填寫申請表 (application form)。它可能只是一份記載應徵者的姓名、住址、電話號碼的表格，也可能是一份詳盡的個人歷史，描述應徵者的教育背景、工作經驗、技術和成就。

部分確切且重要的自傳資料，例如大學畢業的表現，可作為某些工作表現的衡量指標。另外，在申請表的項目加上適當權重，以反映工作的相關性時，便成為一種預測工具，這種方式可用於不同的職位，如銷售員、工程師、工廠工人、區經理、辦公人員與技師等等。不過，一般只有部分的申請表項目經證實是有效的預測工具，且也只針對某些特定工作。為了甄選目的而使用加權過的申請表，相當困難且昂貴，因為必須為每個工作設定有效的權數，而且必須持續檢討、更新，以反映權數

隨時間的改變。

2. 紙筆測驗

通常紙筆測驗 (pencil-and-paper test) 包括智力、人格、性向、能力、興趣、以及正直性的測驗，其中「正直性、人格、智力」這三種測驗在近年受到最多的注意。

表 8-2　紙筆測驗的種類

正直性測驗	此種測驗用來評估「依賴、謹慎、責任、誠實」等正直性 (integrity) 因素。但是，紙筆測驗是否能真實測出一個人是否會偷竊物品？這些測試在預測員工績效的作用極強，也能預測員工之反生產行為，如：偷竊、紀律問題以及過分缺席等。雖然有些人通過紙筆測驗，但還是要搭配實質的不同階段測試，才能達到較完美的測試結果
人格測驗	如果不考慮職業的類型，一般的人格測驗並不是有力的預測指標，通常僅有良知 (conscientiousness) 構面可以用來預測工作績效。其他的人格層面，必須選擇性地配合特定的工作，才可以有效預測工作績效。舉例來說，具備外向性格的人在管理職位或銷售方面的表現會較突出; 而重視細節的人則適合擔任會計工作。經由審慎評估人格在某些特定工作的效度，人格測驗可以成為很有用的過濾人才工具
智力測驗	如果工作是全新的、模糊不清、多變或者多層面時，則需要具有高智力的員工。這類工作包含專業性的職業，例如會計師、工程師、科學家、建築師及醫師等; 在複雜程度中等的工作上，智力也是項很好的預測標準，像工匠、記帳工作者等; 而在較不需技能的工作、例行性決策制訂或解決簡單問題等類型的工作上，智力則成為較無效力的指標

3. 績效模擬測驗

要判定應徵者是否適任，最好的辦法就是讓他實際執行，其中最常使用的即是績效模擬測驗 (performance simulation tests)。由於它以工作內容分析 (job analysis) 的資料為測驗基礎，因此比書面測驗更符合工作相關性的要求。績效模擬測驗是測驗實際的工作行為，而非其他替代行為。最著名的績效模擬測驗是工作抽樣 (working sampling) 和評鑑中心

(assessment centers)，前者適用於例行性的工作，後者則適合甄選管理人才。

⑴工作抽樣

此種方式即是向應徵者展示某一職位的縮影，同時讓他們執行該職位重要工作的每一個步驟。應徵者經由實際執行，可以展現他們的才能。以工作分析資料為基礎，仔細地設計工作抽樣，管理者便能決定各工作所需的知識及技能，每項工作抽樣的要素就能與工作績效要素相配合。例如，在美國南卡羅來納州的 BMW 廠中，應徵者必須花 90 分鐘進行工作模擬測試。由工作抽樣得到的實際結果，通常比紙筆測驗更有效度。

⑵評鑑中心

評鑑中心是比較複雜的整套績效模擬測驗，尤其適合用來評估應徵者的「管理」潛能。在評鑑過程中，主管或心理學家皆會評估應徵者所進行的模擬訓練。它是以一連串實際在職者應具備的技能為測驗基礎，包括面試、特定問題解決行動、小組討論以及商業決策競賽等。例如，美國的一間飛機製造廠，前來應徵管理職缺的人必須 12 小時在辦公室內不斷回應電話、傳真、文件及信件，內容主要是記錄工作及應對發怒的顧客。評鑑中心的效度很明顯，可以一致地預測日後應徵者的表現。

4.面　試

在所有甄選工具中，面試最常被採用，在甄選決策上有很大的影響力。舉例來說，在面試表現不佳的人很容易遭拒絕，即使他在經驗、考試成績或者推薦信上有很好的表現；相反地，應徵者若面試技巧好，很容易就被錄用，即使他不是最適合該職位的人。

以上的發現很重要，因為面試常常是沒有結構化、制度化及書面化的。非結構化的面試通常時間很短、非正式，且由一些隨機的問題所組成，並不是非常有效的甄選工具，從面試中得到的資料通常與員工未來的工作績效無關。在面試中，結果會受到主試者的偏見影響，因而結果未必公正。其改善方法大致有以下三點：

⑴採用標準化的問題。

⑵提供主試者一套記錄面試資料的方法。

⑶將申請人的資料以標準的尺度評分。

根據以上的改善方法，可以降低應徵結果的差異性，並加強面試在甄選上的效度。事實上，結構化面試可以媲美之前所述的「權重應徵、紙筆測驗及評鑑中心」所產生的錄取人選。

要評估應徵者的智力、動機以及人際關係技巧，面試是最有用的工具。當上述各項與工作績效愈相關時，面試的效度就愈高。其實，面試的效度已被證明與較高管理階層的績效相關。這也說明了為什麼應徵資深管理人員的人，以及以團隊為結構基礎的公司必須安排許多的面試程序以過濾應徵者。

最後，面試提供面試者預覽公司組織與工作的機會。通常，主試者若遇到不錯的應徵者，會以工作的正面形象來吸引對方；但很不幸地，這種作法往往使得候選人有過分的期望，最後可能引發失望或離職。要改善員工的工作滿意度並減少流動率，主試者可以採用實際工作預覽 (realistic job preview) 的方式。也就是在錄用以前，告訴員工有利與不利的相關資訊。實務經驗比較採用實際工作預覽者與未採用此方式者，以及那些報喜不報憂的面試方式者，結果發現未採用實際工作預覽方式的公司，其流動率比採用實際工作預覽方式的公司高出 29%。

七、訓練：管理者如何確定員工具備所需技能？

全球所有企業每年都花上數百億的經費來訓練員工，這些訓練包括基本的電腦技能、進行新工作的方法及程序、管理發展以及員工健康的改善計畫等。

㈠日益重要的訓練

花在訓練方面的錢將會為管理者帶來很大的報酬，這一點在今日更顯得貼切。緊張的競爭環境、科技的變革以及改善產能的企圖，使公司

對於員工技能的要求更多。美國訓練管理當局研究顯示，57% 的雇主認為 3 年來員工必備的技能已增加。

有些技能會隨時間經過而失效。舉例來說，工程師必須更新機械或電子系統方面的知識，記帳人員必須學習新的電腦軟體，許多在團隊中工作的人，必須不斷學習解決問題、改善品質以建立團隊的技能。這些發展解釋了為什麼 Xerox 每年花 3 億美元在員工訓練，以及為何 Motorola 致力於員工的終生學習。

㈡評估訓練需求

一家擁有百位員工的臺灣金屬機械公司評估了其操作員的技能情形，在其中一項數學測驗中發現，某些操作員只有國中生程度。這項結果嚇壞了公司的副總：「這真要命，因為數學在他們的工作上是多麼的重要。」因此，公司為這些得分很差的員工進行 20 小時的補習，事後再重新評估，發現他們的程度提高到專科新生程度的水平。

理想上，員工和管理者皆應持續接受訓練，以更新技能。但實際上，極少組織提供員工持續的學習環境，也極少有員工自願追求訓練機會。在大多數的組織中，訓練只有必要的時候才存在，至於什麼時候是必要的？則是依管理者決策而定。因此，如果你是管理者，你要如何看出員工什麼時候需要訓練？茲將情況建議如下：

引進新設備或程序
員工的職責變動
員工的產出或品質績效下降
違反安全或意外事件增加
員工向你或同事提出的問題增加
顧客或同事的抱怨增加

如果你碰到上述任何情況，仍須先評估問題的原因，如果問題是起

因於動機不夠、工作設計不佳或者外部條件因素，那麼訓練可能於事無補；如果已確定訓練是解決問題之道，那麼就必須確認訓練可以達到什麼結果，訂定明確的目標。目標的設定有助於訓練課程的安排，也可作為日後訓練效用的標準。

㈢訓練種類

訓練的種類很多，小至基本的閱讀技巧，大至領導技術。以下說明幾個較重要的領域，另也將討論道德訓練及多樣性訓練。

1.基本技能

愈來愈多組織提供員工閱讀與算術方面的訓練。例如，一家小型製造家用五金的工廠老闆，試著向員工傳達品質管理的觀念，但他發現員工似乎都不去注意他公布的訊息。經深入調查，他才知道員工看不懂公告事項，且僅有少數幾個人懂得計算百分比及畫簡單的圖表。公司於是開始評估員工的訓練需求，最後他聘雇老師教導員工閱讀及數學，使員工變得更有效率，且更適應團隊。

2.技術性技能

大部分的訓練旨在提升員工技術性技能，不論對象是藍領或是白領階級的人。技術訓練愈來愈重要，原因有二：新科技、新的組織結構設計。

⑴新科技

新科技會造成工作改變。例如，修理汽車的技師必須經過訓練，才能維修新款汽車；而記帳人員也必須學習新的電腦軟體，才能提高工作的能力。

⑵新組織結構設計

組織結構的改變使技術訓練更顯得重要。隨著組織扁平化、團隊運用以及部門間障礙破除，員工必須學習更多的工作任務。管理者開始大量增加跨部門的訓練。例如，公司利用跨部門訓練，來增進員工的技能，它要求員工至少學會一樣其他員工的工作；如此一來，管理者更容易調

派員工，也不必常常藉助於臨時工。

3.人際關係技能

幾乎每一個員工都屬於某個工作單位。就某種程度而言，工作表現有賴於員工與同事和上司有效互動的能力。某些員工具有絕佳的人際關係能力，有些人則需要經過訓練來改善。這些訓練包括學習如何傾聽、如何更清楚地溝通概念，以及如何扮演團隊中的角色。

4.解決問題技能

從事非例行性工作的員工，工作上必須去解決問題。當員工缺乏解決問題的技巧時，管理者可以透過訓練加以改善。這包括一些可以增加邏輯、推理、特定問題技能的活動。對於引進全面品質管理 (total quality management, TQM) 或是採用自我管理團隊的組織，解決問題的技能訓練是必備課程。

5.關於道德訓練

主張道德訓練的人認為訓練可以刺激道德思考，認同道德上的困境，並提升道德責任感，同時也讓員工學習容忍或降低模糊不清的情況。

⑴批　評

有人批評道德是基於價值觀而來的，而道德價值觀在雇主錄用員工以前就已確立了；而且道德也是無法傳授的，必須從實例中學習，因此道德訓練僅在領導訓練時才有意義。

⑵支　持

支持道德訓練的人認為價值觀可由學習而來，而且可以被改變。即使無法改變，至少員工在訓練中可以瞭解到道德的困境，進而能體認到行為背後的道德問題，並能夠改善主體對於道德的認知及推理能力。

6.日益普遍的多樣性訓練

⑴目　的

不可否認地，協助員工應對勞力多樣性需求的訓練日益重要，並且幾乎成為每項多樣性計畫的主軸。增加「員工認知」及「技術建構」為其兩大要項：

　　①認知訓練 (awareness training)：旨在建立對需求的理解、意義、管理
　　　及評價。
　　②技術建構訓練 (skill-building training)：旨在教導員工瞭解職場之中
　　　的文化差異。

⑵**案例：EDS 公司的多樣性訓練**

　　EDS 是一家全球資訊服務的領先公司，在全球 43 個國家雇用了 9
萬 5 千名男女員工，而超過 9 千名員工參與過公司為他們舉辦的「認識
多樣性」工作營，這些工作營的目的在於訓練員工依據個別的背景組成
團隊，以應付公司多樣化的消費者需求。

　　「我們的工作營不分種族及性別，涵蓋各種信仰、年齡、殘缺、社
會階級及其他身分懸殊的人士。且這些工作營已不再教導白種男性如何
管理女性及少數民族，而是幫助所有員工如何融合在一起工作。」有名經
理如此說道。

　　然而，這樣的工作營有效嗎？EDS 的認識多樣性工作營總監認為：
有效。他覺得員工參與工作營之後，對於顧客的服務態度改善了 24%。
此外，該總監也認為，這種訓練能夠擴大員工的專業素養，有助於公司
的快速成長。

㈣訓練方法

　　多數的訓練是在工作中進行，因為這種方式較單純、成本較低。然
而，在職訓練可能會使原先的工作中斷，並且導致學習過程中錯誤增加。
再者，有一些技能可能過於複雜而難以在工作中學習，此時，訓練便需
要在工作場所以外（職外訓練）來進行。一般來說，工作輪調和師徒關
係適用於技術類的技能學習；人際類與問題決策類的技能培養，則以職
外訓練比較有效。

1.在職訓練 (on-the-job training)

　　常用的在職訓練包括工作輪調和師徒關係：

工作輪調 (job rotation)	工作輪調是指水平調動以使員工從事不同的工作，因而得以學習新技能，且對工作間的互賴程度也有更深入的瞭解，並對組織的活動有更寬廣的視野
師徒關係 (mentor relationship)	新進員工時常藉著跟隨經驗豐富的老手來學習如何工作。在手工業中，這通常叫學徒制 (apprenticeship)；在白領的工作中，這稱為教練或師徒關係。新手在經驗豐富的員工監督下工作，資深員工就成為學習的榜樣

2. 職外訓練 (off-the-job training)

很多職外訓練的方法可供管理者用於員工身上，最常用的有演講、影片以及模擬練習。

演　講	演講適用於傳達特殊的資訊，可以用在發展技術及解決問題的技能訓練
影　片	影片可以用來清楚展示那些不容易以其他方式表現的技術
模擬練習	人際關係與解決問題技能的最佳學習方式是透過模擬練習，如個案分析、實驗練習、角色扮演以及團體互動討論等。類似的還有入門訓練 (vestibule training)，就是員工以他們日後將使用的設備來學習工作，但其訓練是在模擬的工作環境下進行，而非實際的工作場所，航空公司訓練飛行員就是一例

此外，有些先進的公司透過高科技，運用員工的電腦進行訓練。例如 HP，員工若想得到同儕的訓練，可以進入公司的內部網路系統；若是要取得全部的課程，可以藉由網路或進入 HP 的圖書館觀看相關影片。

此外，職外訓練可以委託業界顧問、大學教授或公司內部的人才。麥當勞從 1961 年開始，就在它的漢堡大學培訓未來的管理人才，課程為期 2 週，包括操作、設備管理以及人際關係技巧的訓練。

(五)訓練課程個人化

每個人處理、理解或記憶事情的方式不同，有效的訓練必須個人化，以反映員工的學習模式。

　　　不同的學習方式包含閱讀、觀察、傾聽以及參與，有些人以閱讀方式吸收資訊的效果較好，他們可以閱讀說明手冊即學會操作；有些人則善於觀察，進而模仿別人；傾聽者則可從言語說明學得技能；喜歡以參與方式來學習的人則適合實際操作，透過練習來學得技能。

　　　不同的學習模式並不互相排斥。事實上，應採用多樣的上課方式，例如指定複習或預習的作業、講課、採用多媒體教材或分組討論、個案分析以及實驗設計等。如果知道員工偏愛的學習模式，則可依此設計訓練方式，例如，對於適合參與式學習的人，我們可以提供模擬的環境。如果無法確知，則最好採多樣化的教學。倘若過於依賴某種學習模式，可能會造成某一些人不適應。

八、績效評量：什麼是評量員工績效最好的方法？

　　　管理者最重要的責任之一是評量自己或者員工的績效。績效評量 (performance appraisal) 的目的有：

1.訂定主要的人事決策，如升遷、調派以及停職。
2.確認訓練的需要。
3.提供員工回饋資訊，讓員工知道公司對他們的績效看法為何。
4.作為調薪的基礎。

㈠評量什麼？

　　　最常評量的基礎為下列 3 點：

1.個人任務結果

　　　如果結果重於過程，那麼管理者應該評量員工的任務結果，例如評量工廠經理時，則看該廠的產量、廢料多寡以及每單位生產成本；評量銷售人員時，可以看他的銷售數量、銷售額以及新客戶人數。

2.行　為

　　　通常，我們很難將某項結果直接歸因於某位員工的行為上，特別是

當員工在團隊中工作的時候；雖然如此，管理者仍須評量員工的行為。
我們可以藉由每月的報告或領導模式來評估工廠經理的績效；銷售人員
之績效相關的行為則包括和客戶接觸的頻率或是每年請了幾天假。

3.特　點

個人的特點是評估標準中最弱的標準，但它仍然廣被組織所採用。
它之所以較弱，是因為比起「個人任務結果」和「行為」二項標準，它
和工作績效之間較無直接相關性。例如：態度良好、有自信、可信賴、
合群、看似忙碌或者工作經驗豐富等等，這些特點可能與工作結果相關，
也可能無關，但仍值得注意。

㈡誰應該負責評量？

傳統上，評估員工的績效是管理者的職責，但它背後的邏輯是，管
理者必須對員工的表現負責，所以應由管理者來評估員工的績效。然而，
其他人可能有能力將評量的工作做得更好，或者至少可對評量的工作有
所貢獻。

1.直屬上司 (immediate superior)

組織裡 95% 左右的中、低階層員工，是由直屬上司評量績效的。然
而，許多組織開始體認到此種評估方式的缺點，例如：許多上司認為自
己不夠資格去評量部屬特殊的貢獻；有些人則不願意作為主宰員工生涯
的人。另外，1990 年代以來，許多組織採用自我管理的團隊、電子通勤
(telecommuting)，以及其他組織方式，使得上司與員工的距離疏遠，因
此直屬上司的評量結果可能不是那麼可以信賴了。

2.同僚 (peers)

此種評估的結果是「最可靠」的評估資料來源之一。原因如下：
⑴同僚最接近行動主體，藉由每日的互動，他們可以更瞭解員工的績
效。
⑵同僚可以提供多個獨立的判斷，而上司僅能提供一個。將數個評量
成績平均起來的結果，比單一的判斷結果可信。

　　　但是此種評估方式也有缺點：

　⑴可能因同僚之間的友誼或憎恨而不願互相評量或給予偏頗的評論，甚或產生偏見。

　⑵因地理上的關係（特別是指電子通勤）而不易進行。

3. 自我評量 (self-appraisals)

　　　讓員工自我評量的作法，與自我管理和賦權的觀念是一致的。這種方式優點如下：

　⑴深受員工喜愛，並減少員工對於評量程序的反感。

　⑵可刺激員工與上司之間關於工作績效方面的討論。

　　　但是，這種方式很可能使得員工過分高估自己的工作績效，通常自我評量的結果與上司評量的結果一致性低，故自我評量的方式似乎較適用於員工發展方面，而不適用在績效評量上。

4. 直屬部屬 (immediate aubordinates)

　　　這種方法與公司的「核心價值觀」（如：誠實、開放、授權的觀念）是一致的。直屬部屬可以提供正確且仔細的管理者行為資訊，因為他們與管理者較常接觸。然而，這種方式有可能造成員工害怕管理者以不利的績效評量作為報復方式。因此，應採匿名方式評量，才能獲得正確客觀的資訊。

5. 顧客評量法

　　　某些工作最適合由顧客來進行員工評量，例如銷售人員、客戶服務人員，以及其他須經常面對顧客或客戶的類似工作。顧客評量法與目前服務經濟時代來臨的趨勢相當吻合，而且現今顧客滿意度扮演愈來愈重要的角色。

6. 全方位方式：360 度評量 (360 degree appraisals)

　　　這種方式蒐集平常與員工接觸的人之意見,這些人可能是行政助理、顧客、上司或者同僚。評估者可能僅有 5 人，也可能多至 25 人。大多數的組織採 5～10 人的意見為評量依據。

　　　12% 的美國企業都採用此種評量方式，包括全球知名的廠商，如：

杜邦、好萊塢、UPS 等。這種評量方式非常適用於採用團隊、員工參與以及 TQM 的公司組織裡，公司希望藉由參考同僚、顧客及部屬的意見，讓員工更有參與感，也希望獲取更正確的員工評量資訊。

㈢績效評量的方法

1. 書面評估法 (written essays)

這是最簡單的評估方式，內容以敘述性的文字為主，說明員工的長處、弱點、過去表現和潛力，並且提供改善的建議，不需要複雜的格式，也不需要對評量人員作密集訓練。但其結果通常是反映評量人的文筆能力，評量成績的好或壞可能是員工的實際績效，也可能是由評量人員的文筆技巧決定。

2. 重要事件法 (critical incidents)

使用重要事件法是為了使評估者的注意力放在重要或關鍵的行為上，而將有效能及無效能的工作表現加以區分開來。評估者寫下簡短的事蹟，說明員工做了哪些特別有效或無效的事。關鍵是：摘述「特定行為」，而非概括地描述「個人特質」。對於某一員工的一連串重要事件，可提供一組豐富的實例，從實例中可以看出員工的優秀或待改進的行為。

3. 評等尺度法 (graphic rating scales)

評等尺度法是最古老且最常用的評估方法之一。此方法列出一組績效的因素，如：工作質與量、工作知識、合作、忠誠度、參與度、誠實以及主動性。評估者針對各項因素分別予以評等。尺度通常分為 1～5，其中 1 表示對工作職責缺乏瞭解，5 表示對工作階段都能夠全盤掌握。

雖然評等尺度法提供的資訊深度不及書面評估法或重要事件法，但它所需要的時間較少，且也容許評估者作數量上的分析與比較。

4. 行為定向量表 (behaviorally anchored rating scales, BARS)

這種方法結合了重要事件法與評等尺度法的主要成分：評估者根據某些項目，在一個數量尺度上為員工評等，但其項目都是某一個工作中

實際行為例子，而非一般性的特質描述。

　　「行為定向量表」主要集中於特定、可觀察且可衡量的工作行為。工作的關鍵成分被分割為績效的構面，然後再對各績效的構面，提供有效和無效行為的實際例子。其結果則是行為的描述，如：預期、計畫、執行命令及處理緊急狀況等。

5.多重比較法 (multiperson comparisons)

　　多重比較法是將個人的績效與另一個人或更多人加以比較。它是「相對」而非絕對的衡量方式。最常用的方法有以下三種：

⑴群體順序評等法 (group order ranking)

　　評估者將員工放入特別的分類中，例如：「前五分之一」、「次五分之一」。這個方法時常用於研究所學生的入學推薦。使用本法評估員工時，管理者需要對所有的部屬都加以評等，如果評估者有 20 名部屬，前五分之一只能有 4 個；同理，後五分之一也必須有 4 個。

⑵個人評等法 (individual ranking)

　　評估者將所有員工由「最佳者」排列到「最差者」。如果是對 30 名員工評估，第 1、2 名員工的差異，應假設是和第 21、22 名差異相同。即使某些員工可能都是密切合作的小組成員，也不能有平手的情形。

⑶配對比較法 (paired comparison)

　　各員工都要與比較團體中的其他每一位員工相互比較，並且被評定為該配對中的較佳者或較差者。完成所有的配對比較之後，各個員工可以根據他獲得較佳的次數，進行大致的評等。此一方法雖然確保了每位員工都與其他人相比較，但也可能因為過於費事，而難以運用。

　　多重比較法可以和其他方法併用，而產生「絕對」與「相對」標準的最佳混和結果。舉例來說：大學可以使用評等尺度法和個人評等法，以提供有關學生表現的更正確資訊。例如，可以給予一個絕對的等級（A、B、C、D 或 F），以及學生在班上的相對等級。當未來雇主或研究所招生委員會看到兩個在財務會計課程都得到 B 的學生，他們可能有相當不同的看法，因為其中一位學生的分數後面寫著「在 26 個人當中排名

第 4」，另外一位則是「在 30 個人當中排名第 17」。顯然地，後者的老師給較多人高分。

㈣提供績效回饋

對於許多管理者來說，「提供績效回饋」(providing performance feedback) 是相當困難的。事實上，除非是受到公司政策及控制的壓力，否則管理者傾向忽略這項職責。

為何管理者不願提出員工績效回饋？原因至少有三：

1.管理者擔心向員工提出負面的回饋會與員工產生衝突。

2.許多員工認為績效不佳是因為管理者評價不當，甚至歸因他人。

3.員工傾向「高估」自己的績效。有半數的人工作表現低於平均標準，但證據指出，一般員工估計自己的績效大約落在整個組織的 75 百分位。因此，即使管理者給員工的評量成績很好，員工可能仍覺得不夠好。

解決上述問題之道，就是「不要忽略它」，且應該訓練管理者執行有建設性的績效回饋，有效的評量要讓員工認為它是公平的。管理者是真誠的、且是有建設性的評估。如此一來，員工可以愉快地和管理者討論自己的績效，也可以得知自己在什麼地方有待改進，而且會更有決心去修補自己能力不足的地方。另外，績效評量可以設計得較像「顧問輔導」的工作，而不是一種裁判的程序。要達到這樣的目的，可以從員工自我評量的方式做起。

㈤團隊績效評量 (team performance appraisals)

以往績效評量的觀念都是以個人為中心發展而來的。然而，愈來愈多組織以團隊為基礎來重新建構組織。組織運用團隊評量方式的建議如下：

1.將團隊結果與組織目標連貫。尋找出一套衡量團隊達成組織目標的方法是件重要的工作。

2. 從團隊所負責的顧客開始，根據顧客要求來評估產品的結果；團隊之間的交易可用團隊間的「傳送和品質」作為評估的參考，也可以拿「工作循環時間及所浪費的時間」作為評估的參考。

3. 同時評估團隊及個人績效，以完成支援團隊工作的任務去定義每個團隊成員的角色，然後評量個人績效以及團隊整體的績效。

4. 訓練團隊去發展自己的評量方法、讓團隊自己定義目的，並確定每個成員瞭解自己在團隊中所扮演的角色，如此可以提高團隊的凝聚力。

九、裁員：人員過剩有哪些解決方式？

許多政府機構、非營利事業、小型企業等，發現有員工過剩的問題，而由於新科技的發展、市場變革、國外的競爭、合併等，企業管理者發現組織內有多餘的員工，於是這些組織開始展開「裁員」(decruitment)。

對管理者而言，裁員並非是件愉快的事，但是許多公司在被迫縮減人事的同時，裁員已成為現今人力資源管理的重要一環。

裁員有數種選擇方案。有些方案則可能是對組織和員工有利的，例如：美國的 Honda 公司在發現員工過剩時，會「出租」一些工程師給其他的公司。表 8-3 綜合了一些主要的選擇方案。

表 8-3　人員過剩的解決方式

選擇方案	說　明
開除	永久性地非自願性停職
停職	暫時性地非自願性停職
不增聘（自然縮減人事）	對於自願辭職所空出之位缺，不予遞補
移轉	將員工移轉其他部門，此法不會增加組織成本，但可使人事供需平衡
外借（借調）	以契約方式，讓員工暫時支援其他公司子企業，公司仍支付員工薪水

| 減少工作時間 | 減少每週工作小時，或者採用兼職方式 |
| 提早退休 | 鼓勵員工在正常退休日期前，提早申請退休 |

十、人力資源當代議題

㈠管理者如何抑制性騷擾的發生？

　　從管理者的立場來看，「性騷擾」是件極需關心的事，因為它威脅到員工、影響員工們的工作績效，並且可能造成公司必須負法律責任。所以，管理者首先要做的事乃是擬定一份預防性騷擾政策的文件，如表 8-4。其內容應該定義性騷擾的行為是不被容忍的，並且描述違反規則時的規範方法。同時，必須告訴員工如何檢舉該行為。這種政策應該在一些會議中被重複強調，公司應該提醒員工，即使小小的性騷擾行為都不可以被容忍。以 AT&T 公司為例，公司告訴每位員工，性騷擾可能會造成被革職的下場，用性方面的言語來描述某人、在工作場所裡擺放或列示性侵犯的圖片或物品，都可能因而失去工作。

表 8-4　如何減少性騷擾

| 建立禁止性騷擾之書面政策 |
| 與員工討論性騷擾的政策並讓員工瞭解什麼會構成性騷擾 |
| 建立一個有效的組織申訴程序 |
| 立刻調查所有控訴並彰顯處理申訴的公平與客觀性 |
| 對過去的性騷擾採取補救行動 |
| 追蹤以確定沒有進一步性騷擾並且沒有報復行為發生 |

㈡組織在「員工生涯發展」中扮演何種角色？

　　管理當局在員工生涯發展中的角色有了改變，組織從原先負責管理員工的生涯規劃，轉變為協助支援的角色，也就是員工開始須對自己的未來負責任。

　　過去，公司甄選員工總是抱持著員工會永遠為公司效命的心態，並為那些具有潛力及動機的員工們開出一條升職的路線，相信員工的責任愈來愈重以後，員工會更忠誠、更努力工作以作為回報。然而，今日的「變革」改變了上述的規則，因為環境具有高度不確定性，使管理者難以預測未來。因此，管理者要求績效彈性、加上組織扁平化、減少員工升官的機會，這些事項造成員工必須自己負起生涯規劃的重任，他們必須保有合時宜的技能與知識，才可以隨時準備接受明日的新任務。

　　在新的遊戲規則下，管理當局對員工的生涯發展有何責任呢？Amoco 公司的生涯發展課程可作為現代公司的榜樣。它的目的在增強員工在芝加哥廠內或廠外的市場流動性，公司鼓勵所有員工參加這種課程的介紹，並參加為時一整天的自我評估和發展課程。公司提供員工職業方面的最新資訊，建立網路的生涯顧問，提供公司管理者一個尋找人才的地方。然而整個活動課程都是採自願參加方式的，公司認為維持職業身價是員工自己的責任。而一個進步的生涯發展活動應提供員工持續增加技能與知識上的支援，這些支援包括：

1.清楚傳達組織目標及未來策略

　　當員工知道組織的發展方向，他們較能夠發展出自己的生涯規劃以配合組織的經營展望。

2.創造成長機會

　　員工應該有機會去得到新的、有趣的以及專業的挑戰性工作經驗。

3.提供員工學習的時間

　　公司不應吝於給予員工時間做職外訓練，在訓練期間亦應支薪。另外，不應在其訓練期間給太多的工作，而妨礙員工學習新技能與知識。

4.提供「財務」上的協助

公司應予進修的員工學費上的補助以鼓勵員工更新技能與知識。

㈢工會對人力資源的實施有什麼樣的影響?

有些組織的員工是工會的成員,這種情況會如何影響管理的工作呢?勞工工會 (labor unions) 是員工群體保護並提升本身利益的工具,他們採用「勞資議價」的程序來談判薪資水準以及工作條件。

工會代表著組織內勞動力的一部分,許多人力資源管理的決策都受到勞資契約規範,例如:招募來源、雇用標準、工作時程、安全規則、賠償程序、以及受訓資格等議題,在勞資契約中皆有提到。工會最明顯也最廣泛的影響力是發揮在「薪資水準」與「工作環境條件」上。工會存在的組織,其績效評量制度較不複雜,因為績效評量結果在獎勵制度上的重要性很小,反而年資長短在工作選擇上、工作時程上以及裁員的決策上重要性較大。所以,在勞資談判中,年資對於薪資的影響,比績效差異對於薪資的影響大。

當員工受到勞資談判的契約保護時,管理者必須熟悉契約的內容。如果勞資問題變得燙手時,管理者可求助於勞資關係的專家或者資深管理人,他們提供的意見可協助管理者解決未來可能在談判桌上出現的問題。這對管理者而言是個好消息,因為以往勞資經常出現對立局面,現今卻是有更多的工會願意主動與資方成立夥伴關係,亦即許多工會開始與管理當局合作提升生產力、維持組織競爭優勢等,而他們的目的就是為了維護眼前的工作機會。

以臺灣的狀況來講,勞資關係要能夠和諧,雙方應擺脫各自階級與對立的思維,在換位思考的思維之下平等互動,運用各種溝通與協調的管道,化解彼此間在意識上的衝突。如此,勞資之間必能建構一個雙向互動的機制,這對勞資雙方、企業與和諧社會的發展有極大的幫助。

↘個案探討

　　目前大學教育因供過於求，使得大學生畢業後目前在市場薪資水準經常被定位於 22k 水準附近。請討論：

1. 為何那麼多大學畢業生，在學校修了 4 年的大學課程，但在學校所讀的理論課程到外面實際的企業內工作時並未獲得重視？請以本章人力資源管理的內容，說明之。
2. 企業管理的層次可分為：系統層次（高階主管）、營運層次（中階主管）、操作層次（低階主管）。大學畢業是屬於高等教育，22k 是屬於操作層次水準，到底是大學教育內容有問題？還是企業實務的要求有問題？請以本章人力資源的內容，加以說明之。
3. 除了大學教育理論與實務的脫節外，具備能解決問題的人格特質的管理者才是企業真正需要的人才，那又牽涉到家庭教育，不過有許多的家庭父母還是抱著「萬般皆下品，唯有讀書高」的傳統保守思想心態，試以本章人力資源管理的內容，加以說明「多尊重孩子的興趣，讓孩子選擇自己所想的路走」這段話。

■ 關鍵名詞

1. 人力資源管理 (human resource management, HRM)
2. 代表參與制 (representative participation)
3. 工作抽樣 (working sampling)
4. 評鑑中心 (assessment centers)
5. 重要事件法 (critical incidents)
6. 評等尺度法 (graphic rating scales)
7. 行為定向量表 (behaviorally anchored rating scales, BARS)
8. 多重比較法 (multiperson comparisons)

摘要

1. 不論組織是否有人力資源部門，每一位管理者皆應該參與其所在單位之人力資源相關決策。

2. 所有的人力資源管理 (HRM) 政策與執行必須遵循著組織的所在國家、州別或都市之法律。該程序是以人力資源規劃為開始，經由人力資源規劃，管理者可以知道公司是否需要雇用新人，如果人太多了，則須裁員；招募表示要在候選人之中找出最合適的人選；裁員則表示有人必須離開公司。人員訓練出現在甄選程序與績效評量程序兩個程序中。最後，有效能的管理者須以員工的績效作為獎勵基礎。

3. 法律會隨著時間的經過或其他外在因素不斷地被修正、增加或刪減，但不論這些法令如何被修正，它的訊息皆很明顯。相關的法令很多，且經常被修改，所以管理者有責任瞭解最新的法令且確實遵循這些法令。

4. 「代表參與制」號稱是世界上員工投入最多的法律，它的目的在於分配組織中的權力，使勞工與管理當局以及股東地位更趨平等。最常見的形式是工作顧問團體以及董事會代表。

5. 「工作顧問團體」是一些被提名或選出的員工代表，其作用是在聯繫員工與管理者。當管理者做任何有關人事決策時，則必須詢問該團體的意見。「董事會代表」是由員工中一些人出席董事會，在某些國家裡，法律要求員工代表和股東代表要有相同的席次。

6. 人力資源規劃是一種程序，藉由這種程序，管理者可確定公司有無適合的人才，將合適的人才擺在合適的地方，知道哪些人可以有效能且有效率地達成公司整體目標。因此，人力資源規劃可以根據公司的需求，決定所需的員工數量以及組合，以達成公司目標。

7. 管理者通常以「工作分析」作為開始，它定義組織內的工作以及必要的工作行為，經由工作分析所取得的資訊，可以讓管理者提出工作說明及工作規範。

8. 工作說明可用來向候選人描述工作內容；工作規範可以讓管理者注意

到候選人應具備的條件，也可以協助管理者判斷候選人是否合格。

9. 未來的人力資源需求是依公司的目的和策略而定，依組織對產品、服務以及產能水準的需求而得。基於公司對於收入的預估水準，管理者可以決定人力資源的數量及組合，以達到預估的收入水準，而這些資訊也將會依科技對產能的影響而有所修正。

10. 人力資源規劃不僅可以提供資訊以引導當前之用人需求，同時也提供了未來人力需求與來源的評估。

11. 管理者一旦發現人事短缺，便開始尋找合適的人選來填補空缺。「招募」是尋找、確認、並吸引適任者的程序。管理者要從哪裡招募潛在的候選人呢？採用何種來源，須視工作的種類、層級以及視社會經濟情況而定。

12. 1980 年代後期以來，出現了以下 3 個招募的趨勢：

   (1) 組織為了尋找更多樣的申請者，方法變得較創新，且採用更多的招募來源。

   (2) 對於短期人力公司的依賴。

   (3) 電腦網路的使用。

13. 員工推薦的人與其他來源的人相比，並無較高的生產力或較穩定。因此，我們的建議是，在申請名單確定後，不要顧慮申請者是經由何種管道來公司應徵的。

14. 網路招募的成長促進了商業化的電子招募廣告及網站的形成，也使得一些公司不須付出比以往更高的成本，且全球的應徵者都能看得到，此法亦可尋找特別才能的人才。

15. 導致拒絕錯誤的甄選方式，可能會使組織面臨歧視申請者的指控，特別是當來自受保護團體的成員被不成比例地拒絕時；另一方面，接受錯誤會使組織產生相當明顯的成本，包括員工的訓練成本，由於員工能力不足而造成成本增加或利潤減少，以及遣散成本與再次招募和甄選的成本。

16. 管理者所使用的任何甄選工具，都必須有效，也就是說和某些重要的

標準之間，必須有明確的關係存在；除了有效度之外，還須具有信度，信度指該工具是否能對相同的事物有一致性的衡量。

17.確切而且重要的自傳資料可作為某些工作表現的有效衡量指標。另外，在申請表的項目加上適當權重，以反映工作的相關性時，便成為相當有效的預測工具。

18.一般只有部分申請表項目，經證實是有效的預測工具，且只針對某些特定工作，為了甄選目的而使用加權過的申請表，是相當困難且昂貴的，因為必須為每個工作設定有效的權數，且必須持續地檢討、更新，以反映權數隨時間的改變。

19.正直性測驗用來評估「依賴、謹慎、責任以及誠實」等因素。如果不考慮到職業的類型，一般的人格測驗並不是有力的預測指標，通常僅有「良知」可以用來預測工作績效。其他的人格層面，必須有選擇性地配合特定的工作，才可以有效地預測未來的工作績效。

20.為什麼工作需要智力與認知能力？為了「解釋和制訂決策」，工作如果是新的、模糊不清、多變、或者多層面時，則需要智力才得以處理。

21.績效模擬測驗是測驗實際的工作行為，而非其他替代行為。最著名的績效模擬測驗是工作抽樣和評鑑中心，前者適用於例行性的工作，後者則適用甄選管理人才。

22.由工作抽樣得到的實際結果，通常會使人印象深刻，它們幾乎比書面的性向和人格測驗更有效度。然而評鑑中心的效度很明顯，它可以一致地預測日後候選人在管理職位上的表現。

23.面試常常是未加以結構化的，非結構化的面試通常時間很短、非正式，且由一些隨機的問題所組成，經證明，它並不是一項有效的甄選工具，它所得來的資料通常與員工未來的工作績效無關。

24.改善面試未加以結構化的方法有：

(1)採用標準化的問題。

(2)提供主試者一套記錄面試資料的方法。

(3)將申請人的資料以標準的尺度評分。

25. 若要評估申請者的智力、動機以及人際關係技巧，那麼面試是最有用的工具，當上述各項與工作績效愈相關時，面試的效度就愈高。其實，它們已被證明與較高管理階層的績效相關，這也說明了為什麼申請資深管理人員一職的人必須經歷許多的面試程序；它同時也解釋了為什麼以團隊為結構基礎的公司，必須安排許多面試程序來過濾申請者。

26. 面試的優點是它提供面試者一項預覽公司組織與工作的機會。通常，主試者如果遇到一位不錯的候選人，他會以工作的正面形象來吸引對方，但很不幸的，這種作法往往使得候選人有過分的期望，最後，會造成失望或提早離職。要改善員工的工作滿意度並減少流動率，主試者可以採用實際工作預覽的方式，也就是在錄用以前，告訴員工有利與不利的相關資訊。

27. 花在訓練方面的錢將會為管理者帶來很大的報酬，這一點在今日更顯得貼切。緊張的競爭環境、科技的變革，以及改善產能的企圖，使公司對於員工技能的要求更多。

28. 理想上，員工和管理者皆應持續地接受訓練，以更新技能。但實際上，極少數的組織提供員工持續的學習環境，也極少有員工自願追求訓練機會。在大多數的組織中，訓練只有必要的時候才存在，至於什麼時候是必要訓練的時機？則是依管理者的決策而定。

29. 訓練只是績效問題的解決方式之一，如果問題是屬於動機不夠、工作設計不佳，或者外部條件因素，那麼，訓練也是於事無補。如果已確定訓練是解決問題之道，那麼就必須確認目標，且這些目標必須明確，這些目標的設定，有助於訓練課程的安排，且也可作為日後訓練效用的標準。

30. 大部分的訓練旨在提升員工技術技能，不論對象是藍領或是白領階級的人，技術訓練愈來愈重要，原因有二：新科技、新的組織結構設計。

31. 組織結構的改變，使技術訓練更顯得重要，隨著組織扁平化、團隊的使用，以及部門間障礙破除，員工必須學習更多的工作任務，管理者開始大量增加跨部門的訓練。

32. 增加員工認知及技術建構為多樣性訓練的兩大要項：認知訓練的用意在於建立對需求的理解、意義、管理及評價；技術建構訓練在於教導員工瞭解職場之中的文化差異性。

33. 常用的在職訓練包括工作輪調和師徒關係。前者是指水平調動以使員工從事不同的工作；後者是指新進的員工時常藉著跟隨經驗豐富的老手來學習如何工作。

34. 如果你知道員工偏愛的學習模式，可依此設計訓練方式；如果無法確知，則最好採多樣化的教學，過於依賴某種學習模式，可能造成某一些人的不適應。

35. 績效評量的目的有：

　(1)用來訂定主要的人事決策，如升遷、調派以及停職。

　(2)用來確認訓練的需要。

　(3)提供員工回饋資訊，讓員工知道公司對他們的績效看法如何。

　(4)作為調薪的基礎。

36. 最常被用來評量的基礎是：

　(1)個人任務結果。

　(2)行為。

　(3)特點。

37. 為何管理者不願提出員工績效回饋？原因至少有三：

　(1)管理者怕和員工討論績效不佳的地方，他們怕提出負面的回饋會與員工產生衝突。

　(2)許多員工排斥負面的回饋，他們認為績效不佳是因為管理者評估不當，甚至歸因他人。

　(3)員工傾向高估自己的績效。

38. 績效評量可以設計得較像顧問輔導的工作，而不是一種裁判的程序，要達到這樣的目的，可以從員工自我評量的方式做起。

39. 組織如何運用團隊評量方式？

　(1)將團隊結果與組織目標連貫，尋找出一套衡量團隊達成組織目標的

方法。

(2)從團隊所負責的顧客開始，看看團隊用什麼工作程序去滿足客戶需求。可以根據顧客要求來評估產品的結果；團隊之間的交易可用團隊間的傳送和品質作為評估的參考，也可以拿工作循環時間及所浪費的時間作為評估的參考。

(3)同時評估團隊及個人績效，以完成支援團隊工作的任務去定義每個團隊成員的角色，然後評量個人績效以及團隊整體的績效。

(4)訓練團隊去發展自己的評量方法，讓團隊自己定義目的，並確定每個成員瞭解自己在團隊中所扮演的角色,如此可以提高團隊的凝聚力。

40.今日的高不確定性環境，使管理者難以預測未來，因此，管理者要求績效彈性，加上組織扁平化，減少員工升官的機會，這些事項造成員工必須自己負起生涯規劃的重任,他們必須保有合時宜的技能與知識，才可以隨時準備接受明日的新任務。

41.進步的生涯發展活動應提供員工持續增加技能與知識上的支援，這些支援包括：

(1)清楚傳達組織的目標及未來的策略。

(2)創造成長機會。

(3)提供財務上的協助。

(4)提供員工學習的時間。

42.勞工工會是員工群體保護並提升本身利益的工具，他們採用勞資議價的程序來談判薪資水準以及工作條件。工會代表著組織內勞動力的一部分，許多人力資源管理的決策都受到勞資契約規範。

43.工會最明顯也最廣泛的影響力是發揮在薪資水準以及工作環境條件上，工會存在的組織，其績效評量制度較不複雜，因為績效評量結果在獎勵制度上的重要性很小，反而年資長短在工作選擇上、工作時程上，以及裁員的決策上重要性較大。所以，在勞資談判中，年資對於薪資的影響，比績效差異對於薪資的影響大。

44.以往勞資經常出現對立局面，現今卻是有更多的工會願意主動與資方

成立夥伴關係，亦即許多工會開始與管理當局合作提升生產力、維持組織競爭優勢等，而他們的目的就是為了維護眼前的工作機會。

複習與討論

1. 請簡述人力資源管理程序的流程？（請以圖形加文字表達）
2. 人力資源規劃可根據公司的需求，決定所需的員工數量與組合，以達成公司的目標。試說明人力資源規劃的過程。
3. 請問今日招募方法有哪些趨勢？
4. 一個好的甄選工具須應具備哪些條件，才可以減少犯下拒絕和接受的錯誤之機率，並增加正確決策的機會？
5. 面試是一個好的甄選工具嗎？請說出你的看法。
6. 大部分的訓練旨在提升員工技術技能：不論對象是藍領或是白領階級的人，技術訓練愈來愈重要，試請問是因何種原因導致技術訓練愈來愈重要呢？
7. 以往績效評量的觀念都是以個人為中心發展而來的，然而，今日愈來愈多組織以團隊為基礎來重新建構組織。請問組織如何運用團隊評量的方式呢？
8. 試討論以面試的方式進行甄選的優缺點。
9. 請解釋以下名詞：
   (1)人力資源規劃。
   (2)實際工作預覽。
   (3)多樣性訓練。
   (4)技術建構訓練。
   (5)認知訓練。
   (6)行為定向量表。
   (7)工作顧問團體。
   (8)董事會代表。

第 9 章
工作的獎勵與激勵

前　言

　　激勵乃是指可以讓人們在滿足個人需求條件下，達成組織共同目標而願意持續付出高水準的努力意願。在此我們以組織目標來探討與工作相關的行為。

　　激勵是因人而異還是因情境而異呢？是否今日年輕人較沒有工作意願？人們在乎的是相對的還是絕對的報酬？是否每個人都想要接受挑戰性的工作呢？以上這些問題皆是我們常見的迷思，也是我們為什麼須對激勵作深入的探討。

　　在此章節我們乃以馬斯洛需求層級理論、ERG 理論、明顯需求理論、學習需求理論四大理論架構來探討人們較希望滿足哪方面的需求，也進一步的探討文化差異對激勵方式及效果有何不同。並以激勵－保健理論說明造成人們滿意與不滿意的理由為何。

　　我們瞭解了人們需要哪一方面的滿足，造成人們滿意與不滿意的理由為何之後，我們分別再加入了特定目標、增強物、對員工的認同等等方式來探討激勵效果是否有所改善。

一、獎勵與激勵常見的錯誤觀念

很多人對管理上的獎勵與激勵觀念認定標準不一，這乃是管理學中相當容易被誤解的主題。以下是揭開 5 個迷思的相關探討：

1.激勵是因「人」而異

事實上：激勵是因「情境」而異

許多人假設，有人工作意願高、有人則較為懶惰，持有這種假設的管理者，花了許多時間在挑選工作意願高的人。但事實上，只有少數人可以一直維持高意願狀態的。若希望員工盡全力付出，就必須瞭解什麼對個人來說是重要的（此因時間與情境而異），並依個人興趣與人格分配工作，員工才有可能得到更有效的激勵。然而，必須確保獎勵與員工績效有關聯性，並且應該注意其他類似的情境因素。

2.高績效的員工需要的僅是激勵

事實上：高績效員工所需要的不只是激勵，還要「工作能力」和「管理者支持」

激勵只是讓員工績效達到最高點的要素之一，還需具備工作能力、外來支援以及所需的技能和天賦去適當的執行任務。若未經適當訓練，員工的績效會減低。除此之外，員工也需要工具、設備、材料、有利的工作環境、充分的資訊及其他類似的支援性資源，以便將工作做好。

3.今日的年輕人沒有工作意願

事實上：今日的年輕人較不傳統也較叛逆，他們的價值觀與嬰兒潮[1]世代出生的人不同，但不見得代表他們無工作意願

今日的年輕工作者還保有「X 世代」的價值觀，他們與嬰兒潮世代的工作價值觀不同，X 世代工作者的特色如下：

---

[1] 大戰後因生命穩定受到保障，生活好轉後，一般人口會加速增多，這種現象是謂「嬰兒潮」，此類現象將帶來該地區未來 20 年因人口急劇增加之下的青年失業群。

⑴注重工作彈性、工作滿意度、以及人際關係的忠誠度。

⑵比嬰兒潮的人更重視個人主義，同時也重視家庭與人際關係。

⑶錢對他們來說可說是一項工作績效的指標，但是，他們也願意放棄加薪、頭銜、升遷機會去擴展生活方式以及換取具有挑戰性的工作。

⑷不會僅忠誠於一位老闆，隨著勞動力的成長，員工們希望培養自己多樣的技能，以維持在工作市場的存活力。

由上述可知，現代年輕人已逐漸在改變，管理者必須重視這些改變的趨勢與方向。

4. 大部分的人只對「絕對」報酬 (absolute rewards) 有興趣

事實上：人們對「相對」差異 (relative differences) 的敏感程度勝過對「絕對」差異 (absolute differences) 的敏感程度

起薪、加薪幅度以及辦公室的裝潢都是很重要的激勵因素，但卻沒有那麼重要。大多數的員工對不公平 (inequities) 很敏感，他們時常會把自己在組織中得到的與他人相比，即使他們收入可觀，但若比別人略遜一籌時，還是會產生反激勵的效果。

5. 每個人都希望得到一份有挑戰性的工作

事實上：並非大家都重視有挑戰性的工作

大部分的員工都希望執行有意義且能承擔責任並兼顧挑戰性的工作。但事實上並非每個人都是如此，許多人偏好的是能滿足最低心靈需求的工作，工作對他們來說，只是走向另一終點的方法，他們會利用下班後的時間去追求並滿足責任感、成就感、成長與認同感等方面的需求。

認為每個希望從事有挑戰性工作的人，基本上是用「自己的需求」來反映「整個勞動人口的需求」。對於行為科學家、顧問以及教授而言，工作是他們主要的生活樂趣，因此他們相當珍惜具有挑戰性的工作，且也常會把自己的價值觀套用在他人的身上。

釐清上述有關獎勵與激勵的錯誤觀念後，現在，我們再對激勵一詞做進一步瞭解。

二、激勵的定義

激勵 (motivation) 是人們在滿足部分個人需求條件下，為達成組織共同目標而願意持續付出高水準的努力意願。一般的激勵是指為了任何目標而努力，在此則是專指以「組織目標」來探討與工作相關的行為。在激勵的定義中，主要因素有四：

1.努力程度 (effort intensity)

是強度與密度共同努力之下的衡量，受到激勵的員工會努力工作。

2.持續性 (persistence)

是指堅持到底且能持之以恆的人，不管障礙或困難是否存在，他們會維持最高的努力水準。

3.達成組織目標的方向 (direction)

除非已設立對組織有利的指引方針，否則僅憑努力和持之以恆的態度，是無法達成有利的工作績效的。因此在考慮努力品質的情況下，組織需要的是與「組織目標」一致的努力。

4.需求 (needs)

激勵可被視為一種滿足需求的過程；「需求」意味著個人內在的某些心理狀態，使得某種結果出現吸引力。未被滿足的需求會產生壓力，刺激個人的心理而產生驅動力 (drives)，經由這些驅動力，導致搜尋特定目標的行為，一旦目標達成後，則需求可獲得滿足而減除壓力。

由上可知，受激勵的員工是處於壓力的狀態，而他們為了消除此種緊張，將會付出更多的努力。壓力愈大，努力程度也就愈大，如果努力能成功的滿足需求，則內心的壓力就會消除。另外，我們可依據激勵的定義瞭解到個體需求必須能和組織目標一致，否則個體付出的努力可能會和組織的利益相衝突，此種情況並非罕見，例如，某些員工在工作時花費了大量的時間與朋友交談，藉以滿足其社交的需求，為此他的確付出了很大的努力，但都是非生產相關的付出。

三、獎勵與激勵的基本議題

㈠人們希望滿足哪些基本需求？

接下來，我們以馬斯洛需求層級、ERG、明顯需求、學習需求四種理論架構試著去指出個人想要滿足的需求，它們的共同精神是：激勵是因某種需求或是某些需求有了匱乏而引起的。

1.馬斯洛需求層級理論 (Maslow's hierarchy of needs theory)

亞伯拉罕・馬斯洛 (Abraham Maslow, 1908～1970) 的需求層級理論 (hierarchy of needs theory) 是最著名的激勵理論之一。需求層級理論認為人類有五種層級的需求，即：

表 9-1　馬斯洛的需求層級

層　級	需求種類
生理需求 (physiological needs)	飢餓、口渴、居住、性慾或其他生存上的需求等
安全需求 (safety needs)	身體及感情上的安全、安定與受保護感等
歸屬感需求 (belongingness needs)	人際互動、情感、陪伴和友情等
尊重需求 (esteem needs)	包括自尊、自治權、成就感等內在的尊重，以及地位、認同與受注意等外在的尊重
自我實現需求 (self-actualization needs)	包括成長、發揮自我潛能及自我實踐等

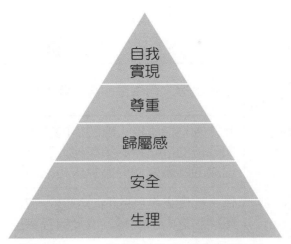

↗ 圖 9-1　馬斯洛的需求層級理論

　　馬斯洛將前三項需求歸類為「必需需求」(deficiency needs，又稱較低層級需求)，因為一個想成為健康和有保障的人，必須滿足這三項需求；後兩者為「成長需求」(又稱較高層級需求)，它們與個人潛力的開發與成就有關。

　　馬斯洛認為上述需求是先天具有的，並以層級方式排列，雖然每個人的需求架構相同，但所處的階級不同。當較低層級的需求被滿足後，較高層級的需求會變得較為重要，從激勵的觀點來看，馬斯洛認為沒有任何需求是可以被完全滿足的，但當某層級需求大致上已被滿足後，則該層級就不需再激勵了。因此，假如你想激勵某人，就必須知道這個人目前停留在哪個需求層級上，然後努力協助其滿足該項或比該項更高層之需求。

2. ERG 理論 (ERG theory)

　　馬斯洛的需求層級理論很受歡迎，但是很少研究結果能支持他的理論。為補其不足，克雷頓‧艾德佛 (Clayton Alderfer) 用修正後的假設，提出了一套精簡版的需求理論。這套理論比馬斯洛的理論架構更能正確地描述需求與激勵的關係。ERG 理論認為可將核心需求分成以下三組：

表 9–2　ERG 理論的核心需求

核心需求	說　明
存在需求 (existence needs)	主要是指人們生存的基本物質條件
關係需求 (relatedness needs)	此需求乃指維持人際關係的欲望。因為要滿足社會與地位的欲望，必須與他人互動，此需求與馬斯洛理論的歸屬感和尊重需求相配合
成長需求 (growth needs)	指一種個人發展的內心欲望，它包含了馬斯洛的尊重需求之內部要素，以及自我實現需求的特色

ERG 理論和馬斯洛的層級假設相反，ERG 理論不認為低層級的需求必須先被滿足，才會提升到高層級需求。一個關係需求或存在需求未被滿足的人可能正致力於滿足成長需求，或他也可能同時致力於三種需求的滿足。

ERG 理論也含有「挫折遞歸」(frustration-regression) 的現象，Alderfer 認為高層級需求無法滿足時，會刺激人們對低層需求有更大滿足程度的需求。例如，無法滿足與社會互動的關係需求時，人們會轉向要求賺更多的錢或更好的工作環境以為代替。

同時，ERG 理論也解釋了為什麼這麼多人專注於追求如薪水與福利等低層級的需求。那是因為薪水與福利可以滿足低層級需求且它們較為明顯、較易管理，管理者非常依賴這種方式激勵員工，這種過度依賴金錢的激勵方式，產生一種惡性循環：挫折→遞歸→短暫的滿足。

3. 明顯需求理論 (theory of manifest needs)

亨利·莫瑞 (Henry Murray) 發展「明顯需求理論」，他的理論深入探討了「需求」與「激勵」間的連貫關係。莫瑞提出了 4 個要點：

(1)需求由 2 個要素組成：方向與強度。

(2)人們可能有的二十餘種需求。

(3)需求是受到環境影響後天學習而產生的，並非與生俱來的，這點與

馬斯洛理論相反。因此，一個懷有高成就感需求的人，只有在環境條件許可的情況下，會去達成這方面的需求。如當他被分配到有挑戰性的工作時，需求才會浮現並明顯化。

(4)對於人的描述「較具彈性」。與馬斯洛不同的是，莫瑞不認為人們會停留在某個需求層級上，他認為多種需求可以同時激勵人的行為，需求無預設的先後順序。因此，人們可以同時追求成就感、歸屬感以及權力方面的需求。

到目前為止，尚無研究可以充分測試明顯需求理論的有效性，但是理論中有些說法是有效的，例如，許多需求是經由學習而來的，且很多人表現同時追求多種需求的傾向。莫瑞的理論後來也成為大衛·馬可利蘭 (David McClelland, 1917～1998) 的學習需求理論的基礎。

4.學習需求理論 (learned needs theory)

大衛·馬可利蘭用了大部分的研究生涯，致力於下述三種需求的研究，如表 9-3，他認為這些需求是激勵的來源。馬可利蘭相信，這些需求是來自社會文化，也就是經由學習而來的，故名學習需求理論。他認為成就感的需求會受到孩童時代的書籍、父母的教育方式以及社會規範的影響，有些國家在國民童年時代即予以刺激這方面的需求。

表 9-3　學習需求理論之三大需求

種　　類	定　　義	說　　明
成就感 (need for achievement, nAch)	為追求卓越、達到某些標準以及追求成功之需求	1.高成就感需求者之所以異於他人,是因為他們具有把事情做得比他人更好的欲望。高成就感需求者會尋找個人擔負職責的機會,然後針對問題設法加以解決。在此過程中,他們能夠迅速清楚的獲知其績效的回饋,以便於瞭解情況是否改善,同時也會設立適度的挑戰目標 2.高成就感需求者寧願接受問題的挑戰與肩負成敗的責任,而不願將成功歸因於運氣或他人的行動。更重要的是,他們避免

		承擔非常簡單或非常困難的工作,主要是希望自己去克服困難,想要感受成功是由於自己努力而來的,亦即他們喜歡難度適中的工作
權力感 (need for power, nPow)	希望別人奉命行事之需求	此種需求是一種希望去影響或控制他人的欲望,權力感需求高的人喜歡自己作主 (in charge),他們偏好競爭及地位導向的環境,關心名望及對他人的影響力勝於對於績效的關心程度
歸屬感 (need for affiliation, nAff)	為追求友誼或親密的人際關係之需求	此項需求較類似一種希望被他人喜歡或接受的欲望。高歸屬感需求者追求友誼、喜歡合作的情況,而較不願處於競爭的環境,同時希望和他人有高度相互瞭解的關係

　　廣泛的研究結果已經可以對成就感需求和工作績效之間的關係做出相當合理且可靠的預測, 至於權力感與歸屬感需求也有一致性結論:

(1)高成就感需求者比較喜歡在有「個人責任、回饋和中度風險」的情境下工作, 如圖 9-2。當工作中有這三項特徵時, 高成就感需求者就會受到強烈的激勵作用。目前證據指出, 在自營企業或大型組織中, 讓高成就感需求者擔任一名獨立事業單位的主管, 會有相當成功的表現。

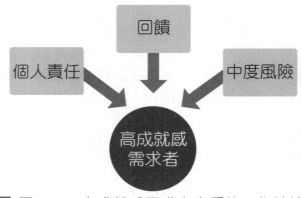

↗ 圖 9-2　高成就感需求者喜愛的工作情境

(2)高成就感需求者未必是一名好的管理人，特別是在大組織中。高成就感需求者重視的是「個人的成就」，而不是去影響他人將事情辦好。高成就感的銷售人員不見得可以成為好的管理者，而大型組織中優秀的經理人，也未必有高的成就感需求。

(3)「歸屬感與權力感需求」和管理的成功有密切關係，最佳的管理者常是「高權力感、低歸屬感」的需求者。事實上，高權力感的動機可能是形成有效管理的主要因素，當然，何者為因、何者為果，仍有爭議。有人認為，高權力感需求只是人們處於階級組織中某個階層而產生的作用。這種論點主張：個人在組織中層級愈高時，權力動機愈強，因此，擁有權力的職位會觸發高權力感需求者的動機。

小 結

馬斯洛的需求層級理論雖然大受歡迎，但是它在管理上的價值很小且沒有證據可以顯示出需求是有嚴苛的層級之分的。能激勵人的需求是因時因地而改變的，因此，管理者必須習慣去瞭解員工的需求，以下兩點作法可供參考：

1. 注意員工的行為並且適時詢問他們何種激勵方式最具效果。
2. 觀察員工在空閒時，選擇何種活動，藉此看出員工的興趣以及他們行動的驅動因素 (drives)。

再從另一角度來說，區分高層級需求與低層級需求是有意義的。因為如果低層級需求無法滿足時，員工也不會去理會管理者在滿足員工高層級需求上的努力。舉例來說，如果當員工擔心裁員失去工作時，他們不會熱衷參與自我管理式的團隊（即使在此團隊中可以滿足自主、成就感以及認同感方面的需求）。

補充： 基本的工作保障

如果員工沒有基本的工作保障，其他的需求對他們可能就不太重要。這個事實在東歐的國營企業嘗試解決生產無效率時表露無遺。

　　以波蘭一家鍋爐製造廠為例，管理者開始的時候提供津貼給付於 400 名員工，以激勵員工提升士氣，但是卻沒有效用。於是，管理階層再嘗試別的方法，那就是如果銷售額能夠維持目前的水平，將會保留所有的員工，沒想到如此方法奏效，果真提高了員工士氣及銷售量。

　　這是因為就業市場的渾沌性，使得員工所看重的不是獲得紅利，反而是最基本的工作保障。這觀點有待更多的人去瞭解。根據密西根大學的 Ted Snyder 指出，西方國家的管理者似乎對此完全沒有概念，這些管理者都忙於增加新的獎勵辦法、降低目標、採用成本會計系統，這樣做是不夠的，正如 Snyder 說道：「員工真的是擔心，你則需要成長，所以你應該對他們說『只要達到標準，你們將不會被裁員』。」

　　諷刺的是，這些勸導應該適用於所有西方國家的管理者，但是他們卻很少會承認如此事實。降低成本、企業瘦身以及企業再造等，已經使得美國、加拿大及西歐國家的許多員工因而感到工作缺乏保障的威脅。面對瀕臨失去工作的人們，再多的工作重新設計或彈性工作也是於事無補。

㈡人們基本上是否願意負責任？

　　觀察了管理者管理員工的方式後，道格拉斯・馬可里哥 (Douglas McGregor, 1906～1964) 提出了有趣的觀點。他說管理者對於人性特質的假設有二，而這種假設影響管理者管理部屬的方式，如表 9–4。

表 9–4　X、Y 理論的基本假設

X 理論	Y 理論
員工天生不喜歡工作,如果可能的話會盡量避免工作	員工視工作為生活的一部分,就如同休息和玩樂般自然
管理者必須以強迫、控制或處罰的方式以達期望的目標	如果對於責任或目標認同時,員工會自我要求和自我控制
員工會逃避責任,可能的話會盡量聽從指揮行事	員工會學習如何接受責任,甚至主動承擔責任

大多數的員工認為「安全」是工作中最重要的因素，且較無野心	群體之中遍布具有良好決策能力的人，而非僅侷限於經理階層

　　究竟馬可里哥的理論對於激勵作用有什麼涵義呢？最好的答案可由馬斯洛需求層級架構來表述。X 理論認為較低層級的需求支配個體，Y 理論認為較高層級的需求支配個體，馬可里哥認為 Y 理論比 X 理論更有效，因此他認為諸如參與決策、賦予員工職責或較具挑戰性的工作，以及良好的群體關係都是激勵員工的最佳方式。

　　但目前仍沒有任何證據可以否定兩組假設的有效性，也沒有證據證明經理人接受 Y 理論並以之為依據時，更能激勵員工，X 理論與 Y 理論的適用性還仍須依情境而定。

　　馬可里哥所提出的理論雖然缺乏實證的支持，但我們並不能否定其價值。馬可里哥運用了 X 理論來描述對「人類特質」的假設，但時常被誤用為描述管理模式。舉例來說，很多人將專制的主管稱為 X 理論型管理者，但這不是個正確的用法。

㈢造成員工滿意或不滿的原因為何？

　　「員工希望從工作中得到什麼？」這是心理學家佛德列·赫茲伯格 (Frederik Herzberg) 在研究激勵理論的過程中所提出的問題。他要求受測者仔細描述工作上特別好和特別差的情況，將調查結果製成表格並加以分類，如圖 9-3。

　　赫茲伯格發現人們對於其工作感覺良好與惡劣的答覆之間存在顯著的差異。這項發現發展出「激勵 —— 保健理論」(motivation-hygiene theory)，其中包括內部因素 (intrinsic factors，與「工作滿意度」有關) 與外部因素 (extrinsic factors，與「員工不滿」有關)。

　　赫茲伯格認為導致工作滿意與不滿的因素是分開且彼此有別的，經理人若僅消除導致工作不滿意的因素，雖可能帶來平靜，但卻不一定有激勵作用。由於這些導致工作不滿的因素，並不具有激勵效果，因此稱

為「保健因子」(hygiene factors)，如公司政策、管理、監督、人際關係、工作條件，以及薪資等（如圖 9–3 藍色部分）。具備了這些因素，人們就不會不滿足，但是也不會獲致滿足。而若要激勵員工努力工作，則應強調成就感、認同感、工作本身、責任感，以及成長等（如圖 9–3 紅色部分）能夠有內部激勵效果的內部因子 (intrinsic factors)。

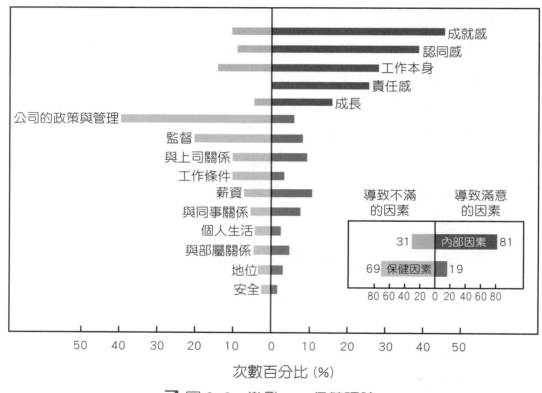

↗ 圖 9–3　激勵——保健理論

赫茲伯格的理論亦不能免於被批評，其中關於工作滿意度的理論，一般被認為不像是個激勵理論。所以，此理論較常被應用在「工作豐富化」(job enrichment) 上。

許多組織運用工作組合、擴大員工責任範圍以及使用團隊的方式，以便提升員工滿意度和激勵效果。如果想要詳盡地瞭解什麼影響了員工滿意度，以下提供了四項參考：

1.給予員工挑戰其心智的工作

員工喜歡變化、自由以及有機會發揮技能的工作，他們也喜歡有回饋性的工作，以便瞭解自己做得如何，這些工作都屬於挑戰員工心智的工作。

2.提供公平的獎勵

員工希望薪水與升遷制度能公平明確，且能與他們的期望一致，當薪資或其他獎勵方式看似公平時，員工滿意度亦隨之而來。

3.提供支援性的工作環境

員工關心工作環境，一是為己，一是為了順利完成工作，他們期望在安全無虞且舒適的環境下工作。

4.鼓勵同事間互相支持 (encourage supportive colleagues)

人們在工作上得到滿足，基於在金錢或可見的成就中得到滿足。對許多人來說，工作本身也可以滿足他們的社會需求，因此，友善且能提供支援的同事關係，可以促進員工的工作滿意度。當員工體認到上司對他的關愛、瞭解、讚美、傾聽以及興趣，通常會表現出更高的工作滿意度。

㈣特定的目標能改善激勵作用嗎?

經理人有時會這樣的告訴員工說:「盡你的所能去做，這就是我對於你的要求。」經理人認為這樣說已是誠實且支持部屬的表現，但是，這樣的說法對員工來說是好的嗎?

許多證據顯示，「目標設定」是工作激勵的主要來源，更進一步說，目標可以提高績效，一旦員工接受較為困難的目標，會帶來更高的績效，並且提供回饋 (feedback)，回饋更能提升員工績效，這些原則稱為「目標設定理論」(goal-setting theory)。在此情形下，「目標確定」本身就是一種內部的刺激因素。

若其他因素不變，難度較高的目標會有較好的工作績效，而較容易完成的目標較可能被接受。但是，一旦困難的目標被接受了，人們會盡

可能付出努力，直到目標被達成或者被降低、放棄。

回饋可以幫助人們瞭解實際進度與期望目標的差異。也就是說，它可以幫助指引行為，但是並非所有的回饋都有相同的效果，如員工可以自己控制進度的自主性回饋 (self-generated feedback) 會比外來回饋 (externally generated feedback) 更具激勵效果。

如果讓員工參與目標設定，是否會因此更加努力？答案是正反不一的。然而，可以確定的是，讓員工參與設定目標，可以提高員工對目標的接受度。當目標難度高時，讓員工參與目標設定的效果較好。雖然員工參與制訂的目標不見得比指派的目標好，但可以確定的是，參與式的作法較有可能提高人們接受高難度的目標。

除了回饋外，有三種因素也影響了目標與績效的關係，它們分別是目標承諾 (commitment)、自信 (self-efficacy) 以及國家文化。

1. 目標承諾

目標設定理論假設個人會承諾目標的完成，也就是說，個人不會降低或放棄目標。當目標是公開、個人具有內部控制力，以及目標是自己設定時，個人較會產生目標承諾。

2. 自　信

自信是個人認為有能力去執行一項任務的信念，自信高的人認為自己能夠成功完成任務。因此，不難發現，在遇到困難工作時，自信低者很快就減少努力或者放棄，而自信高的人則會試著掌控這份挑戰。

3. 國家文化

目標設定理論是有文化界線的，而這種理論非常適用於美國與加拿大等北美國家，因為此理論假設部屬有合理程度的獨立性，管理者與部屬都尋求富有挑戰性的目標，且管理者與部屬都重視績效，但不要期望目標設定在其他國家如波多黎各或智利會產生好的工作績效，因為這些國家的文化背景是不一樣的。

㈤增強物如何影響工作績效？

與目標設定理論相對的是「增強理論」(reinforcement theory)，前者是以認知方式 (cognitive approach) 協助個人設立目標而影響他人的行動，後者是以行為方式 (behaviorstic approach) 為主，也就是以增強刺激的方式進而影響其行為。

這二種理論在哲理上並不一致，增強理論認為行為是受到環境影響，不必考慮到個人內心認知的事物，控制行為的是外界的增強物 (reinforcers)，也就是受到某種刺激或行為以後，立刻伴隨而來的反應，可以提高該行為重複出現的機率。

增強理論忽略了人們的內心狀態，如：人的情感、態度、期望以及其他會影響行為的認知因素，且僅注意人們對刺激會採取什麼反應或行動，而沒有考慮到是什麼引發了行為。嚴格來說，增強理論並不能算是激勵理論，但是，它的確提供一有效分析控制行為的方法，因此討論激勵時，也將這個理論納入考量。

刺激無疑是一項影響員工行為的重要因素，但並非影響行為的唯一要素，員工也會受到工作後所得到的回應所影響。舉例來說，某員工常常因產能上的努力而受到同事的責難，最後可能因而降低產能，但是降低產能的起因可能是因為目標設定不當、不公平的待遇或者期望效果的影響。

表 9-5　目標設定理論與增強理論的比較

	目標設定理論	增強理論
方　式	認知方式	行為方式
行　為	個人設立目標影響他人	以刺激方式影響行為，忽略人們內心狀態

㈥當員工認為他們受到不公平待遇時有什麼事會發生？

　　人們對相對的待遇差異較敏感，特別是他們將自己在工作上的投入產出和他人比較時，員工會認知他們從工作中得到的結果 (outcome) 和所付出的投入 (input) 有關，然後會以投入與結果之比率加以比較。如果員工比較後認為自己的比率與他人相當，就存在公平的狀態，他們會認知自己所處的處境相當公平；如果覺得不同，他們會感到緊張 (tension)。

　　公平理論 (equity theory) 認為這種負面的緊張狀態會產生激勵作用，所以緊張即成為激勵的基礎，促使員工採取行動以修正這種不公平現象，且會努力去爭取他們所認知的平等與公平。

　　公平理論中，參考標的 (referent) 是一項重要的因素，員工可以採用下列四種比較的參考標的，如表 9-6：

1. 自我——內部 (self-inside)：和自己過去在目前的組織內曾擔任過的職務相比。
2. 自我——外部 (self-outside)：和自己過去在其他的組織中曾擔任過的職務相比。
3. 他人——內部 (other-inside)：與組織內的他人比較。
4. 他人——外部 (other-outside)：與組織外的他人比較。

表 9-6　公平理論——參考標的

員　工		相關他人	認　知
O/IA	<	O/IB	獎勵不足→不公平
O/IA	=	O/IB	獎勵適當→公平
O/IA	>	O/IB	獎勵過度→不公平

*O = 結果；I = 投入；A = 員工；B = 其他人

　　因此，員工可能與朋友、鄰居、同事或其他組織中的他人做比較，而至於選擇何種參考標的，則須視「員工可取得的資訊與標的對員工的

吸引力」而定。公平理論預測員工在認知遭受不公平待遇時，會採取下
列五項行動：

1. 改變投入：如減少努力。
2. 改變產出：如按件計酬者會改以低品質高產量的方式增加收入。
3. 扭曲對自己或他人的認知。
4. 選擇不同的參考標的。
5. 離職。

　　公平理論特別提出有關報酬不公平時，可能會發生的四種狀況，如
表 9–7 所示。

表 9–7　報酬不公平時將可能發生的四種狀況

計酬方式 ＼ 員工類型	報酬過多的員工	報酬不足的員工
時　間	報酬過多的員工將會比公平支付的員工生產更多數量或較佳的品質，藉以增加投入來改變比率，而達到公平	此類員工將會生產較少數量或較低品質的產品，以減少努力程度，因此最後會比公平支付的員工生產較少或較低品質的產品
數　量	報酬過多的員工為了增加努力程度以達公平，因此可能導致生產更多的產量或更高的品質，但是由於增加產量只會導致工資差距拉大的不公平現象，所以只好努力提高品質而非產量	此類員工會生產比公平支付的員工較低品質但較高數量，該員工將會企圖以數量換取品質，在不需多出力的情況下增加報酬，因而趨向公平

　　上述四種主張大致上得以獲得研究證實，但有一些限制：

1. 在大多數的情形下，報酬過多而產生的不公平似乎對任何工作場合的
　 行為皆無太大的影響。
2. 並非每位員工都對不公平敏感。因此，公平理論的預測不見得完全正
　 確。

最後，值得注意的是，雖然大部分對於公平理論的研究集中於報酬，但是員工們卻也在乎組織其他的報酬形式，例如：給予他們高等級的職位名稱及落落大方的辦公室裝配，都是構成公平理論方程式中的一部分。

㈦期望如何影響激勵？

期望理論 (expectancy theory) 認為行為傾向 (tendency) 是受到行為與結果之間關係的預期強度，以及結果對個人吸引力的預期強度等兩種因素所影響。更具體地說，期望理論著重於以下三種關係：

1.個人努力——個人績效關係

個人認為付出某種程度的努力時能達到績效的機率。

2.個人績效——組織報酬關係

個人對於績效到達某種程度後，會得到預期結果的相信程度。

3.組織報酬——個人目標關係

組織報酬能滿足個人目標的程度，亦即報酬對於個人的吸引力。

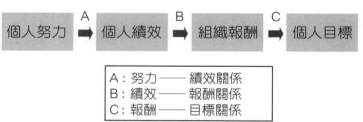

↗ 圖 9–4　期望理論著重的三大關聯性

期望理論說明了為什麼許多人在工作上無法受到激勵，而僅表現出最低工作標準。現在，我們更進一步以問題方式來探討上述三種關係，以便瞭解工作態度產生的背景：

1.員工問：「我付出最大的努力，我的努力會被併入績效評量中嗎？」

答案是：「不會。」原因可能有三：

⑴員工的技能可能不足。

⑵績效評量制度可能著重在忠誠度、創意或勇氣等非績效因素。

⑶員工認為管理者不喜歡他，因此，他預期他的付出將無助於績效的提升。

2.員工問：「我的績效評量很好，會得到組織的獎勵嗎？」

許多人認為績效與報酬的關聯性微弱，原因是組織獎勵的事情除了績效以外仍包含了很多其他事情，如：薪資的多寡可能依年資、合作度或對上司的奉承度而定，這時候績效——報酬的關係容易被視為微弱且反激勵的。

3.員工自問：「如果我得到了獎勵，這些獎勵是否會吸引我呢？」

員工努力工作可能希望獲得升遷的機會，但組織給予他的是加薪。此例說明了幫員工量身訂作一套良好獎勵方法是相當重要的。但事實上，許多管理者的獎勵資源是有限的，無法為不同員工設計不同的獎勵方式；甚至，有些管理者刻板的認為每個人喜歡的東西皆是一樣的，卻忽略了不同獎勵方式所帶來的激勵效果，所以通常員工所受到的激勵是無法極大化的。

雖然有相當多研究支持期望理論的論點，但有個情況是我們須注意的：由於期望理論的前提乃假設員工在作決定時少有限制，但若將期望理論運用於接受或辭去一份工作時，員工則會仔細思考各種工作選擇的成本與利益，以及會受到工作方法、上司、公司政策的限制，所以期望理論較不適用於低階層的工作。而所謂的期望理論主要乃是在解釋員工的產能方面，所以隨著員工在組織中的工作複雜程度與階級愈高時，期望理論的解釋就愈有力。

㈧新的勞資關係有何激勵上的涵義？

今日的勞資關係與過去大大不同，大部分的組織裡，「忠誠以保障工作」的時代已不再。現代人工作的特色是，短暫性、極少的工作保障及有限的升遷機會（因為組織扁平化）。因而產生了一個問題：新的勞資關係有什麼激勵上的意義？要回答這個問題，讓我們看幾個快速成長的勞

力部門，成員包括獨立的中間承包商、臨時員工、專業人士、最低薪資的服務工人，以及必須從事高重複性工作的人。統整於表 9-8。

表 9-8　各種快速成長勞力部門之特色與激勵方式

獨立的中間承包商	
特　色	獨立的中間承包商和組織間「無永久性的連繫」，他們以個人身分與組織簽約，從事一個或多個專案。這類的員工特色是「缺乏對組織的忠誠度」
激勵方法	提供高額的薪資足以刺激高績效，另外，具挑戰性的工作或發展新技能的機會，都是很好的激勵方式
臨時員工	
特　色	特別是自願型臨時員工，非常重視工作的彈性。他們偏好有彈性的工作時間，以及其他能增加他個人自主性的選擇方案
激勵方法	1.提供員工托育服務，能降低員工流動率，並有激勵效果；尤其對於單親或雙薪家庭來說更能讓員工專心工作 2.在公司附近建立托兒所，以方便員工接送 3.提供兼職員工和全職員工相同的福利，有助於提升員工績效 4.替員工們給付訓練課程費用，讓員工們有機會可以晉升全職員工
專業人士	
特　色	專業人士對於專業領域有強烈的使命感，他們傾向對專業忠誠，為了跟進潮流，他們必須常常更新知識，也由於對專業的使命感，他們很少將工作時間定為朝九晚五或每週 5 個工作天
激勵方法	金錢與升遷通常不是他們所渴望追求的，因為他們通常收入豐厚，而且喜歡自己目前從事的工作；相反的，「具有挑戰性的工作」似乎較能吸引他們；專業人士也重視「支持」，他們期盼別人認同他們所做的是很重要的工作。愈來愈多的公司提供技術人員更多的生涯選擇路徑，這些選擇讓員工有機會賺取更多收入及享有更高的地位，但無需負擔管理責任。舉例來說，Merck & Co. 公司以及 AT&T 頒給優秀的科學家、工程師以及研究人員「資深科技學家」的頭銜，他們的收入與特權不輸給公司管理者所享有的待遇，公司相信並重視專業人士的責任感與使命感

最低薪資的服務工人	
特　色	這些人通常僅有有限的教育程度及技能，且其收入僅略高出最低薪資，普遍存在於零售與速食餐飲業
激勵方法	除非薪資和福利能大量提高，否則，這些工作的高流動率是可以預期的。除此之外，企業主可藉由擴大招募訓練員工的網路，使工作較具吸引力，並且提高薪資水準，皆可改善流動率。管理者也可以使用非傳統的方法來降低流動率，如發掘員工們業餘的興趣、營造工作場所中的家庭氣氛、安排一天專門展出員工的藝術作品、詩歌朗誦、表揚員工的義工工作、介紹員工的新生兒等
必須從事高重複性工作的人	
特　色	這類型的員工從事的是標準化且例行性的工作，例如生產線的員工，工作內容相當枯燥且充滿壓力。若企業主能篩選出不喜歡變化、裁決性低等工作內容的員工，其激勵效果較容易發揮出來
激勵方法	許多標準化的工作，尤其是製造業部分，資深員工支領著非常豐富的薪資，如此，使得管理當局容易找到員工。雖然，高薪資工作可以減輕招募及流動率的問題，但是仍無法高度激勵員工。實際上，管理者沒有其他選擇來激勵員工，可以做的或許僅是設法改善工作環境，如提供一個乾淨且吸引人的周遭環境、給予較長的休息時間、提供員工聯絡感情的機會以及主動關心員工

㈨文化差異如何影響激勵員工？

　　根據管理學大師 Stephen Robbins 所著《管理學》一書，文化差異會影響員工價值成就選擇，說明如下：

1. 大部分的美國人將專業成就擺在第一位，是由於這些成就會反映出個人在社會上的地位，因此他們會被激發而努力的工作及賺錢；但相反的，法國人則較看重生活的品質 (quality of life)，所以對於他們而言，會將工作閒餘及渡假排在首位，而較少犧牲享受人生的時光來追求工作成就。

2. 美國人將專業成就擺在第一位，而法國人則將生活品質位居第一位。會有如此的差異主要是基於文化，由於文化的差異所以可能造成激勵方式的不同，所以我們可以知道適用於某一個國家的激勵方式可能不

適用於別的國家。另外，激勵理論多是由美國學者所提出的，而實際情況則是以美國情況為主，所以倘若要運用於其他國家時，則效果多少會有偏差。舉例來說，目標設定與期望理論強調的是目標達成以及理性與個人的想法，而此為反映出美國社會的個人主義、成就及物質需求，倘若在別的國家如法國，則此目標設定與期望就會顯得不成功。

3. 接下來，我們以馬斯洛需求層級理論來探討其文化差異是如何影響激勵員工的方式。馬斯洛的需求層級理論由低層級排列至高層級依序為；生理、安全、歸屬感、尊重、自我實現，然而這樣的層次順序僅能適用於美國。為什麼如此說呢？原因是因為某些國家如日本、希臘、墨西哥，由於他們對於「不確定」的規避性格較強，所以他們將安全需求排列在最高層級；然而，在注重生活品質的國家，如：丹麥、瑞典、挪威、荷蘭、芬蘭，歸屬感是位居首位，所以我們可以預測，一個注重品質的國家，那麼向該國員工推動群體工作會很順利。

4. 追求高成就者在其內部須有兩種文化特質，第一，願意接受某些程度的風險（不包括那些強烈不確定規避的國家）。第二，對績效的看重（強調生活品質的國家），而這個組合適合在泛美國的區域國家，如美國、加拿大、英國；相反地，這些特質則是智利與葡萄牙所缺乏的。

5. 儘管存有上述的批判，我們不可否認有些激勵確實是可以跨文化存在的。例如，不管是哪個國家的文化，工作興趣皆是員工所看重的。我們由一項研究顯示可知，比利時、英國、以色列、美國員工將工作興趣列為目標的首位；而日本、荷蘭及德國員工則將此擺第二。我們再由另一項研究可知，針對美國、加拿大、澳洲、新加坡的大學生調查其選擇工作的傾向時，結果以成長、成就、責任為排行優先。以上這兩項的研究主要說明了激勵——保健理論的內部激勵因子，可能也可以適用於許多國家之中。

　　不同的文化差異激勵員工的方式也有所不同。例如，對於基層員工最重要的激勵方式當然是選擇金錢與物質對他們而言較為實際；對於中高階層員工激勵方式則為以成就感而自我肯定自我實踐的滿足感。事實

上，為何有些人無法擔任高層管理者？可能與其所受的教育、文化與家庭文化所塑造的工作價值是有相關性的。

四、激勵理論的整合

現在將目前所知的大部分激勵理論整合成一個模型，如圖 9-5，由該圖我們可明顯看出，個人工作目標深受家庭、教育、文化及其它因素影響，而可分成高成就需求者、低成就需求者。高成就需求者人格特質為自我肯定、自我成就、自我實踐；低成就需求者人格特質為基本生活水準滿足、規避風險、規避工作挑戰。

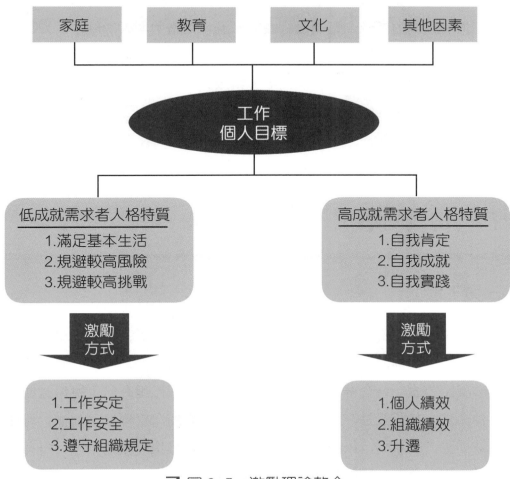

↗ 圖 9-5　激勵理論整合

　　期望理論學者認為，當員工認知到「努力與績效」、「績效與報酬」、「報酬與個人目標」之間的關聯性很強時，他們會努力工作，而上述三種關聯性，都受到特定因素的影響。要使員工努力達到良好績效，員工必須有能力且相信績效衡量系統十分公正且客觀。若要績效與報酬的關聯性很強，就必須使員工相信有績效才有報酬。最後是報酬與目標的關聯性，必須滿足與個人目標一致的主要需求，才能達到良好的激勵效果。

　　圖 9-5 也同時考慮了成就需求理論、增強理論與公平理論。高成就需求者並不會因為績效評估或是組織的報酬而受到激勵，因此圖中自個人努力指向個人目標的中間，有一個高成就需求，表示高成就需求者受到內在驅力的激勵，而較關心工作中的個人責任感、回饋和風險。他們並不在意努力與績效、績效與報酬抑或是報酬與目標之間的關聯性。

　　增強理論的部分，是認為組織的報酬能夠增強個人的績效。如果組織能建立一套激勵系統，並讓員工相信優良的績效能夠獲得報酬，那麼就會增強並激勵員工繼續保持良好的績效。

　　報酬在公平理論中扮演重要的角色。個人會將自工作投入中所得到的結果與他人的投入與結果之比率相比較，若覺得不公平則會影響其努力程度。

五、當代的應用

㈠員工參與

　　員工參與成為許多技術的總稱名詞，例如，它涵蓋了員工參與或參與式管理、授權、工作地方民主化以及員工認股等。在此部分我們將員工參與定義為：包含全部員工的參與程序，它可以提升員工對組織成功的使命感。其假設是，讓員工在工作上有更大的自主權或控制權，可使其感受更大的激勵，以增加對組織的奉獻，並且提高產能，以及提升工作滿意度。表 9-9 即描述員工參與的四種型態：

表 9–9　員工參與之四種型態

類　型	說　明
參與式管理	參與決策；部屬分享直屬主管之一些重要決策權
代表參與	員工代表參與組織決策，讓員工有權參與管理者與股東有興趣的事情
品管圈	由 8 至 10 名員工與其主管共享權責的工作團體，他們定期討論品質，探討問題原因，建議答案，並採取行動
員工入股計畫	公司建立利潤計畫使員工得以入股分享利潤

德國、法國、荷蘭等歐洲國家已建立了工業民主的原則，其他國家如日本及以色列，也採用讓員工代表參與的方式。參與式的管理以及派代表參與的方式，在北美地區進展較慢。然而，員工參與在今日已成了常模 (norm)[2]。而臺灣管理教育也已成熟許多，除員工入股計畫仍未普及化之外，其他如參與式、品管圈，中小企業均已普及化了。

㈡開卷式管理

開卷式管理 (open-book management, OBM) 希望每個員工都能為公司思考，且把自己當公司的老闆，改變以往員工依循上司指令做事的方式。以往只限於管理階層才有的資訊，而今都能讓員工看到，其結果就是讓員工瞭解，為何公司需要全體員工思索如何解決問題、減少成本、降低不良品以及提供顧客較好的服務。表 9–10 為開卷式管理的 10 項原則：

---

[2] 常模：匯集多人的資料而做出來的平均數據，則此數據就較具有參考比較價值，就好比說是拿一把尺將個別受測者和所有的受測者作比較，以看出其優劣。企業依據需求，選擇最適切的常模標準，為企業量身打造專屬人才評鑑工具，並在偵測出各類職務之工作關鍵特質後可作為人力資源管理與組織文化分析上的利器。

表 9–10　開卷式管理的 10 項原則

1.把企劃管理看成一種遊戲，而員工會獲勝
2.將所有資訊與員工們分享
3.教導員工如何看得懂公司的財務狀況
4.指導員工如何工作才會改善財務狀況
5.連接非財務方法至財務結果的呈現
6.說明優先達成的目標並授權員工去改善
7.共同檢討結果並讓員工負責任
8.展望未來的績效及慶祝成功
9.根據員工對財務改善的貢獻做出獎勵
10.要與員工分享公司

　　我們以實例來說明。1980 年，長期的罷工幾乎讓設在密蘇里州的 SRC 公司關閉，此公司為 International Harvester (IV) 的一子公司。IV 為減少成本，將 SRC（回收再製柴油引擎）賣給一群投資者。新的投資者組成新的管理團隊及採用新的管理方法。SRC 管理當局向員工說明公司的財務狀況，並讓員工瞭解若是改善公司的營利後，員工們會有什麼樣的工作值班情形、紅利及津貼。例如，SRC 每星期停駛所有的機器半小時，讓公司全體 8 百位員工聚集討論公司最新的財務狀況，每個員工就可以像會計師一樣馬上瞭解公司的損益情形。有一次，一位參訪者在工廠問一名員工：「你手邊做的機軸要多少錢呢?」該員工回問他：「你是指目錄價還是指零售淨價?」接著，該名員工向他解釋此兩種價格，如何與 SRC 的成本做出比較，以及產品本身的實質價格等等。

　　開卷式管理如何成為一激勵因子？原因就是將其員工帶入至公司的內部成為經營者，如此可增加他們對工作的興趣，及提高對組織決策的參與度。

㈢變動薪資的方案

變動薪資方案與傳統方式不同在於，變動薪資方案不是依工時或年資而定，而是隨員工績效或組織績效而定。如表 9–11 列示了四種常用的變動薪資計畫，變動薪資的方式已存在一段期間，是用來補償高階主管、業務員、按件計酬的工人等的方法。但是，這種方式目前已漸漸擴大至銀行、工廠、行銷團隊的內部甚至整個公司，以取代調幅穩定的固定薪資給付方式。

對於管理者來說，變動薪資方案將部分固定費用轉為變動費用，如此一來，績效降低時可減少成本。績效低的人，在一段期間後，會發現薪資停滯不前，而績效高的人，則可以享受辛勞的成果，對於員工來說，也是一種組織對他的認同。

表 9–11　常用的變動薪資計畫

類　型	說　明
計件薪資	長期用在生產線的工人，當工人完成某單位量就支付固定薪資
紅　利	以個人群體或組織之績效水平而作一次給付
利潤分享	以設定的標準針對公司利潤分配作適用整個組織的規劃。可能是直接給付現金，也可能是認股
利得分享	以公式換算群體激勵計畫，定期改善群體生產力以決定分配總額。典型分配方式是公司與員工各分配 50%

㈣以技能為基礎的薪資方案

拍立得公司 (Polaroid) 的機器操作員每小時最高薪資可達 14 美元，但是，如果員工能學習其他技巧如設備維修以及品檢等，他的薪資每小時可增加達 10% 之多；在 At Xel 傳訊公司，它的員工每多學一項新工作，每小時可多領 0.5 美元。

以上的例子說明了以技能為基礎的支付計畫，它不是以工作頭銜來

支付薪資，而是「以工作技能、員工的勝任能力作為獎勵標準」，並鼓勵員工學習新技能及新的工作。它同時也促進組織內部的良好溝通，因為員工有更多的進階機會，這些員工不必經由升遷即可享受高收入，並獲得更多的知識。

以技能為薪資基礎的方式很輕易地融入新工作世界。有位專家如此說：

這個社會會慢慢變成一個以技能為基礎的社會，你的市場價值取決於你所具備的技能以及你能做的事。在新的工作世界中，只有知識與才能才是真實的，我們不再視人為工作者，而是視人為具備特定技能的人，並且以他們的技能為薪資的給付標準。

㈤報酬幅度擴大

報酬幅度的擴大是將多個工作或薪資等級，改變成少數幾個寬幅度的薪資範圍。一般的大型組織至少有 25 個以上的薪資等級。在寬幅度的薪資範圍作業中這些等級被縮減成數個（至少 2 個，最多 5 至 10 個），也就是給付範圍擴大，而等級卻減少。舉例來說，公司可將原本的 29 個薪資等級，精簡到 6 個組別，而今，員工不再是逐一等級的跳，可能一生當中只在其中一個組別中慢慢晉升，然而這些薪資的範圍要比以往來得廣。

使用寬幅度薪資政策的公司成長非常的快，原因在於此法可以「增加組織的彈性」。管理者可以較自由的提供員工薪資而不需做到晉升的階段。就其本身而言，寬幅度的薪資範圍和新組織結構比較一致。

寬幅度的薪資給付為何會發揮激勵作用？主要原因為寬幅度的薪資政策強調平面及個人的發展，而不是垂直的事業開展，因此員工可以注重及強調長期性技能的提升。此外，寬幅度方法也能讓管理者更自由的激勵優越的員工。由於等級已經減少，因此也減少了薪資增加的限制，因此這樣的給付制度比較認同員工的績效和其薪資增加的關係。

㈥關懷家庭的工作環境

愈來愈多的父親們積極參與孩子的工作，隨著嬰兒潮世代的年齡增長，許多人們發現他們也必須照顧年老的父母。以上的兩件事實，使得許多員工必須在工作與家庭之間尋找平衡點，為了回應這個趨勢，目前有些公司正設立一個關懷家庭的工作場所 (family-friendly workplace)，目的主要是可以提高員工士氣及生產力，並減少缺席率。

然而，此種方法有效嗎？贊成與否定皆有。目前僅少數證據證明此法能夠顯著的增加生產力，但是相當多的證據說明此法能比較容易的聘請及保留最好的員工，此外也有相當多的觀察結果認為此法能減少對家庭事務的分心及缺席率。

㈦認同員工的活動 (employee recognition programs)

就工作場所而言，所能提供之最大激勵因子是什麼？除了認同還是認同 (recognition)。和其他激勵因子不同的是，認同一個員工優良的表現，花費極少或不必花錢，在今日競爭的國際中，許多組織面臨了嚴重的成本壓力，因此認同員工的活動變得吸引人。根據研究發現，認同感對於低階的員工才特別有效，基本上這是最節省成本的方法，並能建築員工的自尊。一家位於美國康乃迪克州的食品服務公司，提供員工最佳品質獎及將工作優良員工的名字掛在公司的建築物上；紐約市的 Metro 健康照顧公司，每年舉行健康給予獎，並給予在公司訓練課程內獲得高分者禮物，如手錶、攪拌機等。

與增強理論一致的是，在某些行為之後，馬上獎勵或認同該項行為，會鼓勵這項行為的重複發生。管理者應如何使用這項技術？他們可以私底下恭喜員工將事情做得很好，也可以用手寫的便條或者電子郵件傳達對員工的讚賞，對於那些極須被社會接受的員工，管理者可以在公開場合中，肯定員工的成就；為了加強團體的凝聚力和激勵作用，管理者可以慶祝團隊的成功，同時可以使用會議來認同團隊的貢獻與成就。

↘個案探討

　　通路有 A 級店、B 級店與 C 級店，假設 A 級店經營業績 100 萬元，毛利率為 50%，管銷費用租金 10 萬元，人事費用 4 人，每人 2.5 萬元共 10 萬元，新項開支 10 萬元，每月可獲利 20 萬元。現經營者開設 C 級店，並指派一位資深店長負責管理，結果業績為 50 萬元，毛利率仍為 50%，毛利為 25 萬元，管銷費用仍為 30 萬元，營運結果為虧損 5 萬元，請討論：

1. 有作為、有抱負的 C 級店長負責面對虧損 5 萬元，引進不同品項的明星商品 25 萬元，且建議老闆讓其實施促銷活動打 8 折，結果營業額 75 萬元，收入有 70 萬元，成本 37.5 萬元，毛利 32.5 萬元，管銷費用仍為 30 萬元，淨利為 2.5 萬元，請針對上述損益表的變化，加以說明討論之。
2. 請以本章工作激勵的內容，說明如何激勵有抱負的店長去負責 C 級店。
3. 請作若以激勵的重點，負責 A 級店與 C 級店薪水如何設計，若是考慮績效獎金制度，A 級店與 C 級店長的激勵制度如何設計？請加以說明之。

■ 關鍵名詞

1. 激勵 (motivation)
2. 馬斯洛需求層級理論 (Maslow's hierarchy of needs theory)
3. ERG 理論 (ERG theory)
4. 明顯需求理論 (theory of manifest needs)
5. 學習需求理論 (learned needs theory)
6. 激勵──保健理論 (motivation hygiene theory)
7. 目標設定理論 (goal setting theory)
8. 增強理論 (reinforcement theory)
9. 公平理論 (equity theory)
10. 期望理論 (expectancy theory)
11. 員工參與 (employee involvement)
12. 開卷式管理 (open-book management)

摘要

1. 若你希望員工盡量付出，則你必須先瞭解什麼對個人來說是重要的（此因時間與情境而異），並依個人興趣與人格分配工作，那麼你可以更適當的運用你的資源，員工也會得到更有效的激勵。然而，你必須確保獎勵與員工績效有關聯性，並且應該注意其他類似的情境因素。

2. 高績效員工所需要的不只是激勵，還有工作能力和管理者的支持。若未經適當訓練，他們的績效會減低，最具反激勵效果的莫過於：你提供的是過時的電腦、設計不良的工作站、低劣的工具，以及不夠格的工作夥伴。

3. 人們對於相對差異的敏感程度勝過於對絕對差異的敏感程度。

4. 並非大家都重視挑戰性的工作、有些人偏好是一些能滿足最低心靈需求的工作，工作對他們來說，只是走向另一終點的方法，而這種終點並非工作本身，他們利用下班後的時間去追求並滿足責任感、成就感、成長與認同感等方面的需求；認為每個人都希望從事有挑戰性工作的人，基本上是用自己的需求來反映整個勞動人口的需求；而行為科學家、顧問以及教授等等即是如此。

5. 激勵是人們在滿足部分個人需求的條件下，為達成組織共同目標而願意持續付出高水準的努力意願。其主要因素有四：努力程度、持續性、達成組織目標的方向、需求。

6. 未被滿足的需求會產生壓力，刺激個人的心理而產生驅動力，經由這些驅動力，導致搜尋特定目標的行為，一旦目標達成後則需求可獲得滿足而減除壓力。

7. 馬斯洛需求層級理論認為人類有五種層級的需求：生理、安全、歸屬感、尊重、自我實現。馬斯洛認為需求是先天具有的，它們以層級方式排列，雖然每個人的需求架構相同，但所處的階級不同。當較低層的需求被滿足後，較高層級的需求會變得重要，從激勵的觀點來看，馬斯洛認為沒有任何需求是可以被完全滿足的，但當需求大致已被滿

足後就不需激勵了。因此，假如你想激勵某人，就必須知道這個人目前停留在哪個需求層級上，然後努力協助其滿足該項或比該項更高層級之需求。

8. ERG 理論（Clayton Alderfer 提出）將核心需求分成存在、關係、成長三種需求。此理論不認為低層級的需求必須先被滿足，才能提升到高層級需求。一個關係需求或存在需求未被滿足的人可能正致力於滿足成長需求，或他也可能同時致力於三種需求的滿足。

9. ERG 理論含有挫折遞歸的現象，Alderfer 認為高層級需求無法滿足時，會刺激人們對低層級需求有更大滿足程度的需求，也就是解釋了為什麼這麼多人專注於追求低層級的需求如薪水與福利。當人們在高層級需求遭遇挫折時，會轉向追求低層級的更大滿足，而薪水與福利可以滿足低層級需求且它們較為明顯且易管理，管理者非常依賴這種方式激勵員工，這種過度依賴金錢方面的激勵方式，產生一種惡性循環：挫折→遞歸→短暫的滿足。

10. David McClelland 藉著明顯需求理論（Henry Murray 提出）提出了學習需求理論。馬可利蘭相信，這些需求是來自社會文化，也就是經由學習而來的，故名學習需求理論。他認為成就感、權力感、歸屬感三種需求是激勵的來源。馬可利蘭使來自低成就感文化的人們，表現出高成就感行為這方面，做得相當成功。

11. 高成就感需求者比較喜歡在有個人責任、回饋和中度風險的情境下工作。當工作中有這三項特徵時，高成就感需求者就會受到強烈的激勵作用。

12. 追求高成就者在其內部須有兩種文化特質，第一，願意接受某些程度的風險（不包括那些強烈不確定規避的國家）；第二，對績效的看重（強調生活品質的國家）。

13. 管理者必須習慣去讀懂員工的需求，但該如何做呢？第一，注意員工的行為並且發問，不要膽怯於詢問員工如何激勵他們以達到良好的工作表現；第二，同時，觀察員工在空閒時，選擇何種活動，如此可以

看出員工的興趣以及他們行動的驅動因素。

14. 區分高層級需求與低層級需求是有意義的，因為如果低層級需求無法滿足時，員工也不會去理會管理者在滿足員工高層級需求上的努力。舉例來說，如果當員工擔心裁員失去工作時，他們不會熱衷參與自我管理式的團隊。

15. 導致工作不滿的因素，並不具有激勵效果，因此稱為保健因子。如：公司政策、管理、監督、人際關係、工作條件以及薪資等，皆屬保健因子，具備了這些因素，人們就不會不滿足，但是也不會獲致滿足。要激勵員工努力工作，應強調成就感、認同感、工作本身、責任感，以及成長等能夠有內部激勵效果的內部因子。

16. 目標設定是工作激勵的主要來源，目標可以提高績效，困難的目標一旦被員工接受了，會帶來更高的績效，且提供回饋比沒有提供回饋更能提升績效，因為得到回饋而知道自己進行得如何時，人們較會更盡己所能的工作，也可以說回饋可以幫助人們瞭解實際進度與期望目標的差異，而此稱為「目標設定理論」。

17. 除了回饋外，有三種因素也影響了目標與績效的關係，它們分別是目標承諾、自信、以及國家文化。

18. 與目標設定理論相對的是增強理論，前者是以認知方式協助個人設立目標而影響他的行動；後者是以行為方式為主，也就是以增強刺激的方式進而影響其行為。增強理論忽略了人們的內心狀態，且僅注意人們對刺激會採取什麼反映或行動，而沒有考慮到是什麼引發了行為。

19. 員工在認知遭受到不公平待遇時可能會採取下列六項行動:改變投入、改變產出、扭曲對自己或他人的認知、選擇不同的參考標的、離職。

20. 雖然大部分對於公平理論的研究集中於報酬，但是員工卻也對組織其他的報酬形式在乎，例如:給予他們高等級的職位及寬敞的辦公室，都是他們在公平理論方程式中的一部分。

21. 期望理論認為當員工相信努力會有好績效，那麼他會受到激勵而更努力；同時，當員工相信好的績效評估會帶來紅利、加薪或升遷，而且

這些獎勵能夠滿足個人目標時，員工會更努力工作。因此，這個理論著重於三種關係：努力與績效關係、績效與報酬關係、報酬與個人目標關係。

22.期望理論不適用於低階工作，因為這類的工作受到許多工作方法、上司以及公司政策的限制。期望理論在解釋員工的產能方面，隨著員工在組織中的工作複雜程度及階級愈高（也就是愈有裁決能力者），其解釋亦愈有力。

23.員工參與是包含全部員工的參與程序，它可以提升員工對組織成功的使命感。其假設是，讓員工在工作上有更大的自主權或控制權，可使其感受更大的激勵，以增加對組織的奉獻，並且提高產能，以及提升工作滿意度。員工參與通常有參與式管理、代表參與、品管圈、員工入股計畫四種型態。

24.開卷式管理即是將其員工帶入至公司的內部成為經營者，如此可增加他們對工作的興趣，及提高對組織決策的參與度。非但僅是管理者，而是所有的員工，都對市場情況有多一份的瞭解和分享到組織的成功經驗。

25.變動薪資方案與傳統方式不同在於，變動薪資方案是隨員工績效或組織績效而定的。變動薪資的起伏使得這種計畫對於管理者，頗具吸引力，他將部分固定費用轉為變動費用，如此一來，績效降低時可減少成本。另外，以績效來設定給付，是認同員工的貢獻，而不是給予援助。績效低的人，在一段期間後，會發現薪資停滯不前，而績效高的人，則可以享受辛勞的成果。

26.以技能為基礎的支付計畫是以工作技能，以及員工的勝任能力作為獎勵標準，並鼓勵員工學習新技能及新的工作。它同時也促進組織內部的良好溝通，因為員工有更多的進階機會，這些員工不必經由升遷即可享受高收入，並獲得更多的知識。

27.使用寬幅度薪資政策的公司成長非常的快，原因在於此法會增加組織的彈性。管理者比較自由的提供員工的薪資而不需做到晉升的階段，況且可讓員工停止認為成功就是有止境的。就其本身而言，寬幅度的

薪資範圍和新組織結構比較一致，傳統的垂直給付制度擁有太多的等級，已經不能適用目前新穎、平面及團隊的結構，而寬幅度的薪資範圍卻能做到。

28.寬幅度薪資強調平面及個人的發展，而不是垂直的事業開展，因此員工可以注重及強調長期性技能的提升。此外，寬幅度方法也能讓管理者更自由的激勵優越的員工。由於等級已經減少，也減少了薪資增加的限制，因此這樣的給付制度比較認同員工的績效和其薪資增加的關係。

29.與增強理論一致的是，在某些行為之後，馬上獎勵或認同該項行為，會鼓勵這項行為的重複發生。

複習與討論

1.一般在企業裡造成員工滿意或不滿的原因為何？你若是公司主管，你會怎麼解決？

2.今日的勞資關係與 20 年前大大不同，大部分的組織裡，「忠誠以保障工作」的時代已不再。因而產生了一個問題：新的勞資關係有什麼激勵上的意義？

3.激勵是因情境而異還是因人而異，你的看法為何？

4.請你說明激勵理論如何運用在公司的員工部屬上。

5.請比較 ERG 理論和學習需求理論的差異。

6.文化差異會影響激勵員工嗎？如果你是總經理，你會如何改善？

7.請解釋以下名詞：

(1) ERG 理論。

(2)增強理論。

(3)目標設定理論。

(4)開卷式管理 (open-book management)。

(5)馬斯洛需求層級理論。

(6)學習需求理論。

(7)激勵──保健理論。

第 10 章
決策概論

前　言

　　科學與知識的主要作用，一方面是讓我們瞭解事實的真相，一方面則是協助我們做出明確的決策，採取正確的行動。在人類求生存的過程中，不斷面對的，也是各色各樣的決策情境。因此，決策可說是人類生活與文明中極為重要的一部分。在企業管理的範圍內，各種學科的研究，都在提供有助於經營管理決策的知識；管理教育也是在設法提升現在及未來的企業經理人與經營者的決策能力。所以，我們可以說決策實為管理工作與管理教育的核心，所有學科都環繞著決策。

　　所謂決策即是在數項方案中選擇其一。而其決策的程序簡單來說，即是找出問題、選擇解決方案、採取有效的行動。但在作任何決策前，我們需先瞭解何謂理性？因為清楚明白何謂理性，則我們即可瞭解什麼樣的決策可稱得上理性的決策。

　　決策的類別大致上可區分為組織與個人決策、基本與例行決策、程式與非程式決策。而決策大致會發生在確定、風險、不定等三種情況。在風險、不定情況中，我們可以運用機率估計來作決策，倘若經理人無法估計將來何項事件比較可能出現，則該經理人可運用所謂的「拉普勒斯準則」。所謂拉普勒斯準則，是對任何事件的發生均假定有相等的機會。

　　我們瞭解了何謂決策、什麼樣的決策稱得上是個理性的決策、決策的類別、決策的情況等等決策基礎後，接下來我們可運用邊際分析、財務分析、德爾費分析的決策技術來使我們可選擇出一個最佳的決策。

一、決策的程序

所謂決策 (decision)，即是指在「數項方案中選擇其一」。薛蒙 (Herbert Simon, 1961～2001) 曾將決策程序分為下列三步驟：一為智力：從環境中發掘決策需要；二為設計：思考可行的行動方向，並推演及分析之；三為選擇：行動方向的選擇。這樣的步驟，僅是各種決策方法中的一種。接下來我們再介紹一套更具體的方法，舉例來說：問題的認定、情況的診斷、蒐集與分析對問題有關的資料、提出可能的解答、分析各項解答、選擇其中最有可能解決問題的一項解答並實施之。

經理人的決策程序雖然各有不同,但是原則上總歸要進行某種診斷,然後開列可能的答案並分析之，最後決定選擇某一方案。推而至於策略計畫、中程計畫及作業計畫的發展，也是循這樣的步驟。

二、理性和方法與目的

組織成員的決策並非全是合乎理性，有的是「非理性的」(non-rational)，有的是「違理性的」(irrational)。員工的決策如此，經理人的決策又何獨不然。進而言之，「理性」(rationality) 也者，實有程度等級之分。舉例來說，人在沙漠中迷途，舉目黃沙，難免在原地兜圈子。兜圈子雖不能解決問題；可是，這行動難道不是理性的嗎？而其實，任何人處在那樣的情況下，一定難免瞻顧徘徊。因此，這就令人興起了問題：所謂理性，究竟是什麼意義？

有人說，凡為達到某一目的的行動，便是理性的行動。如此說來，沙漠中瞻顧徘徊，便不是理性行動了；因為此一行動不能協助他步出困境。又有人說，從多項方案中選擇最佳的一案，謂之理性。這樣說來，那沙漠迷途人的行動，又可能是合乎理性的了；蓋因他面對了多項方案。他知道除了他自己以外，不再有人知道他迷途。因此，他無法希望有搜

索隊來搜救。他的唯一獲救之道，僅有自救，設法找到距離最近的綠洲。而如何找到綠洲，便只有瞻顧徘徊了。

有些決策理論家認為：只要選定了達到期望的適當方法，便有理性的決策。這話誠然不錯；可是方法和目的很難區分。任何一項目的 (end)，都可以說是另一項目的的方法 (means)。這就是所謂的「方法目的的層級關係」(means-end hierarchy)；沙漠中的迷途人，如果找到了一片綠洲，他會留在綠洲；以綠洲作為他的作業基地（方法），以期建立與外界的接觸（目的）。等到有飛機來帶他走出沙漠（方法），他便又會恢復往日的生活方式（目的）。

總之，從決策的架構看來，理性只是一個相對的名詞；其為理性與否，庶視情況與當事人而定。例如某一項組織決策甚為客觀且合乎理性，目的在「確保公司盈餘」，在公司員工看來，當是受歡迎的決策。可是後來他們發現這決策中包括一項取消年終獎金的條件。這項決策，在他們看來，便是非理性的或違理性的決策。同樣的道理，決定設置一段 30 分鐘的咖啡休息時間，好讓員工舒緩疲勞；在員工看來，是一項理性決策，而在管理階層也許認為損害公司的全面效率了。說到這裡，我們要問：為什麼人與人對決策的看法有這樣的差異呢？原因之一，是決策牽涉到「當事人的價值觀」。

三、個人價值與決策

每一位經理人都必有他自己的價值；他來到工作場所，價值觀也必與之俱來。史普蘭格 (E. Spranger) 曾指出 6 項價值：理論人、經濟人、美學人、社會人、政治人及宗教人價值。這 6 項價值的意義分別如下：

表 10-1　史普蘭格的 6 項價值

價　值	說　明
理論人 (theoretical man)	理論人主要興趣在於發現真理；在於將知識作有系統的整理。他在追求此一目的時，通常採取認知的態度，只顧探求事物的異同，而不大重視美醜或功用；但求觀察和推斷。他的興趣所在，是實驗的、批判的、理性的，他是一位智者，科學家或哲學家通常屬於此種類型，但並不是以科學家或哲學家為限
經濟人 (economic man)	經濟人主要以用途為導向。在企業世界中，他的興趣在於實務；重視的是生產、行銷、商品的消費，是經濟資源的使用，也是有形財富的累積。他真是徹頭徹尾的只問實際；他正是今天美國工商企業人士的典型
美學人 (aesthetic man)	美學人的主要興趣在於生命的藝術面；雖然他本人不一定是位藝術家。他看重形式，也看重調和，在他的經驗中，僅有壯麗的美、對稱的美、調和的美，每一件事都是因其唯美而美
社會人 (social man)	社會人的基本價值在於愛人——利他的愛和博愛的愛。在他的眼睛裡，人只是目的；是施展仁慈、同情和無我的對象。在他的看來，理論人、經濟人以及美學人等都是冷冰冰的。他與政治人不同，他認為唯有愛才是人與人的關係中重要的成分，在最極端的狀況下，社會人是完全無我的，接近於宗教的態度
政治人 (political man)	政治人的特性，是具權力性向；但又不一定是政治權力，而是在任何領域，他都重視權力，多數領導人物，均有高度的權力性向。在生命活動中，競爭占有頗大的分量；許多人認為權力為天地間最普遍的行為動機，對某些人而言，這正是最高的動機，促使他們追求個人權力、影響力、聲望
宗教人 (religious man)	所謂宗教人，其理智結構永遠傾向於最高的和絕對滿意的價值經驗的創造。在他看來，最高的價值在於「合一」(unity)，追求的是天人合一，有一種神秘的性向

　　古茲 (William Guth) 及泰居利 (Renato Tagiuri) 在他們合撰的〈個人價值與總體策略〉(*personal values and corporate strategy*) 一文中，論及他們曾在哈佛企業學院的「高級管理專案」(advanced management program) 課程中，對美國高階經理人作了一項調查，結果獲得下面的一份分數表（表 10–2），表中的分數表示接受調查的經理人對各項價值的重視程度。

表 10–2　經理人對各項價值之重視程度

價值	分數
經濟價值	45
理論價值	44
政治價值	44
宗教價值	39
美學價值	35
社會價值	33
	40

　　表中所列「經濟、理論及政治」價值的分數最高。徵之於高階經理人必須重視效率及利潤（經濟價值）；必須擁有概念的技能，俾擔當長程計畫之類的任務（理論價值）；且又必須與大家和睦相處，說服大家共同努力，結為一團隊（政治價值），故而上述三項價值分數偏高，當是可信的結果。不過，研究人員接著發現，關於宗教價值、美學價值、社會價值等三者，人與人之間有很大的差別。這表示不宜過於草率，認為經理人必有某種典型的價值觀。

　　經理人的個人價值，對於決策程序卻有重大影響。為什麼近年來許多企業機構肯大量花錢，為經理人舉辦及支持種種社會活動，正是這個緣故。今天的經理人，較之 10 年前，確實更具有社會責任感了。不過，我們可別以為那些公司會全力支持社會活動。曾有進行某一研究的人員，調查了許多公司主持人，請他們將他們對社會的責任、對股東的責任、對員工的責任、對顧客的責任和對債權人的責任作一衡量。表 10–3 便

是他們衡量的結果：

表 10–3　公司主持人對各種對象重視程度之排名

責任對象	名次
股東	1
員工	2
顧客	3
社會	4
債權人	5

　　這就是說，企業界人士誠然重視社會責任；但是比較起來，畢竟還是以對股東的責任最為重要。而在這一方面，我們仍要重複一句：決策程序中還是頗受「個人價值」的影響。

四、決策的類別

　　經理人所作的決策極多。為了對決策程序有更明確的瞭解，宜將決策作一適當分類。以下介紹三種分類的方法：組織決策與個人決策、基本決策與例行決策、程式決策與非程式決策。

㈠組織決策與個人決策

　　組織決策 (organizational decisions) 是經理人以其為「經理人」的立場所作的決策。例如策略的制訂、目標的釐定、計畫的核可等等，都是組織決策。組織決策常授權他人處理；且在實施時需要組織中他人的支持。

　　至於個人決策 (personal decisions)，則是經理人以其「個人本身」的身分所作的決策，這類決策的實施不需得到組織的支持，故而不必授權於他人。例如經理人決定退休；決定跳槽改就另一家公司；或決定溜出辦公室去高爾夫球場消磨一個下午等等，都是個人的決策。

　　照定義看來，一項決策究竟是組織決策還是個人決策，應該容易分辨。但事實並不盡然。例如一位公司總裁主張機會均等，但後來決定大部分錄用長期失業的應徵人。這即表示個人決策已轉變為組織決策。在經理人的決策中，確有許多決策兼具組織決策與個人決策的性質。

(二)基本決策與例行決策

　　第二種分類方法，是分為基本決策與例行決策兩類。所謂的基本決策 (basic decisions)，應較例行決策 (routine decisions) 重要。基本決策往往涉及公司長程承諾、涉及較大的經費支出，倘使有了重大錯誤，將使公司發生嚴重的損失。例如決定一項產品線、選定某一個新廠址或決定採行垂直統合 (integrate vertically) 的策略，以建立完整的生產設施等等，都是基本決策。

　　至於例行決策，通常多為「再現性的」(repetitive) 決策，對公司的影響較小。因此，大部分組織均制訂了許多程序，以為經理人處理業務的準則。公司內部負責例行決策的人員常需花上許多時間，故此種準則的制訂確屬必需。

　　討論至此，似有對程序 (procedures) 及政策 (policies) 加以說明的必要。程序是行動的指導。程序也是計畫之一種，其主要內容為達成某一目的應採的先後順序。有時候一項程序專用於某一部門。舉例言之，零售業對於顧客不滿意後退貨，訂定了 5 個步驟，首先認定退還的貨品尚未損壞，最後一步是主管核准退款。有時候一項程序可能牽涉了許多部門。例如發薪時發現薪資算錯了，那麼第一步應該是當事人告知薪資核計組重新核算；倘使果然算錯了，再行退還原領支票，重新核發。像這一類的程序，對例行決策頗有幫助；因為程序已經具體地分解成為一連串的步驟了。

　　政策亦為計畫之一種，政策和程序常不免混淆。所謂政策者，除了是對於行動的指導外，還包括對思考的指導。因此，政策並不能告訴經理人某事如何做，而僅是促使決策沿某一特定方向推進，用以規範經理

人的考慮幅度 (span of consideration)。舉例來說，某一部門制定了一項政策，規定錄用新人應以曾受大專教育者為限。可是，何謂「曾受大專教育者」呢？如果經理人認為曾在大學唸過 3 年，且有 1 年工作經驗者，應視為與讀過 4 年取得文憑者相等，可見政策已不僅是行動的指導，實牽涉了思考在內。有了政策，則經理人便知道他不能錄用既無大學學位，又無同等學力的應徵人（行動）；因此，他便可以專事注意考核應徵人（思考）。在這個例子裡，經理人確實得到了「政策」的幫忙；因為有了政策，合格的應徵人數便有了限制。推而廣之，政策對於較高的組織層次也有效用。舉例言之，一家公司制定了一項政策，規定凡在設立新廠時，必需設於至少擁有 10 萬人口的市鎮。這就是一項行動指導，使可供選擇的市鎮有了限制。這也是一項思考指導，因為經理人還得決定究竟以哪一個市鎮為廠址。因此，在基本決策的處理上，政策確實占了非常重要的地位。

㈢程式決策與非程式決策

程式決策 (programmed decisions) 與非程式決策 (nonprogrammed decisions)，是薛蒙所提倡的一種政策分類，他借用電腦名詞來說明這兩項決策。所謂程式和非程式，應該看成是一條連續帶上的兩極，一極為程式的，另一極為非程式的。程式決策約當於例行決策，以既定程序為主幹；非程式決策與基本決策相類似，性質上具有高度的創新要求、較為重要、無一定的結構，而在此類決策中，政策即扮演著重要的角色。倘若我們從政策的角度來區分程式決策與非程式決策，則我們可以對程式決策與非程式決策有更清晰的瞭解。

五、決策的情況

決策有三種情況，即確定情況、風險情況及不定情況。

㈠確定情況 (certainty)

倘經理人確切知道必然出現什麼，那就是確定情況。事實上在經理人決策中其為確定情況的決策者，僅占極小的比例。不過，確定情況總歸是存在的。舉例來說，購買政府債券 $1,000，年利率 6%，一年後能獲得 $60 的利息，便是確定情況。任何事情均有若干程度的風險，甚至於購買政府債券也不例外。但在實務處理上，像購買政府債券的投資應可算是「確確實實」的。

同樣的道理，將資源分配於各產品線，也是確定情況的決策。經理人必能瞭解其掌握中的資源，也必能瞭解將資源加工成為產品需要多少時間。假如有兩種或三種不同的加工程序，它可以作一項成本貢獻分析，決定何項程序能贏取最大的利潤（利潤高低為決策準則）；或何項程序最能迅速製成產品（以速度為主要要求）。另一個例子，是關於固定數量的問題，例如原料及機器，經理人的決策往往也是確定情況。他的主要任務，僅是確定希望達成的目標。一等到確定了目標，則只要衡量各項方案，然後選定最佳方案就可以了。

㈡風險情況 (risk)

經理人的決策，絕大部分都是風險情況的決策。換言之，雖然已有了某些資料，但是仍不足以說明決策的後果。在這樣的情況下，常用的辦法，便是機率估計。

1.機率估計 (probability estimates)

一項決策的後果如何，經理人雖然不能肯定，但是他可以估計機率。經理人的估計以經驗為依據。他根據過去某一事件的出現情況，來估計

今後出現的可能性。當然，任何情況均不可能與過去完全相同。但是以經驗判斷，應該是合情合理。這就是所謂「機率認定」(probability assignment)，在認定機率後，我們便能算出各種事件的「期望價值」(expected value)。

　　舉例言之，某公司可以採行 A、B、C、D 四種策略。每一策略均有一項「條件價值」(conditional value)。本例的條件價值是公司採行某項策略將來成功後產生的利潤。每一策略又均有一項機率，即該策略獲致成功的可能性。每一策略還應有一項期望價值，即條件價值乘以成功機率後所得之積。茲將所謂條件價值、成功機率及期望價值，列於下表表 10–4。

表 10–4　四種策略分別的條件價值、成功機率、期望價值

策　略	條件價值	成功機率	期望價值
A	$1,000,000	0.05	$50,000
B	800,000	0.10	80,000
C	750,000	0.20	150,000
D	400,000	0.65	260,000

註：期望價值 ＝ 條件價值 × 成功機率

　　由上表，顯然可知該經理應採行「策略 D」，因該策略的期望價值最高。雖然策略 D 的條件價值在四項策略中為最低，但其成功的機率最大，結果其期望價值也最大。

2.客觀機率與主觀機率

　　憑著過去經驗為基礎而決定的機率，謂之「客觀機率」。例如，拋擲一枚硬幣，花面向上的機率多少？那必是 0.5。那是因為倘若不停地拋擲，其出現花面的次數當必與出現字面的次數相等。同樣的道理，公司根據過去經驗，可以對許多事件認定其客觀機率。例如推行心理測驗時，公司常能預測其成功的程度。倘某人成績優秀，高居最優的 20% 內，則

此人擔任經理人的成功機率當約為 0.8；這表示說，這一類人員過去在 10 人中約有 8 人能成為成功的經理人。

但是有時候客觀機率不能認定。經理人也許覺得資料太少，無法判定成功機率應為何，在這樣的情況下，他就必須作一「主觀」的估計了。

主觀機率雖然不像客觀機率那麼準確，但總比完全不用機率要好很多。而且，主觀機率的認定，還給我們一項磨練判斷的機會，使我們將來對機率的認定能更為精進。

3.風險的偏好

機率的認定，實際上絕不像表面看起來那樣簡單。只有最後有權決定機率的決策人認定的機率才能算數。對於同樣的事件，不同的經理人認定的機率各有不同。

其原因甚多，舉例來說，經理人在以公司資金來作投資或運用時，其願冒的風險常較其運用個人財產所願冒者為高。而且，即使同一位經理人運用同量的資金，其用於購買工廠設備時所期望的成功機率，可能較用於廣告所期望者為高；但換了另一位經理人則有可能相反。這就是說，人對於風險的態度可能隨時不同。為什麼呢？其原因可見於種種事實。有人願意冒險；有人對某些情況常規避風險，而對別的情況則冒險心極強。

經理人的風險態度，無疑地對於機率認定有重要的作用。圖 10-1 中分別繪出了高度、中度及低度冒險傾向人士的 3 條「風險偏好曲線」(risk preference curve)。其中一條「S 形」的曲線，代表的是一般人對自己個人生活的風險偏好曲線。大抵來說，在風險的賭注不大時，許多人都願意冒險；風險增大，便會猶豫不前。

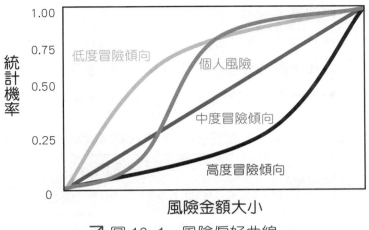

統計機率

1.00
0.75
0.50
0.25
0

低度冒險傾向

個人風險

中度冒險傾向

高度冒險傾向

風險金額大小

↗ 圖 10-1　風險偏好曲線

　　舉例來說，倘若我們詢問經理人說：這裡有兩件事任你選擇，一為無條件送你 $5；一為請你猜一枚硬幣的花面或字面，猜對了你可贏得 $15，猜錯了便一毛錢也沒有，你願意選擇哪一件呢? 大多數企業界人士都寧願選擇第二件，願意碰碰運氣來贏得 $15 或一毛錢也沒有。反之，如果這兩筆賭注提高到 $50,000 及 $150,000，那麼絕大多數經理人都願意選那筆穩能到手的 $50,000 了。可是由客觀的計算，他們的選擇卻「錯」了。那筆 $150,000 賭注的「成功機率」應為一半一半，而得到的期望價值 $75,000 高於 $50,000；可是，經理人卻寧願選擇金額較低但唾手可得的 $50,000。

㈢不定情況 (uncertainty)

　　有時經理人認為自己無法估計各種方案的成功可能性，故而無法認定機率，這就是不定情況的決策。嚴格來說，是否真有不定情況，有時很難分辨。許多人認為人都有經驗，都有由類似情況來推演的本領，故而不可能出現不定情況。經理人總能對一樁決策事件估計其機率。不過，事實上經理人確實有時自感已面臨不定的情況。但是，依研究結果顯示，經理人總能對每一方案在各種情況下分別設定一項「條件價值」。

　　例如，一家為軍方製造直升機的公司，考慮這樣的問題：他們的直

升機有三種不同的基本設計，A、B、C 型。A 型直升機最為精細，價格最貴；而 C 型則相反，比較上最為簡單，也最為便宜。他們面臨兩種可能情況是：一為和平即將實現，一為將有持續的戰爭。於是，該公司將各項生產策略和各種情況，分別設定了一個條件價值，如表 10–5 所示。

表 10–5　三種直升機分別在和平與戰爭中的條件價值

生產策略	情況區分	
	和平出現	戰爭持續
A 型直升機	$−250,000	$5,000,000
B 型直升機	1,000,000	1,000,000
C 型直升機	4,500,000	500,000

如果和平出現了，則軍方所購者將為價格最低的 C 型直升機；如果戰爭持續，軍方所購便將是價值最高的 A 型。

試問：經理人應該如何決定呢？第一，假定經理人無法估計將來何項事件比較可能出現，那麼他可以運用所謂「拉普勒斯準則」(Laplace criterion) 來決定。所謂拉普勒斯準則，是對任何事件的發生均假定有相等的機會。因而可以推斷該公司應產製 C 型的直升機，為三種策略中期望價值最高，請參考表 10–6。蓋因：

A 型的期望價值為 $2,375,000 (= −$250,000 × 0.5 + $5,000,000 × 0.5)

B 型的期望價值為 $1,000,000 (= $1,000,000 × 0.5 + $1,000,000 × 0.5)

C 型的期望價值是 $2,500,000 (= $4,500,000 × 0.5 + $500,000 × 0.5)

表 10–6　運用拉普勒斯準則所求出的期望價值

生產策略	情況區分	
	和平出現	戰爭持續
A 型直升機	$−125,000	$2,500,000
B 型直升機	500,000	500,000
C 型直升機	2,250,000	250,000

　　第二，經理人還可以用所謂「悲觀準則」(pessimism criterion) 或者稱為「小中取大準則」(maximin)。這是說，經理人較為悲觀，擔心無論決定什麼策略，到頭來都會出現最壞情況。請參考表 10-7，決定策略 A、B、C 後，將會出現 -\$250,000、\$1,000,000、及 \$500,000。在這三種最壞的結果中，選擇最好的一項。因此，該公司應產製 B 型直升機。這就是說，經理人是在從最小之中求取最大，故稱為小中取大準則。

　　第三，是採用「樂觀準則」(optimism criterion)，又稱為「大中取大準則」(maximax)。樂觀的經理人對任何事都看到好的一面；因此，對於每一策略的有利結果，也許他會認定 0.8 的機率，而對不利結果的機率則認定為 0.2。於是，三項不同的策略便各有一個「最佳的條件價值」和一個「最壞的條件價值」了。分別將這兩項條件價值乘以其機率，然後相加，便獲得了加權價值 (weighted value)，如表 10-7 所示。估算的結果，A 型直升機是最佳選擇。這就是說，經理人是在由最大中求取最大，故謂之大中取大準則。

　　總而言之，不定情況的決策，確不是一件易事。上文所介紹的三項準則，答案不同。經理人怎樣決定各案的條件價值，怎樣認定機率，以及衡量各案的方法等，都將影響最後的答案。

表 10-7　運用樂觀準則（大中取大）作決策制訂

生產策略	條件價值		加權價值		加權價值合計
	最　佳	最　壞	最　佳	最　壞	
A 型直升機	\$5,000,000	\$-250,000	\$4,000,000	\$-50,000	\$3,950,000
B 型直升機	1,000,000	1,000,000	800,000	200,000	1,000,000
C 型直升機	4,500,000	500,000	3,600,000	100,000	3,700,000

註：樂觀機率 0.8，悲觀機率 0.2

六、決策的技術

上文分別研究了經理人決策的三種情況，即確定情況、風險情況與不定情況。接著我們要研究有關決策的幾項技術。本節將介紹三項：一為邊際分析，一為財務分析，一為德爾費分析。

㈠邊際分析

多少年來，邊際分析 (marginal analysis) 一向為經濟學家所重視。凡在投入因素中多投入 1 個單位後，所額外增加的產出，便是有關邊際分析的工作。

例如，倘在原有的裝配線上增加 1 臺機器，結果每天可以增產某產品 200 件，則該臺機器的每日邊際產量即為 200 件。又例如在工作場所裝設 1 臺新的空氣調節系統，使工作環境更為舒適，結果每週可增產某產品 500 件，則該臺空氣調節機的每週邊際產量即為 500 件。

經理人也能運用這同樣的理念，來解答「如果多雇 1 位工人，能增加多少產量」的問題。這個問題的答案通常稱為邊際實質產量 (marginal physical product)，可供經理人研究增雇新人時能增加多少產量的問題。

1.邊際實質產量

茲舉一例如下：某一運輸行擁有 5 輛卡車及 5 位裝卸工人。經詳慎考慮後，該運輸行經理人決定再雇用 5 位工人；於是每一卡車可有 2 人共同裝貨。結果請參考表 10-8，每天的裝貨量可由 800 箱提高為 2,000 箱。這表示 2 人一組，比 1 人單獨工作時產量較高。如果再增 1 人，3 人為一組，則裝貨量尚可提高到 2,900 箱。

表 10–8　每卡車工作人數與裝載箱數、邊際實質產量間的關係

每卡車工作人數	裝載箱數	邊際實質產量
0	0	0
1	800	800
2	2,000	1,200
3	2,900	900
4	3,500	600
5	3,900	400
6	4,000	100
7	3,700	(300)

　　倘若人數繼續增加，則最高產量為 6 人一組的 4,000 箱；而 7 人編為一組時，又反而跌為 3,700 箱了，從每組 2 人起，第 3 人到第 6 人可以增加總產量，但平均每人產量卻逐步減低了。2 人一組的每人平均產量為 1,000 箱，人數增加，則從第三人起平均產量依次減為 967、875、780 及 667 箱。總產量的增加，邊際實質產量則減少，請分別參考圖 10–2 及 10–3。

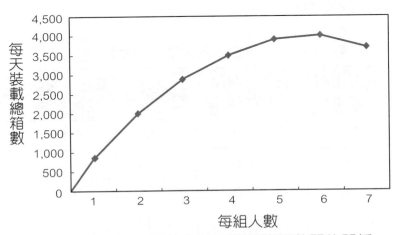

↗ 圖 10–2　每組人數與每天裝載總箱數間的關係

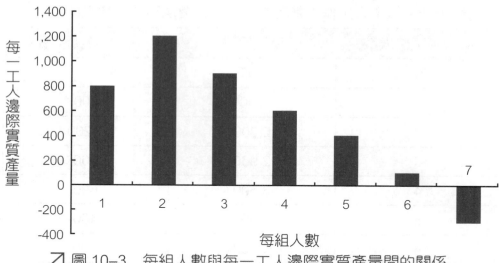

↗ 圖 10-3　每組人數與每一工人邊際實質產量間的關係

2.利潤的考慮

　　由於邊際產量漸減，故小組人數必有一個限度。從實際觀點來看，經理人還應該考慮利潤的問題，以使決策更為改善。小組人數不同，公司能夠得到多大的利益? 請參考表 10-9，該表假定不計工人薪資，其他一切成本均予考慮，則平均每裝載 1 箱可有 10 分錢的利潤。由表中顯然可以看出，小組為 5 人時，公司每天可有 $240 的利潤。小組人數為其他數目時，利潤均低於此數。總而言之，這是告訴我們，經理人決策除生產力外，尚須考慮利潤。

表 10-9　在每組不同人數下之總利潤表現

每組人數	每天工資成本	支付工資前每箱可獲利潤	裝載箱數	支付工資前之總利潤	總利潤
1	$ 30	$0.10	800	$ 80	$ 50
2	60	0.10	2,000	200	140
3	90	0.10	2,900	290	200
4	120	0.10	3,500	350	230
5	150	0.10	3,900	390	240
6	180	0.10	4,000	400	220
7	210	0.10	3,700	370	160

　　有部分經理人只求滿足，不妨稱之為「行政人」(administrative people)；他們並不要求最大，故並非「經濟人」(economic people)。但在許多情況下，尤其在生產課題上，一般經理人都比較偏於經濟人的性格。

　　舉例來說，某一太空公司正考慮是否接受一項建造衛星通信系統的合約。此一合約的發包人，需要訂造 8 套通信系統，每套訂價 $18,000。公司接到這一項要求，首先編製一份成本收益表研究獲利情形（如表 10-10 所示）。由該表可知該公司若將 8 套系統全部承攬下來，則將虧損 $26,000。最理想的承製數量應為 6 套，可有淨利 $32,000。此一結果也可由圖 10-4 看出來。由圖中可見，唯有在承製 6 套時，總收益和總成本兩條曲線間的距離為最大。因此，該公司應該拒絕承製 8 套的合約。

表 10-10　成本收益表

承製數量	收益總額	成本總額	利潤總額	邊際收益	邊際成本
1	$18,000	$30,000	$(12,000)	$18,000	$30,000
2	36,000	35,000	1,000	18,000	5,000
3	54,000	40,000	14,000	18,000	5,000
4	72,000	50,000	22,000	18,000	10,000
5	90,000	60,000	30,000	18,000	10,000
6	108,000	76,000	32,000	18,000	16,000
7	126,000	110,000	16,000	18,000	34,000
8	144,000	170,000	(26,000)	18,000	60,000

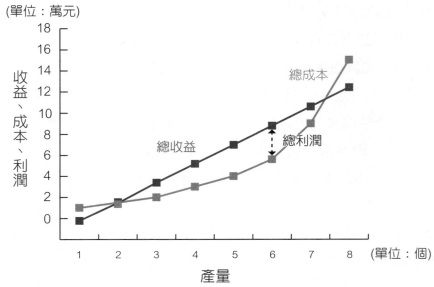

↗ 圖 10–4　總收益、總成本、總利潤以圖形呈現

　　分析表 10–10 的「邊際收益」(marginal revenue) 及「邊際成本」(marginal cost) 兩項資料，均可獲邊際收益 $18,000。但是產製時必然同時產生邊際成本。試將邊際收益及邊際成本詳加研究，當可見在承製 6 套時，利潤可以增加 $2,000 (= $18,000 – $16,000)。而承製 7 套，利潤總額將減少 $16,000；蓋因，此時邊際收益為 $18,000，而邊際成本則為 $34,000 之故。因此，該公司同意承製的數量，應以 6 套為限。總之，我們可得到這樣的「利潤極大化」規則，即為承製的數量應為邊際成本等於邊際收益；倘使兩者不等，則應為邊際收益大於邊際成本的最高承製量。這樣的分析確是一種有用的決策技術。經理人不但由此可知最高利潤點，而且可不致陷於無利可獲的境地。

㈡財務分析

　　邊際分析固然頗為有用，但是只適用於「單獨」案件；對於「長程」的行動便不大能派上用場了。因此，經理人乃轉行注意財務分析；著眼於未來的動態面。財務分析可用以估測某一投資案的獲利能力，估計資本回收時間及分析現金折扣流向等。

1.稅後利潤

試以機器購置為例。某一經理人有 A、B 兩型機器可供選購；假定僅以稅後利潤為唯一考慮。他的問題是：應購置哪一型的機器，才能產生最大的淨利。機器 A 的購置價為 $150,000，機器 B 的購置價為 $200,000，兩型機器估計壽命皆為 5 年。表 10–11 是一項分析，在扣減折舊及稅捐後，機器 A 可獲利潤 $55,000，而機器 B 可獲利潤 $60,000，因此，以稅後利潤而言，該經理人選購的應該是機器 B。

表 10–11 兩部機器之稅後利潤

機器 A				
年 次	稅前收入	折 舊	應稅收入	稅後利潤
1	$30,000	$30,000	$ 0	$ 0
2	50,000	30,000	20,000	10,000
3	60,000	30,000	30,000	15,000
4	80,000	30,000	50,000	25,000
5	40,000	30,000	10,000	5,000
			$ 110,000	$ 55,000
機器 B				
年 次	稅前收入	折 舊	應稅收入	稅後利潤
1	$ 40,000	$ 40,000	$ 0	$ 0
2	60,000	40,000	20,000	10,000
3	80,000	40,000	40,000	20,000
4	100,000	40,000	60,000	30,000
5	40,000	40,000	0	0
			$ 120,000	$ 60,000

* 機器 A 之投資為 $150,000；機器 B 之投資為 $200,000
** 兩型機器之估計壽命均為 5 年
*** 採用直線法計算折舊

2.投資收回時間

　　雖然機器 B 能產生較高利潤，但公司投資也多出了 $50,000。因此，該經理人不免有了疑問：他僅僅考慮淨利的高低，因而選擇了機器 B，這是適當的選擇嗎？而且，既然公司的投資較大，便該有較高利潤，那也是理所當然的。除此之外，經理人希望獲得最大的報酬，固然有充分的理由。可是有時候經理人也應該拋開利潤，而注意「投資收回時間」的問題。所謂投資收回時間，是指需要多久時間，始能將投資收回。表 10-12 中列有現金收回累積額。假定每星期收回金額為全年總額的 1/52，則機器 A 的 $150,000 全部收回共需 3 年 33 個星期；機器 B 的 $200,000 全部收回共需 3 年 37 個星期。因此，倘若以投資收回時間為考慮基礎，則該經理人應選購機器 A。

表 10-12　兩部機器之現金收回累積額

機器 A				
年　次	稅後收入	折　舊	當年收回資金	累積收回資金
1	$0	$30,000	$30,000	$30,000
2	10,000	30,000	40,000	70,000
3	15,000	30,000	45,000	115,000
4	25,000	30,000	55,000	170,000
5	5,000	30,000	35,000	205,000
機器 B				
年　次	稅後收入	折　舊	當年收回資金	累積收回資金
1	$0	$40,000	$40,000	$ 40,000
2	10,000	40,000	50,000	90,000
3	20,000	40,000	60,000	150,000
4	30,000	40,000	70,000	220,000
5	0	40,000	40,000	260,000

3.淨現值法

　　採用「淨現值法」(net present value)，經理人須對現金流入作「現金折扣分析」(discount dollar analysis)，藉以衡量兩項投資案的資金收回。所謂現金折扣分析，即是將「未來」的現金流入，用「今天」的價值來表示。現金的實際流入時間愈遲，則其今天價值愈低。茲仍就上例說明：假定該經理人採用此法，並將未來現金流入以九折計算現值。因此表 10–13 所列各年現金流入，應分別乘以適當的折扣因數。例如以九折計算，則 1 塊錢在 1 年後收回，僅值今天的 0.909 元；2 年後收回，僅值今天的 0.826 元。請參考表 10–13，將各年現金流入乘以折扣因數後，5 年投資收回的現值即可分別算出。經理人只要將「現金折扣」減「期初投資」即可獲得「淨現值」；從而選擇淨現值較大的某案。由計算可知：

　　　　機器 A 收回資金現值為 $22,035 (= $172,035 − $150,000)

　　　　機器 B 收回資金現值為 $20,210 (= $220,210 − $200,000)

　　故經理人應選購機器 A。

表 10–13　兩部機器收回資金現值

機器 A				
年　次	現金流出	現金流入	折扣因數	折後金額
0	$150,000	$0	$ 1.000	$150,000
1	0	30,000	0.909	27,270
2	0	40,000	0.826	33,040
3	0	45,000	0.751	33,795
4	0	55,000	0.683	37,565
5	0	35,000	0.621	21,735
殘值 (20%)		30,000	0.621	18,630
				$ 172,035

機器 B			
年　　次	現金流出	現金流入	折扣因數	折後金額
0	$200,000	$0	$1.000	$200,000
1	0	40,000	0.909	36,360
2	0	50,000	0.826	41,300
3	0	60,000	0.751	45,060
4	0	70,000	0.683	47,810
5	0	40,000	0.621	24,840
殘值 (20%)		40,000	0.621	24,840
				$220,210

㈢德爾費分析

　　所謂「德爾費分析」(Delphi technique)，是兼具計量和計質方式的
一種決策分析法，是相當普遍的技術預測法。德爾費分析當初係由蘭德
公司 (Rand Corporation) 首倡，目前已有 50 至 100 家大公司應用。簡言
之，這是對一群專家的意見加以綜合的方法，其步驟如下：

1. 約請一群專家，請他們以某一問題為主，就將來可能發生的重大結果，
   分別用不記名方式進行預測。
2. 再由調查主持人將問題解釋與澄清。
3. 再個別徵詢各位專家的意見；徵詢時主持人需將其綜合所得的其他專
   家意見先行說明，供各位專家參考。以這樣的方式，反覆對各位專家
   作若干回合的徵詢。

　　在第一回合的徵詢中，主持人分別要求專家提出預測；舉例來說，
你認為在今後 20 年內，可能有些什麼重大發展對本公司產生重大影響？
請專家分別依其本身專業範圍內的看法，將預測所見的可能發展列成一
表。同時並請各專家一一說明各項發展的有利性、可行性及可能出現的
時間。請參考圖 10–5，該圖為第一回合所用表式的示例。

有利性			可行性			可能出現時間（下列機率的可能出現年份）		
高	中	低	高	中	低	10%機率	50%機率	90%機率

↗ 圖 10–5　德爾費分析

　　然後在第二回合的徵詢中，主持人再分別對各專家致送一份預測彙總表；那是彙總全部專家的各項預測，以供各專家參考，據以修正其第一回合中所作的預測。這樣的修正，通常得反覆進行若干個回合；一般皆以合計 5 個回合為度。如此往往可以得到一份由眾專家公認的預測。

　　由上述討論，可知德爾費分析方法其實並無科學方法的嚴格性；然而卻是相當成功的一項方法。蘭德公司已對這方法作過許多運用均見其頗為有效。德爾費分析的用途，不僅以技術預測為限。有些課題，事實上早已經有了答案——例如：美國 1860 年的總統大選，林肯獲得多少票？美國德克薩斯州在 1960 年時共有多少座油井？該公司對這類問題，也運用德爾費分析，結果果然得到了甚為正確的答案。在一般情況下，主持人只要對參與的專家進行少數幾個回合，大家的意見便可趨於一致，與實際答案甚為接近。這正是德爾費分析何以獲得普遍採用的原因。

七、技術因素與非技術因素

　　預測工作最常面對的困難，是如何衡量技術因素及非技術因素的問題。舉例來說，一家製藥公司預測在 1995 年時，將能以分子工程的技術對人類的遺傳性惡疾作化學控制。可是，誰知道科學家是否可能提前於 1988 年，便有重大突破呢？這一類的技術因素應如何預測？此即為技術方面的例子。而另外在非技術因素方面，例如是否能獲得大眾的接受也

是預測的困擾。

試以 SST（超音速噴射客機）為例。早在 1963 年，美國獲悉英法兩國已開始合作 SST 協和號的發展；甘迺迪總統乃提請國會迅予撥款進行一項可行性研究。到了 1970 年，此型飛機已邁入製造實驗模型機的階段；不料這型發展計畫卻演變成一項政治性課題。尼克森政府當局原係支持這型飛機的發展和生產；但社會大眾卻不以為然，國會也相當反對該計畫。原因之一，便是由於許多研究結果所促成。例如哥倫比亞大學的一項研究指出：如果繼續此型飛機的生產，則美國政府和製造廠商將來均必不堪虧損。舉例來說，研究結果認為一般旅客從紐約飛赴倫敦，不會為了節省短短的幾個小時而付出一筆太高的票價。這就是非技術性的因素——此型飛機沒有市場需要，計畫的各有關方面均將無法獲利。這類非技術因素，往往較技術性因素更為重要。

SST 的故事告訴我們，從事預測必須兼顧技術因素和非技術因素，請參考圖 10-6，該圖綜合兩類因素，說明技術創新的程序。由於預測工作必須同時考量有關的社會環境、政治環境、經濟環境及技術環境，因此倘若只依循形式的預測方法，必嫌不足。經理人必須運用其他非形式性的「掃描程序」，隨時記取影響預測結果的各項變數。其所謂影響，甚至應包括「非理性」的影響和「違理性」的影響。有時某一因素可能因其太過明顯，預測人反而疏漏了。舉例來說，在若干年前，某君偶然作了一次技術預測的專案，運用德爾費預測方式，蒐集了甚多專家的意見。當然此君蒐集的專家意見範圍極廣，達一百項以上的專門領域。經過相當嚴格的一系列預測程序後，終於確定了該公司應予重視的 12 項計畫；遂提送該公司計畫委員會參考。然而，此君後來坦白指出，雖然其努力不可謂之不嚴密廣泛，最後仍然遺漏了一個極為重要的項目，此項目即為「環境控制」的課題。

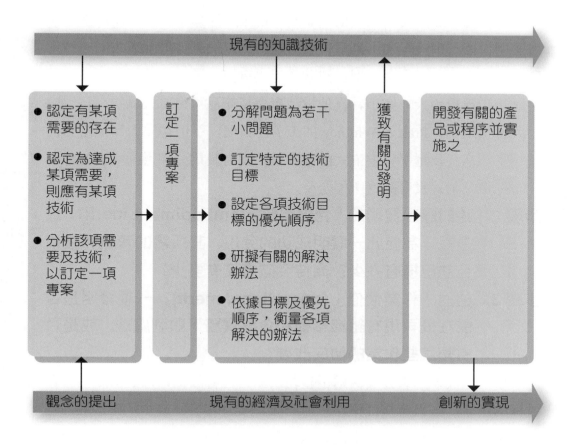

現有的知識技術

- 認定有某項需要的存在
- 認定為達成某項需要，則應有某項技術
- 分析該項需要及技術，以訂定一項專案

訂定一項專案

- 分解問題為若干小問題
- 訂定特定的技術目標
- 設定各項技術目標的優先順序
- 研擬有關的解決辦法
- 依據目標及優先順序，衡量各項解決的辦法

獲致有關的發明

開發有關的產品或程序並實施之

觀念的提出　　　　現有的經濟及社會利用　　　　創新的實現

↗ 圖 10–6　技術創新程序

八、策略規範路線

　　企業機構對於一項技術創新，為便於預測將來是否能成功，便可採行所謂「策略規範路線」(strategic criteria approach)，為處理依據。許多公司認為此一方式，更能事先確定一項創新的成功可能性。

　　這方式非常簡單。步驟如下：

步驟 1：檢討該項技術創新是否具有「發明價值」(inventive merit)。

　　懷特 (George White) 及葛蘭罕女士 (Margaret Graham) 兩人對於一

項創新概念是否確有發明價值，說明其決策程序如下：一項創新概念倘有發明價值，則應是利用某項科學原理，用以減輕或消除過去同一技術所見的缺點。以電晶體為例，消除了過去真空管發熱的陰極，可使無線電體積和重量均大為縮小，且使電池壽命及產品可靠度大為提高。以噴射式客機為例，Pratt & Whitney 的 J57 發動機，不但在馬力和速度方面超越了活塞式及透平推進氣式的發動機，同時其馬力和燃油經濟性也非現有任何噴射式及發動機所能企及。

步驟 2：　檢討該項發明的「兌現價值」(embodiment merit)。這是說：為使此一發明成功的兌現，其所需的資訊和技術目前已擁有多少？尚待突破者又有多少？

步驟 3：　檢討「作業價值」(operational merit)。一項發明是否能在公司現有組織結構和企業實務下順利處理，或是否有賴某些作業的徹底改變？

　　舉例來說，一家公司目前正產製及銷售音響設備，則對於新型音響裝備的創新，自必應無任何作業的困難。該公司已經擁有了製造上的基本技術，也已擁有了銷售出口。但是在另一方面，如果一家公司開發了一項全新的產品，而該公司卻沒有銷售或行銷的經驗，那就是一項弱點了。例如公司有了一項新型助聽器，但其競爭同業卻擁有經營助聽器所需的組織結構和實務經驗，則助聽器推出後，市場勢必仍為競爭同業占有優勢。

步驟 4：　還必須考慮「市場價值」(market merit)。那是說，經理人必須注意兩大因素：⑴市場對於該項產品是否有足夠的需求？⑵是否能降低售價，及／或增大該產品的吸引力，以提高公司的總收入？

　　一項全新的產品創新的市場效果如何，最佳的測度是，將該產品與其他較次等的產品互相比較。袖珍型電晶體收音機之所以能普遍，是因其具有一項重大的吸引力──可以隨身攜帶。日本人推出的袖珍型收音機，重量輕、體積小，因此可以一面散步一面收聽；再也不必「提著走、

坐下聽」了。袖珍型收音機因此不必在價格方面對美國作太大的讓步。其後若干年，日本人又將價格減低，促使消費者立即購買，因此又透過價格彈性的關係使他們的銷貨再跨進了一步。

上述「發明價值」和「兌現價值」兩者，合之而為「科技鋪路」。「作業價值」和「市場價值」兩者，則係供企業機構瞭解其本身是否具有經營優勢。「科技潛力」和「經營優勢」兩者兼具，創新始能成功。請參考下表表 10–14，該表為企業機構衡量各項產品的四項價值之示例。以 SST 來說，其所以能擊敗競爭對手，乃拜其「市場價值」之賜。

表 10–14 策略規範路線 (strategic criteria approach)

產品名稱：電腦化汽車	
發明價值	汽車引擎裝設微處理機數字控制，可減輕排氣汙染，改善燃油用量
兌現價值	僅需要感覺器及致動器的裝置，而無需電腦晶片
作業價值	汽車製造業及有關供應商將業務擴充至增裝電腦設備，將使作業有重大革新的必要
市場價值	此一創新，能使業者保持其原有市場占有率的作用
產品名稱：SST 超音速噴射客機	
發明價值	此一新型飛機可縮短飛航時間；但將產生音爆，且燃油消耗量也將增大
兌現價值	飛機發動機、控制系統、飛機結構及汙染分析等均必須有重大改進
作業價值	美國的橫貫大陸市場，尚不足以支持超音速飛機航空線的經營
市場價值	旅客的飛航時間減少，其價值尚未盡明瞭

↘個案探討

　　現代管理者經常必須在事前不確定的情況下做決策：例如消費者買了一個 70 元的超商便當，加盟主所獲得的毛利為 30%，今因便當周轉率變慢，故超商便做出促銷方案，以下兩種方案：

　　A 案：買便當（70 元）搭配買 25 元的綠茶／紅茶可以折抵 10 元
　　　　　（25 元綠茶／紅茶進貨成本為 15 元）
　　B 案：買便當（70 元）可以免費送麥香飲料
　　　　　（10 元麥香飲料的進貨成本為 5 元）

　　請討論：

1. 若搭配 25 元茶裏王新產品可以抵 10 元，則試算超商加盟主的毛利為何？
2. 若搭配送 10 元的麥香紅茶，則超商加盟主的毛利試算為何？
3. 若以本章決策概論內容，請問上述這兩種方案，統一超商與加盟主考慮決策因素有何不同？並請比較之。（請以本章決策考慮的因素，風險與效用說明在不確定狀況下如何做決策）
4. 僅有 40% 的管理者可從外而內做決策，此 40% 管理者中又只有 30% 有競爭策略，此 30% 管理者中又只有 20% 可與人尋求共識，請以本章個案說明上述內容的意義。

關鍵名詞

1. 決策 (decision)
2. 決策程序 (decision-process)
3. 組織決策 (organizational decision)
4. 個人決策 (personal decision)
5. 基本決策 (basic decision)
6. 例行決策 (routine decision)
7. 程序決策 (programmed decision)
8. 非程序決策 (nonprogrammed decision)
9. 確定情況 (certainty)
10. 不確定情況 (uncertainty)
11. 邊際分析 (marginal analysis)
12. 淨現值法 (net present value)
13. 策略規範規則 (strategic criteria approach)

摘要

1. 所謂決策，即是指在數項方案中選擇其一。薛蒙曾將決策程序分為下列三步驟：一為智力：從環境中發掘決策需要；二為設計：思考可行的行動方向，並推演及分析之；三為選擇：行動方向的選擇。

2. 經理人的決策程序雖然各有不同，但是原則上總歸要進行某種診斷，然後開列可能的答案並分析之，最後決定選擇某一方案。推而至於策略計畫、中程計畫及作業計畫的發展，也是循這樣的步驟。

3. 決策程序的基本特色之一，是具有所謂唯動論的色彩。各項步驟均係在一定的時間架構中推進。例如認定問題和診斷問題，時間層次在於過去；列舉解決方案及選擇，時間層次在於現在；而決策的實施和實施成果的檢討，時間層次則在於將來。

4. 所謂理性，究竟是什麼意義？有人說，凡為達到某一目的的行動，便是理性的行動。又有人說，從多項方案中選擇最佳的一案，謂之理性。有些決策理論家認為：只要選定了達到期望的適當方法，便有理性的決策。

5. 任何一項目的，都可以說是另一項目的的方法。這就是所謂的「方法目的的層級關係」。沙漠中的迷途人，如果找到了一片綠洲，他會留在綠洲，以綠洲作為他的作業基地（方法），以期建立與外界的接觸（目的）。等到有飛機來帶他走出沙漠（方法），他便又會恢復往日的生活方式（目的）。

6. 為什麼人與人對決策的看法有這樣的差異呢？原因之一，是決策牽涉到當事人的價值觀。

7. 經理人的個人價值，對於決策程序有重大影響。為什麼近年來許多企業機構肯大量花錢，為經理人舉辦及支持種種社會活動，正是這個緣故。

8. 組織決策是經理人以其為經理人的立場所作的決策。組織決策常授權他人處理；且在實施時需要組織中他人的支持。至於個人決策，則是經理人以其個人本身的身分所作的決策，這類決策的實施不需得到組

織的支持，故而不必授權於他人。

9. 照定義看來，一項決策究竟是組織決策還是個人決策，應該容易分辨。但事實並不盡然。例如一位公司總裁主張機會均等，但後來決定大部分錄用長期失業的應徵人。這即表示個人決策已轉變為組織決策。在經理人的決策中，確有許多決策兼具組織決策與個人決策的性質。

10. 所謂的基本決策，應較例行決策重要。基本決策往往涉及公司長程承諾；涉及較大的經費支出；倘使有了重大錯誤，將使公司發生嚴重的損失。至於例行決策，通常多為「再現性的」決策，對公司的影響較小。因此，大部分組織均制訂了許多程序，以為經理人處理業務的準則。公司內部負責「例行決策」的人員常需花上許多時間，故此種準則的制訂確屬必需。

11. 程序是行動的指導、也是計畫之一種，其主要內容為達成某一目的應採的先後順序。有時一項程序專用於某一部門。而所謂政策，亦為計畫之一種。除了是對於行動的指導外，還是對思考的指導。因此，政策並不能告訴經理人某事如何做；而僅是促使決策沿某一特定方向推進，用以規範經理人的考慮幅度。

12. 程序對例行決策頗有幫助；因為例行決策的程序可以被具體地分解成為一連串的步驟。在基本決策的處理上，政策占了相當重要的地位。

13. 程式決策約當於例行決策，以既定程序為主幹。非程式決策與基本決策相類似，性質上具有高度的創新要求、較為重要、無一定的結構，而在此類決策中，政策即扮演著重要的角色。

14. 決策有三種情況，即確定情況、風險情況及不定情況。倘經理人確切知道必然出現什麼，那就是「確定」情況。經理人的決策，絕大部分都是「風險」情況的決策。換言之，雖然已有了某些資料，但是仍不足以說明決策的後果。有時經理人認為自己無法估計各種方案的成功可能性，故而無法認定機率，這就是「不定情況」的決策。

15. 一項決策的後果如何，經理人雖然不能肯定，但是他可以估計機率。經理人的估計以經驗為依據。他根據過去某一事件的出現情況，來估

計今後出現的可能性。這就是所謂機率認定；在認定機率後，我們便能算出各種事件的期望價值。

16.憑著過去經驗為基礎而決定的機率，謂之「客觀機率」。但是有時候客觀機率不能認定。經理人也許覺得資料太少，無法決定成功機率應為何。在這樣的情況下，他就必須作一「主觀」的估計了；用所謂「想當如此」的方法來估計。

17.假定經理人無法估計將來何項事件比較可能出現，那麼他可以運用所謂「拉普勒斯準則」來決定。所謂拉普勒斯準則，是對任何事件的發生均假定有相等的機會。

18.所謂悲觀準則或者稱為「小中取大準則」，即是指經理人較為悲觀，擔心無論決定什麼策略，到頭來都會出現最壞情況。此準則運用的步驟如下：

step 1：找出每一策略中最壞的結果。

step 2：從 step 1 所得到的結果中找出最好的一項。

故經理人即是從「最小」之中求取「最大」，故稱「小中取大準則」。

19.「樂觀準則」又稱為「大中取大準則」。樂觀的經理人對任何事都看到好的一面。此準則運用的步驟如下：

step 1：設定每一策略的有利條件與不利條件之機率。

step 2：將每一策略「最佳的條件價值」乘上有利條件之機率，即可求得最佳的加權價值。

step 3：將每一策略「最壞的條件價值」乘上不利條件之機率，即可求得最壞的加權價值。

step 4：將每一策略的「最佳的條件價值」與「最壞的條件價值」進行相加。

step 5：從 step 4 所得到的每一策略之加權價值合計中找出最好的一項。

故經理人是在由「最大」中求取「最大」，故謂之「大中取大準則」。

20.有部分經理人只求滿足，不妨稱之為「行政人」；他們並不要求最大，故並非「經濟人」。但在許多情況下，尤其在生產課題上，一般經理人

都比較偏於經濟人的性格。

21.利潤極大化規則，即為承製的數量應為邊際成本等於邊際收益；倘使兩者不等，則應為邊際收益大於邊際成本的最高承製量。這樣的分析，經理人不但由此可知最高利潤點，而且可不致陷於無利可獲的境地。

22.邊際分析固然頗為有用，但是只適用於單獨案件；對於長程的行動便不大能派上用場了。因此，經理人乃轉行注意財務分析；著眼於未來的動態面。財務分析可用以估測某一投資案的獲利能力，估計資本回收時間及分析現金折扣流向等。

23.所謂德爾費分析，是兼具計量和計質方式的一種決策分析法。簡言之，這是對一群專家的意見加以綜合的方法。

24.德爾費分析之步驟如下：

(1)約請一群專家，請他們以某一問題為主，就將來可能發生的重大結果，分別用不記名方式進行預測。

(2)再由調查主持人將問題解釋與澄清。

(3)再個別徵詢各位專家的意見；徵詢時主持人需將其綜合所得的其他專家意見先行說明，供各位專家參考。以這樣的方式，反覆對各位專家作若干回合的徵詢。

25.誰知道科學家是否可能提前便有重大突破呢？這一類的技術因素應如何預測？此即為技術方面的例子。而另外在非技術因素方面，例如是否能獲得大眾的接受也是預測的困擾。

26.由於預測工作必須同時考量有關的社會、政治、經濟及技術環境，因此若只依循形式的預測方法，必嫌不足。經理人必須運用其他非形式性的「掃描程序」，隨時記取影響預測結果的各項變數。其所謂「影響」，甚至應包括「非理性」的影響和「違理性」的影響。有時某一因素可能因其太過明顯，預測人反而疏漏了。

27.企業機構對於一項技術創新，為便於預測將來是否能成功，便可採行所謂「策略規範路線」，以為處理依據。許多公司認為此一方式，更能事先確定一項創新的成功可能性。

28.策略規範路線其步驟如下：

　⑴檢討該項技術創新是否具有發明價值。

　⑵檢討該項發明的兌現價值。這是說：為使此一發明成功的兌現，其所需的資訊和技術目前已擁有多少？尚待突破者又有多少？

　⑶檢討作業價值。一項發明，是否能在公司現有組織結構和企業實務下順利處理，或是否有賴某些作業的徹底改變？

　⑷還必須考慮市場價值。那是說，經理人必須注意兩大因素：

　　● 市場對於該項產品是否有足夠的需求？

　　● 是否能降低售價，及／或增大該產品的吸引力，以提高公司的總收入？

29.發明價值和兌現價值兩者，合之而為科技鋪路。作業價值和市場價值兩者，則係供企業機構瞭解其本身是否具有經營優勢。科技潛力和經營優勢兩者兼具，創新始能成功。

複習與討論

1.何謂決策 (decision)？決策程序大致為何？請說明之。

2.「決定設置一段 30 分鐘的咖啡休息時間，好讓員工舒緩疲勞；在員工看來，是一項理性決策，而在管理階層卻認為損害公司的全面效率了。」請問為什麼不同角色對決策的看法會有如此的差異？其主要原因為何呢？

3.「程序對例行決策頗有幫助，而在基本決策的處理上，政策占了相當重要的地位。」請分析說明此段話的內容。

4.倘若我們詢問經理人說：「這裡有兩件事任你選擇，一為無條件送你 $5；一為請你猜 1 枚硬幣的正、反面，猜對了你可贏得 $15，猜錯了便什麼都沒有。你願意選擇哪一件呢？」大多數企業界人士都寧願選擇第二件，願意碰碰運氣來贏得 $15 或一毛錢也沒有。反之，如果這兩筆賭注提高到 $50,000 及 $150,000，那麼絕大多數經理人都願意選那

筆穩能到手的 $50,000 了。

請問此經理人所作的兩次決策是否合理？且為何所作的決策會有不同呢？請分析說明之。

5.

生產策略	情況區分	
	和平出現	戰爭持續
A 型直升機	$-250,000	$5,000,000
B 型直升機	1,000,000	1,000,000
C 型直升機	4,500,000	500,000

上表分別為 A、B、C 型直升機在和平與戰爭時的條件價值。倘若經理人無法估計將來何項事件比較可能出現，而他運用了 "laplace criterion"，則他可得知哪一策略的期望值最高呢？

6. 藉著上題的表格，倘若運用「悲觀準則」（或稱小中取大準則）作決策的制訂，則最後該選擇哪一型直升機？又倘若運用的是「樂觀準則」（或稱大中取大準則），最後該選擇哪一型直升機？（假定樂觀機率為 0.8、悲觀機率為 0.2）

7. 德爾費分析方法是兼具計量和計質方式的一種決策分析法，是相當普遍的技術預測法。請試著說明該分析法的使用步驟，並說明為何此分析法如此普遍呢？

8. 企業機構對於一項創新，為便於預測將來是否能成功，便可採用所謂「策略規範路線」以為處理依據。而策略規範路線其運用的步驟如何呢？且其為何可以預測將來能否成功？

9. 請解釋以下名詞：

(1)唯動論 (dynamism)。

(2)理性。

(3)方法目的的層級關係 (means-end hierarchy)。

(4)經濟人 (economic people)。

(5)投資收回時間。

(6)淨現值法。

人力資源管理理論與實務

林淑馨／著

　　本書共由 15 章所構成，包含人力資源與內外在環境、人力資源的獲取、人力資源的發展、人力資源的永續經營與人力資源的未來展望等內容。本書除了每章介紹的主題外，各章開頭還設計有最新的「實務報導」，中間並適時穿插「資訊補給站」，以提供讀者相關的人力資源實務訊息，最後則安排「實務櫥窗」、「個案研討」與「課後練習」，使讀者們在閱讀完每一章後能將其所吸收的知識予以活化與內化。希望透過本書理論的介紹與實務的說明，能提高讀者對於人力資源管理的學習興趣。

行銷管理

黃俊堯／著

　　本書從顧客導向的行銷概念出發，探討行銷管理的理論、策略與操作等層次，切實分析各種行銷工具之用處與限制。並有專章介紹現今行銷者特別重視的議題，包括顧客價值管理、數位行銷、產業行銷、服務行銷等，並提供大量案例以輔佐理論說明；其中並有相當程度的中國市場行銷環境與行銷經營事例，供讀者參考。可供大專院校行銷管理課程教材之用，亦適合有意瞭解現代行銷管理梗概之一般讀者自行閱讀。

生產與作業管理

潘俊明／著

　　本書取材豐富，比較東、西方不同的營運管理概念及作法，並收錄國內外生產與作業管理領域的新課題。書中文字深入淺出，章節之編排有條有理，可協助讀者瞭解本學門中各重要課題之起源、發展、相關專有名詞、常見問題與討論，以及可用之模型、決策思潮與方法等，並可藉以建立讀者的管理思想體系及管理能力，適合作為各學習階段之教科書。

非營利組織管理

林淑馨／著

　　本書是專為剛接觸非營利組織的讀者所設計之入門書籍。除了緒論與終章外，全書共分四篇 16 章，有系統地介紹非營利組織，希望能提供讀者完整的概念，並提升對非營利組織的興趣。本書除配合每一單元主題介紹相關理論外，盡量輔以實際的個案來進行說明，以增加讀者對非營利組織領域的認知與瞭解。另外，章末特別安排 "Tea Time" 小單元，藉由與該章主題相關的非營利組織小故事，加深讀者對非營利組織的認識與印象。

消費者行為

沈永正／著

本書納入數章同類書籍較少討論及近年來較熱門的主題，如認知心理學中的分類、知識結構的理論與品牌管理及品牌權益塑造的關係、網路消費者行為、體驗行銷及神經行銷學等。並於每個主要理論之後設有「行銷一分鐘」及「行銷實戰應用」等單元，舉例說明該理論在行銷策略上的應用。每章結束後皆設有選擇題及思考應用題，題目強調概念與理論的應用，期使讀者能將該章的主要理論應用在日常的消費現象中。本書內容兼顧消費者行為的理論與應用，適合大專院校學生與實務界人士修習之用。

成本與管理會計

王怡心／著

本書將新版 IFRS 和 COSO 相關說明納入適當章節，有助於提升管理者與會計人員的專業能力，以因應經營環境的挑戰。為了讓讀者容易瞭解並有效吸收各章內容，本書各章前皆有「引言」和「章節架構圖」；另外，各章皆設計「學習目標」、「關鍵詞」等單元，並搭配淺顯易懂的實務案例輔助說明，加強學習印象。另外，各章皆收錄最新會計師、國考考題，提升讀者實戰能力；另於書末提供作業簡答，方便讀者自行檢視學習成果。